AF855517

PHÉROMONES

Rémy Brossut

PHÉROMONES

LA COMMUNICATION CHIMIQUE CHEZ LES ANIMAUX

Préface de Charles Noirot

BELIN
CNRS EDITIONS

A Odile et Rose

REMERCIEMENTS

Je remercie les collègues qui, de diverses manières, m'ont aidé dans ce travail : D. Abed, G. Arnold, M. Birch, M. S. Blum, C. Bordereau, M. Boulard, A. Courrent, F. Fenaux-Benderitter, J.-F. Ferveur, B. Frérot, A. Gautier, J.-M. Jallon, F. Jourdan, D. Lebrun, P. Lefeuvre, M. Leibovici, J.-L. Le Queré, P. Mac Leod, B. P. Moore, J.-F. Mouillet, C. Nalepa, A. Quennedey, M. Renou, A. Robert, B. Schaal, J.-P. Signoret, D. Sirugue, A. Tournefier, E. Vernet-Maury, P. Zagatti.
Je remercie Claude Everaerts et Jean-Pierre Farine pour leur aide amicale et leur contribution à l'iconographie de ce livre.
Je ne saurais assez dire l'intérêt passionné et l'immense plaisir que j'ai trouvés dans les longues et multiples conversations avec Charles Noirot, à qui je tiens à exprimer tout particulièrement ma gratitude.

Maquette : Richard Medioni
Mise en page : Claude-Alain Besco

ISBN : 2-271-05301-3

ISBN : 2-7011-1712-7
ISSN : 1250-6028

SOMMAIRE

PRÉFACE

La sensibilité est une des caractéristiques fondamentales de la vie. Tous les êtres vivants, des plus simples aux plus complexes, sont capables de recevoir des informations du monde qui les entoure et de réagir en conséquence. Parmi les modalités sensorielles (visuelle, auditive...) mises en jeu, la perception des qualités chimiques du milieu environnant, ou chimioréception, relèverait d'une sorte de sensibilité primordiale, apparue dès l'aube de la vie et présente chez tous les êtres vivants.

Parmi les molécules actives, deux catégories peuvent être distinguées : celles qui viennent du milieu physico-chimique et celles qui ont pour origine d'autres êtres vivants et qu'on appelle globalement les composés sémiochimiques. Ainsi est en mesure de s'établir un système de communication interindividuelle qui peut se réduire à trois éléments : émission d'un signal chimique par un individu, réception et reconnaissance de ce signal par un autre individu (ce qui implique une sensibilité aux molécules-signaux), réaction de l'individu récepteur en fonction de l'information reçue. Si les individus émetteurs et récepteurs sont de même espèce, la communication est dite intraspécifique et les molécules sont appelées phéromones. S'ils sont d'espèces différentes, la communication est dite interspécifique et les signaux sont qualifiés de substances allélochimiques.

La communication interspécifique intervient notamment dans les rapports entre prédateurs et proies, entre hôtes et parasites, entre plantes et insectes.

La communication intraspécifique joue quant à elle un rôle essentiel dans le comportement sexuel et la vie sociale. En fait, il n'est guère de phénomène biologique qui reste étranger à la communication chimique mais son importance varie beaucoup d'une espèce à une autre. C'est notamment le seul type de communication observé chez les unicellulaires (le cas de la levure de bière en est un exemple très démonstratif). Avec l'apparition des êtres pluricellulaires, l'organisation se complique et s'accompagne, au moins chez les animaux, de la différenciation d'organes des sens de plus en plus sophistiqués et donc de l'apparition d'autres systèmes de communication, visuelle et auditive en particulier. Mais ces nouveaux systèmes n'ont pas éliminé la communication chimique : avec la complication croissante du comportement, les divers systèmes peuvent s'associer de façon complémentaire, avec des variations considérables suivant les espèces. Chez les vertébrés par exemple, le comportement sexuel et social des rongeurs est dominé par la communication chimique, tandis que chez les oiseaux, son existence même reste discutée.

Dans cet ouvrage, si les insectes sont souvent les vedettes d'une revue à grand spectacle, c'est un peu sans doute parce que l'auteur, Rémy Brossut, est un spécialiste éminent de la communication chimique chez ces animaux, mais c'est surtout parce que ce type de communication y est prépondérant, et que par leur comportement relativement stéréotypé, les insectes constituent un matériel très favorable à son étude, et qu'enfin leur extraordinaire diversité (plus de 800 000 espèces décrites) et leurs sociétés hautement organisées offrent des variations presque infinies sur ce thème. C'est d'ailleurs chez un insecte, le ver à soie, que la première phéromone a été isolée et caractérisée sur le plan chimique, et c'est avant tout à partir d'exemples pris chez les insectes qu'a été créé le terme de phéromone en 1959.

On voit que l'étude de la communication chimique est une discipline relativement récente. Quoi qu'il en soit, en moins d'un demi siècle, les connaissances concernant l'ensemble des êtres vivants, espèce humaine comprise, se sont rapidement accumulées. Et pourtant, chez l'homme, les canaux visuel et auditif sont tellement prépondérants (langage parlé et écrit) que l'idée même de communication chimique nous est étrangère à moins d'un effort notable de documentation et de réflexion. C'est à un tel effort qu'est invité le lecteur de ce livre. Il y découvrira que la communication chimique existe, sous des aspects multiples, dans l'ensemble du monde vivant et qu'elle en est même un attribut fondamental. Dans ce vaste panorama, qui va de la bactérie à l'homme, de la molécule à la société, il pourra à la fois prendre la mesure de l'unité profonde ainsi que des multiples facettes de ce phénomène biologique fondamental dont l'analyse est loin d'être achevée.

Charles NOIROT

1. Larves de *Dysdercus cingulatus* (Hétéroptère, Pyrrhocoridae) sur des graines de coton. L'odeur de la plante-hôte et celle des sécrétions émises par l'insecte qui a découvert la source de nourriture conduisent à la formation du groupe. Cliché J.-P. Farine.

INTRODUCTION

A la fin des années cinquante, les recherches réalisées simultanément en Allemagne et en France ont montré que les insectes utilisaient des molécules volatiles, des «phéromones», pour communiquer entre eux, et en particulier pour attirer leur partenaire sexuel.

Une fois ces molécules identifiées, il semblait désormais possible, notamment grâce à des pièges appâtés avec des phéromones, d'éradiquer à peu de frais et sans pollution des populations entières d'insectes ravageurs.

C'est aussi l'époque où le grand public, préoccupé par l'utilisation massive d'insecticides particulièrement toxiques, faisait pression sur la communauté scientifique pour que soient développées des méthodes de luttes alternatives moins nocives pour l'environnement.

Les recherches sur la communication chimique chez les insectes suscitèrent alors un extraordinaire engouement et conduisirent à la création d'une discipline nouvelle : l'écologie chimique. La communication chimique concerne en effet tous les organismes vivants, des bactéries à l'homme, et si une grande place a été faite aux insectes dans plusieurs chapitres de ce livre, c'est avant tout parce qu'il s'agit du groupe où les recherches sur la communication chimique sont le plus avancées.

Les insectes constituent en effet un matériel de choix pour diverses raisons : il est possible d'en collecter ou d'en élever des quantités importantes; de simples observations permettent d'identifier les séquences comportementales dans lesquelles les phéromones sont susceptibles d'intervenir; ces phéromones sont produites par des glandes spécialisées qu'il est possible de disséquer; l'extraction de quelques dizaines ou centaines de glandes est suffisante pour identifier la composition chimique des substances actives grâce aux techniques de pointe de la chimie analytique; enfin, des tests biologiques simples permettent de déterminer au laboratoire ou sur le terrain l'activité biologique des produits identifiés.

Des développements importants ont aussi été consacrés aux mammifères, bien que peu de phéromones aient été identifiées chimiquement chez ce groupe à cause de leur complexité et de certaines difficultés expérimentales. Néanmoins, des travaux récents sur le mouton et le porc ont en particulier montré que l'étude des phéromones peut avoir des applications très concrètes pour l'élevage, raison pour laquelle les recherches sont actuellement très actives chez les espèces domestiques.

Les autres groupes d'animaux (invertébrés, poissons, batraciens, reptiles) utilisent également largement la communication chimique, mais les données fiables sont plus rares chez ces classes car les recherches en sont encore à leur tout premier stade. Les espèces chez lesquelles des travaux récents ont donné lieu à des résultats significatifs sont présentées au lecteur.

Le concept de communication chimique, qui échappe complètement aux sens de l'homme, et qui dans de nombreux cas concourt à démystifier la notion d'«instinct» chez les autres espèces animales, a dans un premier temps dérouté de nombreux chercheurs. La réalité de la communication chimique est à présent bien admise pour les animaux, voire les végétaux, mais l'homme est-il concerné par ce concept ? Pour beaucoup de biologistes, en édifiant un langage à partir de signes conventionnels et de systèmes de signes, l'homme a pris ses distances par rapport au réel; il est censé pouvoir être informé sans réagir d'emblée à l'information reçue et en cela, la communication chez l'homme ne s'apparenterait plus à ce qu'elle est chez l'animal. Vis-à-vis de ses congénères, l'homme naîtrait dépourvu de stimulus déclencheurs, à une exception près : le réflexe de tétée chez le nourrisson. Par ailleurs, son comportement sexuel permanent le différencierait également des animaux, ce à quoi s'ajouterait un argument décisif, la régression de l'organe voméronasal, qui marque selon certains le passage de l'animalité à l'humanité. Privé de ce

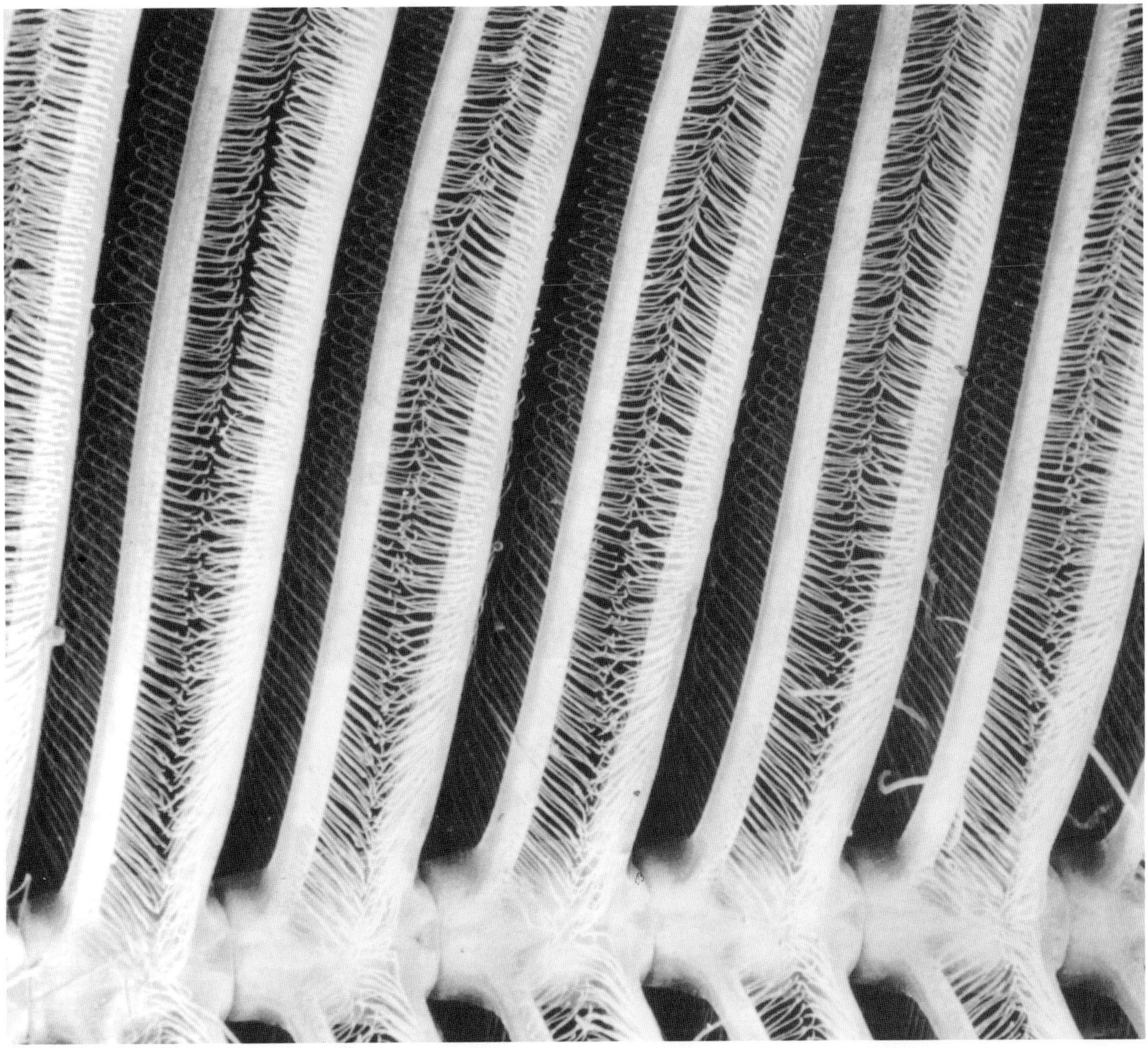

2. Vue au microscope d'une antenne de mâle de papillon *Hesperidae.* On distingue clairement les sensilles olfactives dont la majeure partie ne perçoivent que la phéromone sexuelle des femelles. Cliché R. Brossut.

récepteur de signaux chimiques, l'homme aurait perdu du même coup la possibilité de gérer malgré lui, de façon purement physiologique, les comportements liés aux fonctions de reproduction et de nutrition. L'idée que l'homme puisse, grâce au développement exceptionnel de ses sens et au langage, échapper largement aux processus de communication chimique si répandus dans le reste du monde vivant semble devoir être examinée de plus près : les découvertes récentes, tant sur le comportement des primates que sur le fonctionnement du voméronasal chez l'homme adulte relancent le débat sur la nature des facteurs qui interviennent dans le comportement de cc mammifère si particulier. L'écologie chimique, abordée dans cet ouvrage à travers certains cas de communication chimique bien documentés, a donc encore de beaux jours devant elle.

3. Grenouilles vénéneuses du genre *Phyllobates* (peintures de David Dennis). En haut, les deux premières en partant de gauche sont *P. lugubris* et P. *vittatus.* Elles vivent en Amérique centrale et sécrètent relativement peu de venin. La grenouille rayée, en haut à droite, est *P. aurotaenia,* une des trois espèces colombiennes utilisées par les indiens pour empoisonner les fléchettes de sarbacane. Au milieu, deux spécimens de P. *bicolor,* la deuxième des trois espèces colombiennes, illustrent les variations de taille et de coloris de cette espèce; la couleur des jambes, qui n'est pas la même que celle du corps, varie du vert pâle au noir.
En bas, P. *terribilis,* la plus toxique des trois espèces colombiennes. Le spécimen juvénile *(à gauche)* est rayé comme les espèces du haut mais ses rayures sont partiellement masquées par un pigment éclatant. L'adulte *(à droite)* est en général uniformément jaune, rouge ou vert pâle. Cette espèce est plus hardie que les autres et au moins 20 fois plus vénéneuse. On peut s'intoxiquer rien qu'en la manipulant. De nombreuses autres espèces de grenouilles miment, grâce à des couleurs vives, les espèces toxiques pour échapper aux prédateurs (reptiles, oiseaux, petits mammifères) qui ont appris à associer cette coloration aposématique, d'avertissement, à la toxicité. C. Myers et J. Daly, *Pour la Science*, n° 66, 1983.

1

LA COMMUNICATION CHIMIQUE

Les animaux doivent communiquer entre eux pour survivre. Cette affirmation, qui parait aller de soi pour les abeilles, les lapins ou l'homme, qui vivent en sociétés, l'est beaucoup moins pour la plupart des espèces dites «solitaires». Cependant, même les animaux solitaires doivent communiquer entre eux à un moment ou un autre de leur vie, le plus souvent au moment de la reproduction. Comme nous le verrons tout au long de ce livre, de nombreux types de messages sont vitaux et si la définition de la socialité inclut la communication d'informations entre les individus d'une même espèce, nous pouvons alors considérer que tous les animaux sont sociaux dans un *continuum* allant des espèces solitaires à celles qui vivent en sociétés.

Nous avons renoncé à donner une définition précise du terme «communication» et adopté celle, très large, proposée par Edward Wilson en 1971 : émission par un individu d'un stimulus qui provoque une réaction chez un autre individu, la réaction étant bénéfique à celui qui a émis le stimulus, à celui qui l'a reçu ou aux deux. Les modalités d'émission et de réception du stimulus ainsi que sa nature sont très variées. Les principaux types de stimuli sont au nombre de trois : chimiques (olfaction, gustation), mécaniques (toucher, audition) et par radiation (perception de la lumière, vision).

La chimioréception, qui semble être l'une des formes primitives de communication, a dû permettre aux premiers organismes unicellulaires de localiser leur nourriture puis, quand la sexualité s'est développée, de localiser leur partenaire.

La recherche en biologie est souvent anthropocentrique : de ce fait les premières études sur la communication animale prenaient surtout en compte la vision et l'audition, qui sont chez l'homme les principaux canaux sensoriels utilisés pour communiquer.

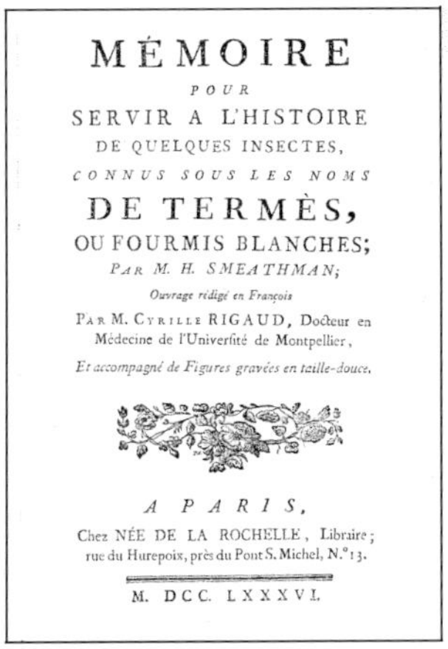
MÉMOIRE
POUR
SERVIR A L'HISTOIRE
DE QUELQUES INSECTES,
CONNUS SOUS LES NOMS
DE TERMÈS,
OU FOURMIS BLANCHES;
PAR M. H. SMEATHMAN;
Ouvrage rédigé en François
PAR M. CYRILLE RIGAUD, Docteur en Médecine de l'Université de Montpellier,
Et accompagné de Figures gravées en taille-douce.

A PARIS,
Chez NÉE DE LA ROCHELLE, Libraire; rue du Hurepoix, près du Pont S. Michel, N.° 13.

M. DCC. LXXXVI.

4. Fac-similé du *Mémoire* de M. H. Smeathman sur les termites, paru chez Née de la Rochelle, en 1786.

Odeurs et parfums

Aux époques reculées de l'histoire de l'homme, la distinction entre odeur et parfum était sans doute peu marquée. Un parfum implique le choix volontaire d'une substance qui a une odeur particulière dans un but spécifique. Bien avant de songer à se parfumer, l'homme a été confronté au goût de ses aliments, que ceux-ci soient d'origine animale ou végétale. Il est

5. Les nids des insectes sociaux ont toujours fasciné les biologistes, mais alors qu'on connaissait depuis l'Antiquité la structure de ceux des guêpes et des abeilles, c'est seulement à la fin du XVIIIe siècle, dans son ouvrage *Mémoire pour servir à l'histoire de quelques insectes connus sous les noms de Termes ou fourmis blanches*, que M. H. Smeathman décrivit l'organisation des immenses termitières de *Macrotermes bellicosus.* Ce sont des phéromones qui régulent la composition de la population et toutes les activités au sein de la colonie.

très vraisemblable que l'odeur ait joué un rôle important dans la sélection de ces aliments. L'utilisation très ancienne des épices montre que l'homme a su rapidement tirer parti de son environnement.

L'emploi des parfums remonte à l'origine des civilisations et semble avoir été d'abord réservé aux cultes funéraires : résines et baumes antiseptiques permettaient de conserver le corps des défunts. L'introduction des parfums dans les cérémonies religieuses a dû suivre leur emploi dans les cérémonies funéraires. On suppose que l'introduction de substances odorantes dans la toilette est héritée de certains cultes au même titre que d'autres pratiques de purification. L'usage des parfums était très répandu dans la Grèce antique mais l'industrie des parfums semble née en Egypte au temps des Ptolémée, pour atteindre son apogée à Alexandrie juste avant notre ère.

Le codex Ebers, un papyrus datant de 1550 avant J.-C., donne la recette de 800 préparations à base d'extraits minéraux, végétaux et animaux dont un certain nombre peuvent être considérées comme des parfums. Un grand nombre de substances animales et végétales étaient utilisées. Il existait une véritable cosmétologie : extraits parfumés, crèmes, onguents etc. Un grain de musc suffisait à parfumer tout un vaste espace. Après la bataille de Pharsale, en Grèce, où 15 000 soldats de Pompée furent tués, des vautours vinrent d'Asie attirés par l'odeur des cadavres. Lorsqu'on approche de l'île de Ceylan, l'odeur de cannelle se fait sentir à vingt-cinq milles en mer. Pline affirme que les vautours et les corbeaux ont l'odorat tellement fin qu'ils devinent trois jours à l'avance la mort d'un homme, et que pour ne point manquer leur proie, ils sont déjà présent à ses côtés la veille. Cette croyance serait-elle la cause du préjugé relatif aux oiseaux de mauvais augure? Quoi qu'il en soit, ces quelques exemples montrent la fascination qu'a toujours exercée l'olfaction sur les naturalistes. Plus tard, au cours du haut Moyen Age, les parfums ne seront plus guère employés que pour les cérémonies du culte.

L'art de la parfumerie réapparaît ensuite au moment des croisades, qui réintroduisent en France le goût des parfums : on importe d'Orient des peaux odoriférantes pour fabriquer des pièces d'habillement parfumées (pourpoints, ceintures etc.) et surtout des gants. Cela explique que le commerce des parfums soit l'apanage des gantiers. Ce privilège est officialisé en 1190 par Philippe Auguste. Après un interminable conflit avec les merciers, les gantiers se voient reconnaître le titre de parfumeurs par un édit datant de 1656. Bien plus tard, au XIXe siècle, l'usage populaire des parfums se répandra grâce à l'essor de l'industrie chimique, pour devenir ce qu'il est actuellement...

La découverte des phéromones

• Le rôle des odeurs chez les animaux

L'homme, en observant ses animaux familiers ou en chassant, a très tôt pris conscience du rôle des odeurs dans leur comportement. La littérature de l'Antiquité fourmille d'anecdotes à ce sujet. Plus tard, en 1565, Rabelais, dans *Les Songes drolatiques de Pantagruel*, raconte comment, après que Panurge avait enduit les vêtements d'une femme avec la sécrétion de la vulve d'une chienne en chaleur, celle-ci subit l'assaut de 600 014 chiens : il attribue l'invention de cette «bonne plaisanterie» aux anciens Grecs.

Au XIXe siècle, les scientifiques s'interrogent sur les «matériaux de l'olfaction ou des odeurs». A propos de la nature des phénomènes olfactifs, l'édition de 1838 du *Dictionnaire d'histoire naturelle et des phénomènes de la nature* fournit l'explication suivante : «Si l'on considère que les odeurs peuvent être saisies et retenues, qu'on les renferme dans des vases, qu'on les suspend dans des liquides; si l'on reconnaît, comme cela a lieu qu'elles affectent l'organisme, qu'elles modifient l'économie animale, comme le ferait un médicament, etc., on sera facilement convaincu que les odeurs sont des molécules solides matérielles, et qu'il ne faut pas les comparer aux sons. Il faut donc donner le nom d'odeur à ces particules qui émanent des corps odorants et qui vont impressionner le sens de l'odorat.»

• Les travaux pionniers

Même si nous manquons de textes datés, il est certain que les naturalistes connaissaient depuis longtemps le rôle des odeurs chez les insectes.

Dès le XVIIIe siècle, des collectionneurs de papillons utilisaient en effet les femelles vierges pour attirer les mâles. C'est Jean-Henri Fabre qui, le premier, fit des expériences sur l'attraction des mâles de papillons (le grand paon de nuit, *Saturnia pyri*) par les femelles. Il en donne un compte rendu détaillé dans ses *Souvenirs entomologiques* en 1879. Son interprétation est en revanche plus hésitante : si l'odeur est responsable de l'attraction des mâles, ceux-ci devraient avoir un «nez». Or, on ne leur en connaît pas. Par contre, si les femelles émettaient des ondes, les antennes des mâles de papillons pourraient justement être... des antennes.

En 1910, le naturaliste suisse Auguste Forel fait des observations similaires, mais ne trouve pas non plus d'explication satisfaisante. A la décharge des auteurs de ces travaux pionniers, il faut reconnaître que les «odeurs» en question sont malheureusement inodores pour l'homme et que les travaux scientifiques de l'époque sont davantage dirigés vers les ondes et autres radiations. Après de nombreuses hypothèses, c'est Karl von Frisch, en 1919, qui démontre le rôle des antennes dans la perception des odeurs chez les abeilles.

Plusieurs tentatives infructueuses ont été faites dans les années cinquante pour identifier chimiquement «l'odeur des femelles» de papillons, en particulier chez le bombyx disparate, *Lymantria dispar*, qui cause de gros dégâts aux arbres fruitiers en Amérique du Nord.

Pour étudier ce problème, Adolf Butenandt, prix Nobel de chimie (1939) pour ses travaux sur les hormones sexuelles, choisit le ver à soie *Bombyx mori*, espèce chez laquelle la femelle attire le mâle à grande distance.

Les élevages lui fourniront autant d'insectes qu'il le désire. Il lui faudra plusieurs années et 500 000 femelles pour identifier en 1959 un alcool qu'il nomme le «bombykol». La première phéromone est enfin découverte.

Butenandt n'est pas le seul à s'interroger sur le rôle de ces «odeurs» qui, émises par un individu, vont agir sur un autre individu. Au cours des années cinquante, nombreux sont en effet les biologistes qui s'interrogent sur le rôle des émissions d'odeurs chez les animaux, et qui découvrent que la plupart des organismes vivants produisent des substances qu'ils libèrent ensuite dans leur environnement. Mais dans quel but ? Pour se défendre ?

Beaucoup d'organismes possèdent des glandes exocrines spécialisées dans la production de ces substances parfois odorantes, souvent inodores pour l'homme. Mais à quoi ces glandes, souvent qualifiées

6. Quelques heures après sa naissance, la femelle du bombyx dévagine les glandes situées à l'extrémité de son abdomen et qui produisent une phéromone sexuelle attractive à distance pour les mâles. Cette phéromone, appelée bombykol, est la première phéromone sexuelle à avoir été identifiée (Butenandt, 1959).
7. Les antennes de la femelle du bombyx, qui ne se nourrit pas, sont pauvres en organes sensoriels alors que celles du mâle, en forme de peigne, portent des dizaines de milliers de récepteurs spécialisés dans la réception de la phéromone femelle.

d'odorantes, peuvent-elles servir ? C'est en essayant de répondre à ces questions que les biologistes vont progressivement découvrir l'existence d'un véritable mode de communication chimique chez les êtres vivants.

• La communication chimique chez les insectes

Le travail de Butenandt est aujourd'hui largement cité mais sa portée n'a pas été immédiatement perçue en Europe. C'est surtout un article de Wilson intitulé «Pheromones», publié en 1963 dans la revue *Scientific American*, qui sera un déclic pour beaucoup de biologistes anglo-saxons. Nombreux sont ceux qui ont alors découvert que les problèmes qu'ils étudiaient pouvaient être relus à la lumière de ces nouveaux concepts.

En 1960, Jeanine Pain et Michel Barbier isolent et identifient la substance royale des glandes mandibulaires de la reine d'abeille, l'acide 9-oxo-(E)-2-décénoïque qui inhibe le développement des ovaires des ouvrières.

Cette prouesse, qui identifie la seule phéromone modificatrice connue à ce jour, a un retentissement mondial alors qu'en France, elle n'a qu'un écho limité et ne suscite aucune «vocation». Pendant les années soixante, les Américains sont les seuls à poursuivre ces recherches, exception faite des travaux sur l'olfaction des insectes réalisés à l'institut de Seewiesen en Allemagne.

En dehors de toutes considérations académiques, très vite, des scientifiques américains pressentent l'enjeu économique de l'utilisation des phéromones dans la lutte contre les insectes ravageurs. C'est en effet l'époque où l'opinion publique commence à s'inquiéter des quantités croissantes d'insecticides déversées dans la nature. Par ailleurs, dans les laboratoires de chimie, la chromatographie en phase gazeuse fait son apparition : un travail comparable à celui de Butenandt sur le *Bombyx* peut dès lors être réalisé en quelques mois avec mille fois moins d'insectes.

Les chercheurs étudiant l'olfaction se sont intéressés très tôt aux phéromones d'insectes en espérant y trouver un modèle favorable, plus simple que les vertébrés, pour tester différentes théories. La première technique utilisée fut l'électro-antennographie : une électrode est implantée à la base de l'antenne, une autre au sommet et on enregistre la somme des potentiels d'action de tous les récepteurs stimulés en faisant passer un courant d'air contenant une phéromone sur cette antenne. Cette technique devint vite un complément indispensable aux tests biologiques.

Pendant les années soixante-dix, des dizaines d'espèces de lépidoptères et de coléoptères sont étudiées et des dizaines de molécules identifiées et synthétisées. La firme Zoecon, créée à Palo Alto en Californie, commercialise certaines phéromones et le matériel nécessaire pour les diffuser ainsi que différents types de pièges à insectes utilisant des phéromones comme appât.

Si les acquis scientifiques de ces années d'euphorie sont fondamentaux, le bilan sur le terrain est plus modeste. On espérait en effet, grâce à des pièges placés dans les cultures et appâtés avec des phéromones sexuelles femelles, attirer et détruire tous les mâles.

Cependant, beaucoup de «phéromones» s'avérèrent peu attractives et même avec les autres, il restait encore suffisamment de mâles pour que de nombreuses femelles soient fécondées (voir chapitre 5).

Au cours des années soixante-dix, la chimie analytique des substances naturelles change radicalement. La chromatographie en phase gazeuse (CPG) permet désormais d'analyser la sécrétion de quelques ou même d'une seule glande avec une résolution dix ou cent fois supérieure. Le couplage CPG-spectromètre de masse permet de déterminer la structure probable des phéromones avec quelques dizaines de nanogrammes de produit. Il est devenu possible de piéger chaque produit à la sortie du chromatographe en phase gazeuse puis de l'analyser par résonance magnétique nucléaire (RMN) afin de comparer les résultats aux données fournies par la spectrométrie de masse. En combinant la CPG et l'électro-antennographie, il est ainsi possible de déterminer l'activité de chacun des pics séparés. Jugeant que les électro-antennogrammes donnent une image trop grossière, certains physiologistes de l'olfaction réalisent alors des enregistrements unitaires en plaçant l'une des deux électrodes dans une cellule sensorielle déterminée. Il est ainsi possible de connaître le nombre et la répartition des différentes catégories de cellules sensorielles sur l'antenne. Ces progrès techniques ont profondément modifié nos connaissances sur les phéromones.

On sait à présent que la plupart des glandes exocrines produisent des mélanges très complexes : là où leur sécrétion semblait constituée de trois ou quatre substances différentes, on en identifie à présent trente ou plus. Les substances testées jusqu'alors n'étaient que les composés majoritaires mais les produits minoritaires peuvent jouer un rôle tout aussi déterminant (voir chapitre 4). La notion de «mélange phéromonal» est dès lors admise et se traduit sur le terrain par des résultats concrets dans les techniques de piégeage. L'utilisation concrète des phéromones devient une réalité.

Simultanément, en essayant de préciser le rôle de chaque composé dans les mélanges phéromonaux, l'éthologie de nombreuses espèces est réétudiée de façon plus fine et certains comportements plus discrets sont découverts, conduisant à l'identification d'autres phéromones. L'étude de la communication chimique chez les insectes consiste en une série de va-et-vient entre les tests biologiques et la chimie analytique.

Au début des années soixante-dix, une vingtaine d'équipes européennes s'intéressent à la communication chimique chez différents groupes d'insectes. En France, quelques équipes sont impliquées. Des centaines d'espèces sont étudiées, des centaines de produits sont identifiés, de nombreuses publications paraissent.

La fin des années quatre-vingt marquera un changement profond dans ces recherches. Les progrès constants des techniques de la chimie analytique, en particulier de la RMN, l'apparition du couplage CPG-spectrométrie infrarouge à transformée de Fourier, ont pratiquement éliminé tout risque d'identification erronée.

En revanche, l'utilisation systématique de ces techniques complémentaires augmente considérablement le travail d'interprétation des chimistes et ce à un moment où ces recherches sont moins valorisantes. On assiste actuellement à un approfondissement des recherches, avec en particulier l'étude du contrôle neuro-endocrinien de la production des phéromones et l'identification des gènes codant pour les enzymes clés de la biosynthèse des phéromones. L'identification et la caractérisation des gènes codant pour les récepteurs olfactifs par les techniques de la biologie moléculaire sont maintenant des axes de recherche privilégiés.

• La communication chimique chez les vertébrés

En Australie, les dix-huit lapins de garenne de l'espèce *Oryctolagus cuniculus* importés d'Europe en 1859 par un colon anglais amateur de chasse ont donné deux cents millions de descendants qui ravagent plusieurs provinces au début des années cinquante. Le gouvernement australien demande à R. Mykytowycz de tenter d'éradiquer ces populations. Tout en étudiant les maladies susceptibles de décimer le lapin, Mykytowycz s'intéresse à son comportement, persuadé qu'il s'agit là d'un élément clé de la dynamique des populations. Par ailleurs, le début des années 1950 est aussi l'époque où l'éthologie est reconnue comme une discipline à part entière. Il décrit alors en détail les différents comportements du lapin, redécouvre d'anciens travaux sur les glandes odorantes et montre qu'il existe chez cet animal une véritable communication dont les bases sont olfactives.

En 1986, dans la préface du quatrième volume de *Chemical Signals in Vertebrates*, Mykytowycz donne un historique de ses recherches et plus généralement des recherches sur la communication chimique chez les vertébrés. Il est intéressant de noter qu'en ce qui concerne les vertébrés, les recherches sur l'olfaction ont joué un rôle déterminant : aux États-Unis avec la création en 1968 par la fondation Ambrose Monell d'un institut consacré à l'olfaction au sens large; mais aussi en Europe avec la création, en 1970, de l'European Chemoreception Research Organization (ECRO). En 1962, lors du premier symposium international sur l'olfaction et le goût organisé à Stockholm, Jacques Le Magnen concluait sa conférence en déclarant que seules les données sur le comportement pouvaient révéler les différents effets d'un stimulus donné sur le système olfactif, affirmation prémonitoire que seule une personnalité mondialement reconnue pouvait présenter à un auditoire de neurophysiologistes. Puis, à Edimbourg en 1972, Jean-Pierre Signoret montra l'importance des stéroïdes salivaires chez le porc et souligna l'enjeu que représentaient les études sur les relations entre olfaction et comportement chez les animaux domestiques. Au congrès de Saratoga Springs, organisé par Dietland Müller-Schwarze en 1976, la principale question était de savoir si le concept de phéromone était applicable aux mammifères. Enfin, au congrès international de physiologie de Paris en juillet 1977, fut présentée la première étude sur le rôle de l'olfaction dans l'attraction sexuelle chez les mammifères. Pour la première fois enfin, l'étude de la communication chimique chez les mammifères était reconnue comme un enjeu de recherche scientifique. L'ouvrage d'Eric Albone sur la sémiochimie des mammifères paru en 1984 montre les progrès considérables réalisés dans ce domaine. La chimie des produits sécrétés et l'olfaction chez les mammifères sont aujourd'hui beaucoup mieux connues et tout est désormais en place pour que les années à venir soient décisives dans l'étude de ces mécanismes.

8. Mâle de *Cerebus torquatus* (Gabon) venant flairer un jeune de quelques jours qui tête sa mère. Cliché A. Gauthier.

• La naissance de l'écologie chimique

Nous venons de voir comment est apparue la notion de communication chimique au cours des années cinquante et soixante. Dans d'autres disciplines, notamment la botanique, la biologie des sols, la biologie marine, des chercheurs avaient découvert que certains facteurs chimiques jouaient un rôle important. A cette époque, le terme de «facteur chimique» désignait des choses très différentes : phéromones *sensu stricto*, sécrétions défensives et plus généralement toutes les sécrétions dont la fonction était inconnue.

Deux scientifiques jouèrent alors un rôle crucial : Ernest Sondheimer et John Simeone du New York College of Forestry à Syracuse, dans l'État de New York. A leur initiative eut lieu en automne 1968 une réunion informelle rassemblant des chercheurs de toutes disciplines s'intéressant à l'écologie au sens large. C'est au cours de cette réunion qu'est née la notion d'écologie chimique qui allait ensuite devenir une discipline à part entière. L'ouvrage *Chemical Ecology* qui parut à cette occasion en 1970 a marqué une étape importante dans la carrière de nombreux biologistes et chimistes américains.

Quelle était la «philosophie» de l'écologie chimique telle que la concevaient Sondheimer et Simeone? Pour répondre à cette question, le plus simple est de reprendre l'exemple des nématodes qu'eux-mêmes utilisaient. Les nématodes sont des petits vers qui vivent dans le sol et se nourrissent de plantes comme les pommes de terre, le tabac ou les betteraves. Leurs œufs peuvent rester enkystés pendant une dizaine d'années en attendant de disposer d'une nourriture suffisamment abondante pour éclore. La présence de nourriture leur est signalée par des substances spécifiques libérées par les racines des plantes et qui jouent le rôle de facteurs d'éclosion.

A condition d'isoler et d'identifier ces produits et que leur fabrication ne soit pas trop coûteuse, on pensait pouvoir les répandre sur les sols infectés à un moment où il n'y avait pas assez de nourriture pour les nématodes. Les œufs étaient supposés éclore et les larves mourir de faim, le tout grâce à des produits naturels qui avaient l'avantage de ne pas nuire aux autres organismes.

Cet exemple illustre l'approche pluridisciplinaire prônée par les promoteurs de l'écologie chimique réunis autour des pôles de Syracuse (Ernest Sondheimer, John Simeone, Milton Silverstein, Dietland Müller-

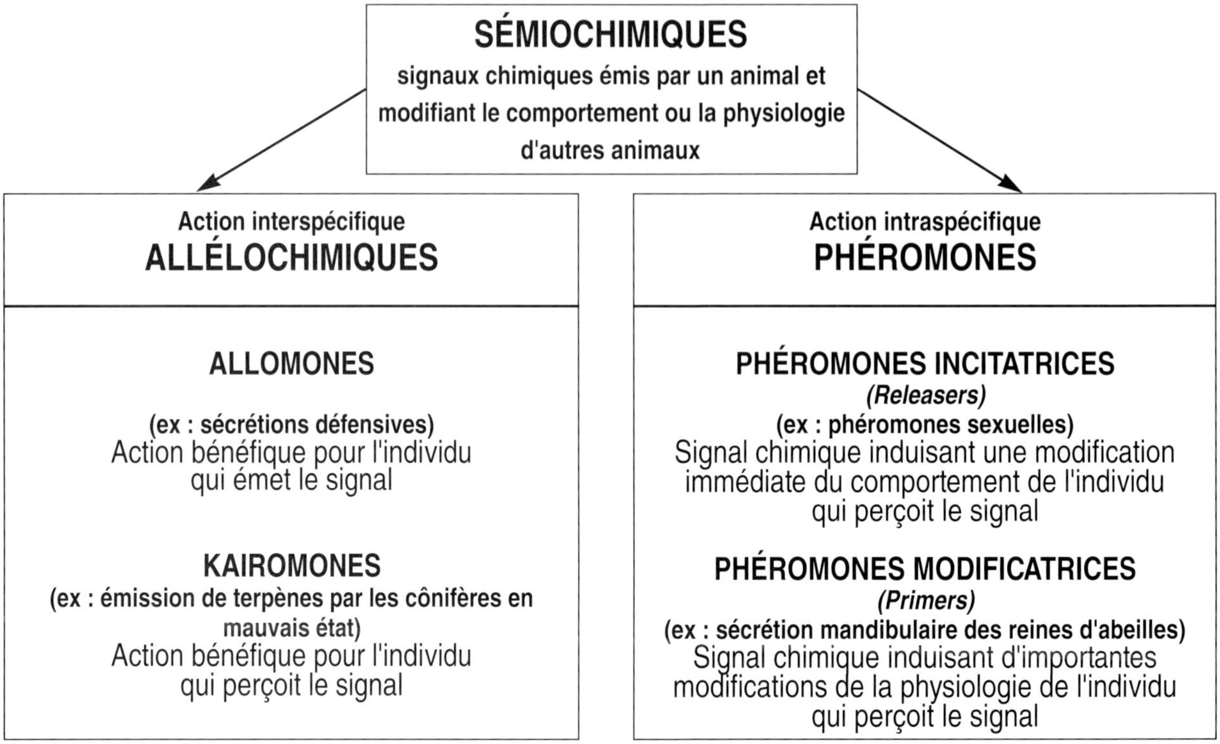

I 9. Signaux chimiques utilisés dans la communication intra et interspécifique et modifiant le comportement ou la physiologie d'autres animaux.

Schwarze) et de l'université voisine de Cornell (Thomas Eisner, Jérôme Meinwald, Wendell Roelofs). En 1975, Simeone et Silverstein créent le *Journal of Chemical Ecology* qui connaît un succès immédiat et qui sera à l'origine en 1984 de la création de la Society of Chemical Ecology.

• Universalité de la communication chimique

Il est apparu que la communication chimique était le mode de communication principal pour de nombreux groupes d'animaux. Au cours de l'évolution, les messages échangés par les premières formes de vie étaient vraisemblablement de nature phéromonale. Comme on le verra plus en détail dans le chapitre 4, c'est chez les levures et les protozoaires que le fonctionnement des phéromones est le mieux connu sur le plan moléculaire. Selon Edward Wilson, la communication chimique entre les protozoaires serait antérieure à l'apparition des métazoaires et on peut spéculer qu'au cours de l'évolution de ces derniers, les hormones, qui jouent le rôle de messagers chimiques entre les cellules des organismes, ont été «héritées» des phéromones qui permettaient aux organismes monocellulaires de communiquer entre eux. Quel que soit le moment de leur apparition au cours de l'évolution, on retrouve des phéromones dans tous les grands groupes d'organismes vivants, à tel point qu'on peut les considérer comme une des caractéristiques du monde vivant.

Définitions et nomenclature

• Qu'est-ce qu'une phéromone?

Dans les années cinquante, la réalité de la communication chimique était bien établie mais les biologistes se heurtaient sans cesse à l'absence de termes précis pour désigner les «substances» dont ils décrivaient la fonction. Le premier terme d'«ektohormone» créé par Bethe était contradictoire, «ekto» signifiant «extérieur» alors que «hormone» fait référence à une sécrétion interne. En 1959, Peter Karlson, Martin Lüscher et Adolf Butenandt proposèrent le terme de «phéromone» pour désigner les substances qui, émises par un individu, déclenchent chez un congénère une modification de son comportement ou de sa physiologie.

Le terme de phéromone dérive du grec *«pherein»* qui signifie «transférer», «hormon» voulant dire «exciter». Ce terme fit l'objet de nombreuses polémiques mais finit par être accepté avec une précision apportée par Kalmus qui désigna sous ce terme toute substance «ou mélange de substances» susceptible de modifier le comportement ou la physiologie. Précision importante car dans la plupart des cas, une phéromone est en effet un mélange de deux ou plusieurs substances émises simultanément.

• Les phéromones modificatrices

En 1958, à Bâle, le chimiste français Michel Barbier isolait la substance royale des reines d'abeilles, l'acide 9-oxo-(E)-2-décénoïque, la première phéromone d'insecte obtenue à l'état cristallisé et qui inhibe le développement des ovaires des ouvrières. A la même époque, on observait l'action physiologique de substances odorantes de l'urine sur la fécondité des femelles de souris. La définition du terme de phéromone devait tenir compte du fait que celle-ci pouvait agir immédiatement sur le comportement ou à plus long terme sur la physiologie. Mais pour des raisons de commodité, il fallait créer des termes plus spécifiques. Pragmatiques, les Anglais désignèrent les phéromones agissant directement sur le comportement par le terme de *«releasers»*, et celles qui agissent sur la physiologie par celui de *«primers»*. En France, après avoir utilisé quelques temps le terme de «déclencheurs», puis de «phéromones incitatrices» pour *«releasers»*, nous appelons simplement «phéromones» les substances qui, chez une même espèce, modifient le comportement, le terme de «phéromones modificatrices» qualifiant les phéromones à action physiologique.

• Les différentes phéromones

C'est à partir des travaux sur les insectes que les biologistes ont défini cinq types principaux de phéromones intervenant dans la communication chimique : les phéromones sexuelles, les phéromones grégaires, les phéromones de piste et les phéromones d'alarme, auxquelles on peut ajouter les phéromones épidéictiques ou phéromones d'espacement. Chacune de ces phéromones déclenche un comportement précis. Toutefois, dans le détail, on s'aperçoit qu'un comportement donné est toujours constitué par un ensemble de comportements successifs (on a parlé de «micro-comportements») et qu'une phéromone, outre le fait qu'elle est souvent elle-même un mélange de produits, nécessite le plus souvent la présence d'autres signaux chimiques pour être efficace.

Les phéromones sexuelles attirent le partenaire sexuel. Nous verrons chez les papillons que pour que le mâle arrive au contact de la femelle, il faut qu'il perçoive un composé qui l'attire, un autre qui l'induise à atterrir et un troisième qui l'incite à marcher vers la femelle. De plus, d'autres signaux chimiques sont souvent nécessaires à l'accouplement : phéromones ou aphrodisiaques du mâle, odeur de la plante hôte.

Chez la plupart des insectes, des signaux chimiques spécifiques, souvent perçus à très faible distance ou par contact, indiquent au mâle qu'il est bien en présence d'une femelle de son espèce. Chez un certain nombre d'espèces intervient une forme de sélection sexuelle : la femelle choisit son partenaire en fonction de son statut ou d'autres critères qu'elle perçoit par olfaction. Chez les mammifères, où les comportements sont moins stéréotypés et où interviennent la vision et l'audition, la phéromone sexuelle n'est qu'un déclencheur qui initie une succession de comportements.

Les phéromones grégaires sont des phéromones qui, émises par tous les individus d'un groupe, maintiennent sa cohésion. Ces phéromones sont spécifiques mais au sein d'une population d'individus de la même espèce, chaque groupe acquiert en fonction de son habitat et de son alimentation une odeur particulière dont l'action est complémentaire de celle de la phéromone grégaire pour la reconnaissance du groupe.

Le terme de *phéromone de piste* est très explicite bien qu'il recouvre des comportements très divers selon les espèces. Pour les fourmis et les termites, la phéromone de piste est déposée par un individu qui quitte le nid pour aller récolter de la nourriture; elle lui permettra de retrouver son chemin au retour. Cette phéromone sert également à recruter d'autres individus pour participer au travail, puis des soldats pour protéger ces colonnes de récolte. Chez certains serpents, la phéromone de piste laissée par d'autres individus sera selon la saison une phéromone grégaire permettant de retrouver un groupe pour hiberner ou une phéromone sexuelle permettant de retrouver le partenaire sexuel qui a laissé cette piste.

La *phéromone d'alarme* émise par un individu indique la présence d'un danger aux autres membres du groupe. Très souvent chez les insectes, ce sont des produits issus d'une sécrétion défensive qui jouent le rôle de phéromone d'alarme. L'individu attaqué se défend tout en prévenant ses congénères. Chez d'autres animaux, ce sont les produits libérés par une blessure qui agissent comme phéromone d'alarme.

Les *phéromones épidéictiques* ou *phéromones d'espacement (spacing pheromones)* ont une signification différente selon les animaux considérés. Chez les insectes, les femelles qui pondent leurs œufs dans des fruits déposent cette phéromone au voisinage de leur ponte pour la signaler aux autres femelles de la même espèce. Pour les hyperparasites, cette phéromone agit comme une *kairomone* (voir ci-dessous) en leur indiquant la présence de jeunes larves qui deviennent les hôtes de leurs propres œufs. Les phéromones qui servent à marquer les territoires chez les insectes et chez les vertébrés s'apparentent à ce type de phéromone.

• Les substances allélochimiques

La communication chimique ne repose pas exclusivement sur l'action des phéromones. Chez les plantes, on parle couramment de métabolites primaires et de métabolites secondaires. Les métabolites primaires sont ceux qui sont synthétisés normalement par la plante pour sa croissance et sa reproduction; les métabolites secondaires sont des produits dérivant du métabolisme général mais qui ne jouent aucun rôle vital. Ils varient d'une espèce à l'autre et des centaines en ont été identifiés. La plante peut utiliser ces métabolites secondaires comme substances défensives contre d'autres plantes ou des herbivores ou bien comme des messagers chimiques véhiculant une ou plusieurs informations (attraction/répulsion) à d'autres plantes ou à des insectes. En 1971, Robert Whittaker et Paul Feeny de l'université de Cornell proposent de nommer substances allélochimiques les métabolites secondaires produits par un individu (une plante) d'une espèce et capables d'affecter la croissance, la santé, la biologie ou le comportement d'une autre espèce. Ce terme est maintenant couramment utilisé pour désigner les messagers chimiques interspécifiques.

Puis, ces chercheurs, suite à d'autres travaux, proposèrent de distinguer deux types de substances allélochimiques : les *allomones* qui procurent un avantage à l'organisme qui les émet (substances défensives) et les *kairomones* qui procurent un avantage à l'organisme qui les perçoit (molécules permettant à un prédateur, un parasite ou un herbivore de localiser sa proie ou sa plante hôte). Au cours de l'évolution, une plante a en effet pu fabriquer des allomones qui dans un premier temps ont repoussé les insectes herbivores. Ces derniers peuvent s'être détournés de la plante ou avoir contourné cet obstacle en modifiant leur métabolisme et en apprenant à réduire ou éliminer les produits toxiques. A ce stade, ils ont pu utiliser les allomones de la plante pour la repérer et s'en nourrir : les allomones seraient ainsi devenues des kairomones.

Phéromones, allomones et kairomones sont maintenant clairement définies et ces termes sont couramment utilisés. Mais paradoxalement, il n'existe pas en français de terme satisfaisant, équivalent des *«semiochemicals»* anglo-saxons pour désigner l'ensemble de ces produits. On utilise le terme de «sémiochimiques» ou de «substances sémiochimiques» pour désigner toutes les molécules chimiques déversées dans le milieu (exocrines) qui modifient le comportement ou la physiologie des organismes.

Divers aspects de la communication chimique

• Les relations plantes – insectes

Pour se protéger des attaques des vertébrés et invertébrés herbivores, les plantes possèdent des systèmes de défense chimique efficaces en dehors des systèmes de défense mécanique comme les épines. Certaines plantes produisent des toxines qui empoisonnent les herbivores, d'autres fabriquent des produits plus complexes qui interfèrent avec le cycle de croissance de l'attaquant ou sa capacité à les digérer. Mais les insectes et les herbivores se sont adaptés à cet arme-

ment chimique : certains insectes utilisent jusqu'aux métabolites secondaires de ces plantes pour leur propre défense. Le moyen le plus courant pour estimer le pouvoir défensif des allélochimiques végé-

10. Les guêpes parasitoïdes, ici *Microplitis croceipes*, pondent leurs œufs dans le corps de chenilles qu'elles localisent grâce à leur odeur et à celle de leurs excréments. Ces odeurs jouent le rôle de kairomones en profitant à l'individu qui les perçoit, et ce au détriment de celui qui les émet. J. Tumlinson *et al., Pour la Science,* n° 187, 1993.

taux et pour déterminer leur toxicité est de les extraire puis de les incorporer à une nourriture artificielle. Les adultes de *Papilio polyxenes (black swallowtail butterfly)* évitent les crucifères (les moutardes) qui produisent une substance allélochimique, la sinigrine, qui est un allylisothiocyanate toxique. Par contre, ces papillons recherchent certaines ombellifères comme le céleri pour y pondre leurs œufs. On observe que la croissance de larves ayant consommé du céleri expérimentalement enrichi en sinigrine est fortement perturbée.

D'autres substances allélochimiques sont des mimétiques des hormones qui contrôlent la mue chez les insectes : l'ecdysone (un stéroïde) et l'hormone juvénile (un sesquiterpène linéaire). Très schématiquement, pendant les mues larvaires qui permettent aux larves de grandir, ces deux hormones sont présentes. Lors de la mue qui voit la naissance de l'adulte, seule l'ecdysone intervient (rappelons au passage que c'est Adolf Butenandt et Peter Karlson qui ont identifié l'ecdysone à partir d'une tonne de vers à soie). Or, certaines plantes sont très riches en dérivés de l'ecdysone : on a pu extraire 25 milligrammes de 20-hydroxyecdysone à partir de 2,5 grammes de rhizome sec de la fougère commune *Polypodium vulgare*. Ces dérivés de l'ecdysone, regroupés sous le nom général de phytoecdysones, peuvent assurer une protection efficace aux plantes.

Dans quelques pays africains, le Kenya par exemple, on a observé qu'après certaines invasions de criquets migrateurs, toute la végétation était ravagée (détruite ou consommée) à l'exception de l'herbe à buffle, *Ajuga remota*, qui contient des phyto-ecdysones. Au laboratoire, des insectes nourris avec cette plante donnent naissance à des adultes avec plusieurs têtes qui ne survivent pas. De la même façon, on trouve chez les plantes des dérivés de l'hormone juvénile (qualifiés de juvénoïdes). Leur découverte est le fruit du hasard : en 1964, un chercheur tchèque, Karel Slama, qui étudie le développement de la punaise *Pyrrhocoris apterus* («gendarmes» en français) constate au cours d'un stage aux Etats-Unis que les larves, au lieu de donner naissance à des adultes, présentent d'autres formes de mues larvaires. Il semblait donc évident que ces insectes ingéraient de l'hormone juvénile à un moment quelconque de leur développement. Après enquête, il découvrit que le papier placé au fond des boîtes d'élevage était responsable du phénomène : au nord des États-Unis, la pâte à papier est en majorité extraite du sapin *Abies balsamea* qui contient un juvénoïde, la juvabione!

Certaines plantes peuvent imiter d'autres substances produites par les insectes. Le puceron *Myzus persicae* qui se nourrit sur les plants de tomates sauvages émet, lorsqu'il est attaqué, une phéromone d'alarme, le (E)-β-farnésène. En Angleterre, les feuilles d'une de ces espèces de tomate sauvage, *Solanum berthaulthii*, produisent ce composé qui est ainsi capable d'éloigner les pucerons qui croient percevoir la phéromone d'alarme de leurs congénères.

Autre exemple étonnant chez les bruches, des petits coléoptères qui utilisent des graines pour se nourrir et y pondre leurs œufs. L'une d'elles, *Caryodes brasiliensis* est une espèce pour qui les allomones d'une plante sont devenues des kairomones lui permettant de l'exploiter. Au Costa Rica, ce coléoptère se nourrit sur une légumineuse *Dioclea megacarpa* dont les graines contiennent jusqu'à 13 % de leur poids sec d'un acide aminé très toxique pour la plupart des insectes, la L-canavanine. L'insecte fabrique les enzymes nécessaires à convertir la canavanine en urée dont il utilise ensuite l'azote pour fabriquer ses propres acides aminés.

Dans les exemples que nous venons de voir, les substances allélochimiques sont toujours présentes dans la plante, qu'elle soit attaquée ou non; mais beaucoup d'autres plantes ne produisent ces substances que lorsqu'elles sont attaquées.

A l'université de Washington, Clarence Ryan a montré que chez plusieurs espèces de tomates américaines, lorsque des insectes commencent de mâcher les feuilles, une substance non identifiée est libérée au niveau de la blessure et diffuse dans toute la plante où elle induit la production d'inhibiteurs des protéinases. L'insecte qui continue de se nourrir sur cette plante absorbe ces inhibiteurs des protéinases et ne peut plus métaboliser les protéines ingérées; pour lui, cette plante est devenue indigeste au sens propre du terme.

De ces observations est né le concept de communication chimique intraspécifique chez les plantes développé plus récemment par Jack Schultz à l'université de Pennsylvanie, qui observa que lorsqu'un saule subit une attaque massive par des chenilles, la qualité nutritive des feuilles des saules voisins diminue. Il expérimenta ensuite sur de jeunes peupliers, *Populus euroamericanus*, en pot dans de vastes serres. En froissant ou déchirant les feuilles de

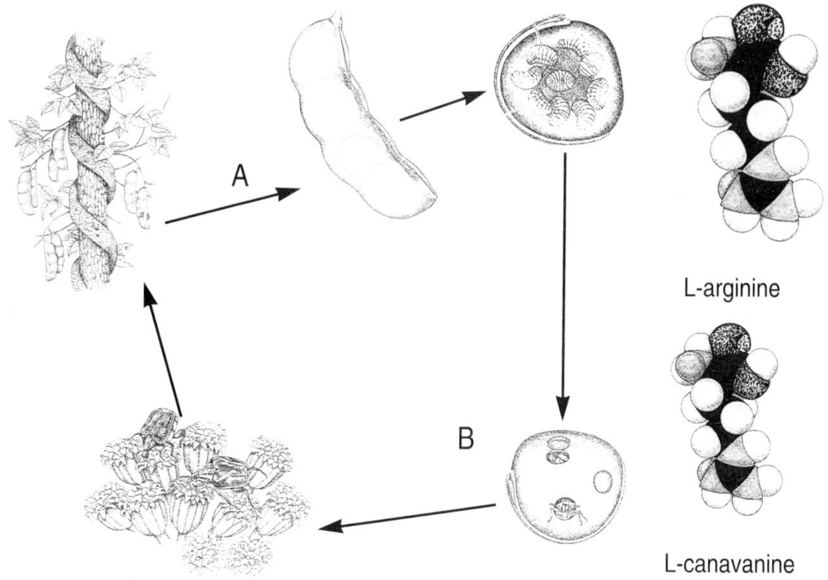

11. Kairomones et adaptation des insectes à une nourriture toxique. Les kairomones sont des signaux chimiques qui, émis par un organisme, sont perçus par des individus d'espèces différentes pour lesquelles elles sont bénéfiques. Les kairomones permettent aux herbivores, aux prédateurs ou aux parasites de localiser l'organisme dont ils se nourrissent ou qu'ils parasitent.
La femelle de la bruche *Caryodes brasiliensis* est attirée par les kairomones émises par les jeunes gousses de la légumineuse grimpante *Dioclea megacarpa* et dépose ses œufs à leur surface (A). Les larves pénètrent ensuite dans la graine et s'y aménagent une cavité. Quelques mois plus tard, les jeunes adultes percent la graine (B) et vont se nourrir du pollen avant la ponte qui a lieu en automne. Ce coléoptère est le seul insecte capable de métaboliser la L-canavanine, un poison de la synthèse protéique produit par cette plante. La L-canavanine est un acide aminé insecticide très proche de la L-arginine (un groupement CH_2 de l'arginine est remplacé par de l'oxygène dans la canavanine). Cette adaptation procure à l'insecte une nourriture abondante en lui évitant toute compétition avec d'autres herbivores; la kairomone, attractive pour *Caryodes*, repousse les autres insectes qui ne survivent pas à l'absorption de canavanine. G. Rosenthal, *Pour la Science,* n° 75, 1984.

l'un des arbustes, on constate très rapidement une augmentation de la teneur en composés phénoliques anti-appétants et indigestes.

Cette synthèse de composés phénoliques commence dès que plus de 7 % des feuilles sont agressées. Mais l'expérience devient plus surprenante dans le cas d'une forte agression : on constate alors que les autres arbustes de la serre, qui eux sont intacts, réagissent de la même façon.

Des expériences semblables ont été réalisées sur l'érable à sucre, *Acer saccharum*, avec des résultats identiques. Les plants endommagés artificiellement augmentent leur teneur en composés phénoliques et en tanins (les tanins sont des composés phénoliques, souvent polymérisés, indigestes et toxiques pour la plupart des herbivores). Il fallait ensuite mesurer plus précisément à quelle vitesse ces composés sont synthétisés, en particulier pour savoir s'ils sont produits assez vite pour stopper une attaque en cours, par des chenilles par exemple. Schultz utilisa du CO_2 marqué au ^{14}C et introduit dans l'enceinte au moment de l'attaque; le CO_2 est le précurseur utilisé par la plante pour la biosynthèse de nouveaux produits. Dans le cas des peupliers blessés, les composés phénoliques augmentent de 152 % en 52 heures, et dans le cas de plantes non agressées élevées dans la même enceinte, cette augmentation est de 52 %. Il faut environ 100 heures après l'attaque pour que le taux redevienne normal. Avec les érables, les résultats sont comparables mais les tanins disparaissent plus vite, après environ 75 heures.

Dans les deux cas, l'augmentation observée des substances défensives chez les plantes non agressées est 10 à 20 fois supérieure à ce qui est nécessaire pour stopper ou prévenir une attaque de chenilles. Ces expériences réalisées sur des plantes en pot écartent la possibilité de transmission de messagers par les racines et suggèrent l'existence de substances semblables aux phéromones d'alarme des insectes. Les tissus blessés produisent de l'éthylène, dont le rôle n'est pas clairement établi. Quoi qu'il en soit, ces travaux montrent l'importance de la communication chimique entre les plantes et plus particulièrement entre les arbres.

• Mimétisme chimique

L'homme cultive les fleurs pour leur qualité décorative ou pour en extraire des parfums, mais ces «présents» de la nature ne lui sont en fait pas destinés au départ. Pour mieux comprendre la biologie d'une fleur, il faut connaître la nature de ses relations avec les insectes qui la visitent : c'est le fameux échange de nourriture offerte à l'insecte «en échange» de la pollinisation.

Pour un insecte pollinisateur, l'identification de la fleur se fait avant tout grâce à la forme, aux couleurs, au parfum, alors que le reste de la plante intervient peu. La plante et l'insecte se sont adaptés à cette étroite association parfois vieille de plusieurs dizaines de millions d'années. Ce que nous observons aujourd'hui est le résultat de cette très longue co-évolution. Les biologistes ont toujours été fascinés par les multiples facettes du mimétisme chez les animaux et plus récemment chez les plantes. Aussi passionnant soit-il, le mimétisme, qui n'est qu'un simple camouflage (insectes qui ressemblent à des brindilles ou à des feuilles, plantes qui ressemblent à des cailloux), est hors de notre propos. En revanche les orchidées, qui miment la forme et l'odeur des femelles d'abeilles, les plantes, qui miment l'aspect et l'odeur d'animaux en décomposition, constituent des modèles

12. Les fleurs de nombreuses orchidées ont un labelle dont la taille et la forme sont identiques à celles d'une abeille femelle. Elles produisent de plus des molécules très voisines de celles qui entrent dans la composition de la phéromone sexuelle de ces insectes. Dupé par des informations physiques et chimiques trompeuses, le mâle de l'abeille *Camposocolia ciliata* tente ici de s'accoupler avec l'orchidée *Ophrys speculum*. S. Barrett, *Pour la Science*, n° 121, 1987.

plus sophistiqués où les signaux chimiques jouent un rôle important. Le mimétisme n'est plus seulement ici de type visuel.

A la limite entre ces deux types de mimétisme, certaines espèces en imitent d'autres qui produisent des substances défensives que les prédateurs ont appris à éviter; ou qui au contraire produisent des substances particulièrement attractives. Dans ces deux cas, les espèces mimétiques, qui ne produisent rien, ne font que leurrer les animaux qui vont les éviter ou les visiter.

Le mimétisme est une sorte de ménage à trois entre le modèle, le mimétique et le dupe. Henry Bates, en étudiant un groupe d'espèces de papillons très colorés dont certaines sont toxiques et d'autres inoffensives est arrivé à la conclusion que ces dernières mimaient les premières (les modèles) et évitaient ainsi d'être mangées par les oiseaux (les dupes) : c'est le mimétisme batésien (voir la défense chimique).

La pollinisation des plantes est un univers en soi qui a fait l'objet de plusieurs ouvrages généraux, en particulier *Pollination Biology* de Leslie Real et *Insects and Flowers* de Friedrich Barth. Dans la plupart des cas, la plante et son pollinisateur tirent un bénéfice mutuel de leur coopération, de la nourriture contre la pollinisation, alors que les plantes mimétiques n'offrent aucune contrepartie au pollinisateur. Les abeilles solitaires du genre *Chelostoma* qui vivent dans les régions sèches et boisées de l'ouest et du sud de l'Europe pollinisent deux espèces de fleurs très différentes : les campanules bleues du genre *Campanula* qui produisent un nectar abondant, et une orchidée rose, *Cephalanthera rubra,* qui ne produit pas de nectar.

Jusqu'à présent, on ne comprenait pas ce qui incitait ces abeilles à polliniser l'orchidée qui ne lui offre rien en retour et dont l'aspect est très différent de la campanule. Ce n'est que récemment qu'on a pu expliquer ce paradoxe en observant les fleurs à l'aide d'un spectrophotomètre. Pour l'œil humain, la fleur de l'orchidée est rose car elle réfléchit la lumière dans la partie rouge du spectre (600-650 nanomètres) alors que la vue des abeilles est optimale dans la partie ultraviolette du spectre : dans ces conditions, les deux fleurs apparaissent identiques. L'avantage est considérable pour l'orchidée qui, dans les régions où elle coexiste avec la campanule et l'abeille, produit six à sept fois plus de fruits que dans les régions où les campanules sont absentes.

Les fleurs de nombreuses orchidées ne produisent pas de nectar mais imitent la forme de certaines espèces d'insectes et produisent des molécules très voisines de celles qui composent les phéromones sexuelles de ces insectes. C'est le cas des nombreuses espèces d'*Ophris* d'Europe qui imitent les phéromones sexuelles de plusieurs espèces de guêpes ou d'abeilles solitaires, chaque espèce d'*Ophris* imitant la phéromone d'une espèce bien déterminée. Les pseudocopulations des mâles de ces espèces sont très fréquentes, alors qu'ils n'en retirent aucun bénéfice apparent.

L'explication la plus vraisemblable tient dans l'étroite synchronisation entre la floraison des orchidées, qui est brève et n'a lieu qu'une fois dans l'année, et l'éclosion des mâles adultes des abeilles solitaires qui précède celle des femelles. A l'éclosion, les mâles, sexuellement très excités, et ne trouvant que peu de femelles ayant éclos, se laissent plus facilement leurrer par les orchidées.

Tout à fait à l'opposé, certaines plantes, par leur structure et leur aspect, évoquent de la chair en décomposition et émettent des odeurs putrides, difficilement supportables pour l'homme. Ces plantes attirent ainsi de nombreuses espèces de mouches et d'autres insectes nécrophages. L'exemple le plus spectaculaire est l'*Amorphophallus titanum* de Sumatra dont la fleur peut mesurer plus de deux mètres de haut.

Stapelia nobilis est une espèce africaine plus commune qui ressemble à un cactus. Ses fleurs en forme d'étoiles rouge foncé ont l'aspect et l'odeur de la viande pourrie. Ces plantes n'offrent en réalité rien aux insectes pour qui elles apparaissent néanmoins comme des sites de ponte riches en nourriture pour leurs asticots qui normalement se développent dans la viande pourrie. Parfois, la mouche dépose quelques œufs, mais le plus souvent, après avoir compris son erreur, elle change de fleur; ce faisant, le but est atteint, les fleurs sont pollinisées!

Herbert Baker a décrit une forme de mimétisme intraspécifique où par exemple les fleurs femelles, qui souvent n'offrent pas de nectar, imitent les fleurs mâles qui en produisent : c'est le mimétisme bakérien. Baker a en particulier étudié les caricacées (famille des papayers; les papayes sont les fruits de *Carica papaya*, un arbre des régions tropicales). Lorsque chacun des sexes est représenté par une plante distincte, les plantes mâles portent toujours

beaucoup plus de fleurs. Ce qui, sans entrer dans le détail, est cohérent avec les théories sur le mimétisme où le modèle (fleur mâle chimiquement attractive) est plus fréquent que sa forme mimétique.

Le mimétisme müllerien s'applique au cas où des espèces sans aucun lien présentent le même aspect, ont la même biologie et offrent le même type de récompense au pollinisateur. Selon Fritz Müller, cette stratégie qui consiste à former des groupes de fleurs est plus efficace que si les mêmes fleurs étaient isolées. Certains auteurs pensent plutôt qu'il s'agit d'une convergence évolutive entre des plantes qui vivent dans les mêmes conditions. La pollinisation des fleurs par les insectes est un phénomène fondamental pour la survie de nombreuses espèces végétales et l'on comprend l'«enjeu» pour les plantes de modifier leur morphologie ou leur métabolisme pour fabriquer des substances attractives. Mais en fait, les relations plantes/insectes ne se limitent pas à la pollinisation.

13. *Stapelia nobilis* est une plante du sud de l'Afrique dont la fleur présente la couleur et l'odeur de viande en décomposition. La femelle de la mouche à viande pond ses œufs sur ce qu'elle prend pour une carcasse animale. Ensuite, le plus souvent, elle s'aperçoit de son erreur et part explorer une autre fleur. Ce faisant, elle assure ainsi la pollinisation. S. Barrett, *Pour la Science*, n° 121, 1987.

14. Le serpent corail d'Amérique tropicale *Micrurus fulvius*, dont le venin est un neurotoxique mortel, est remarquable par la succession de ses anneaux de couleur. De nombreuses autres espèces, moins ou non venimeuses, miment cette espèce. © CNRS-ECOTROP, cliché A. R. Devez.

On consultera à ce propos l'ouvrage de Pierre Jolivet *Les Fourmis et les Plantes* où sont décrites les différentes formes d'association entre ces organismes. Dans certains cas, une véritable symbiose s'établit entre la plante qui fournit gîte et nourriture aux fourmis et ces dernières qui la défendent contre les attaques des insectes herbivores. Ces relations sont semblables à celles que nous décrirons plus loin entre les fourmis et les pucerons.

Dans le cas du mimétisme utilisé comme moyen de défense, il existe une polémique quant à la toxicité et à la répulsivité du modèle imité. Le serpent corail d'Amérique tropicale *Micrurus fulvius*, remarquable par ses anneaux de couleur et dont le venin est un neurotoxique mortel, est au centre de ce débat. Pouvant atteindre 75 centimètres, il présente des successions de trois anneaux (noirs, jaunes et rouges) séparées par un anneau jaune et/ou noir.

De nombreuses espèces, moins ou non venimeuses, miment cette espèce et souvent, seule une observation attentive de la succession des bandes permet de les différencier.

Une question simple vient à l'esprit : comment un prédateur peut-il «apprendre», sans périr lui même, que cette espèce de serpent est mortelle ?

L'étude du comportement d'oiseaux de proie se nourrissant de serpents suggère que cette connaissance est héréditaire, mais elle ne permet pas, loin s'en faut, de répondre à toutes les questions en suspens. Nous renvoyons le lecteur intéressé à la synthèse publiée par James Huheey, *Warning Coloration and Mimicry*.

Les araignées du genre *Mastophora* projettent sur les insectes qui passent à leur portée une boule collante attachée à un fil de soie dont le principe rappelle les *bolas* des indiens, d'où leur nom de *«bolas spider»*. Une fois la proie capturée, l'araignée descend le long de son fil pour la dévorer.

Plutôt que d'attendre que des insectes passent à sa portée, l'araignée émet une substance mimétique de la phéromone sexuelle du papillon *Spodoptera frugiperda*. Les produits émis n'ont pas été identifiés, mais presque tous les insectes capturés sont des mâles de cette noctuelle. De nombreux insectes qui vivent en commensaux ou en parasites des nids des insectes sociaux utilisent un camouflage chimique qui leur confère l'odeur de leur hôte (voir reconnaissance interspécifique).

• La défense chimique

Exception faite des animaux mimétiques, le premier moyen de défense du règne animal est la fuite, le second l'affrontement. Face à des prédateurs bien armés, de nombreuses proies auraient peu de chance de survivre si la défense chimique ne venait compenser leur infériorité physique. Nous verrons tout au long des chapitres suivants que la survie des individus, des groupes, des sociétés, implique l'existence de stratégies défensives individuelles ou collectives. La majorité des invertébrés, dont un grand nombre d'arthropodes, fait appel à tout un arsenal chimique pour se défendre. Assez répandue chez les vertébrés inférieurs, poissons et batraciens venimeux, la défense chimique est plus rare chez les mammifères.

A priori, il semble artificiel d'assimiler les produits défensifs à des messagers chimiques. Nous verrons cependant que chez plusieurs espèces d'insectes, les produits utilisés pour la défense servent également de phéromones d'alarme en alertant les congénères et que chez d'autres espèces, des produits qui étaient à l'origine défensifs ont perdu cette fonction et servent uniquement de phéromones d'alarme. Chez plusieurs espèces, le comportement défensif auquel tous les individus du groupe participent est la seule manifestation de socialité observable. Pour nous, la défense chimique est un des aspects de la communication chimique. Pour les chimistes et les pharmacologistes,

15. La variété des molécules utilisées par les organismes marins pour leur défense représente une mine de structures nouvelles et originales pour les chimistes et les pharmacologistes. Par exemple, les prostaglandines utilisées en médecine ont été pendant de nombreuses années des formes modifiées des molécules extraites des coraux et en particulier des gorgones vis-à-vis desquelles elles jouent un rôle défensif : les poissons qui les consomment régurgitent et apprennent vite à les éviter. Ici, gorgone de l'espèce *Paramuricea chameleon*, prise à 20 m de profondeur. © CNRS-BCM, cliché J. Lecomte.

l'extraordinaire variété des molécules utilisées par les animaux pour leur défense chimique représente une mine de structures et de voies de biosynthèse nouvelles et originales.

Les coraux constituent en cela un bon exemple : ils ont joué un rôle important dans l'étude des prostaglandines humaines et pendant plusieurs années, toutes les prostaglandines utilisées étaient des formes modifiées des molécules extraites de ces invertébrés marins et en particulier de *Plexaura homomalla*, gorgone chez laquelle ces molécules ont un rôle défensif : les poissons qui la consomment vomissent et apprennent très vite à l'éviter.

Les nudibranches et les opistobranches sont des mollusques sans coquille appelés aussi «limaces de mer». D'assez grande taille et très colorés, ils semblent des proies faciles pour les poissons mais attaqués, ils sécrètent un mucus renfermant des produits toxiques; chez le nudibranche *Chromodoris luteorosea*, ce sont des diterpènes provenant en l'occurrence des éponges dont elles se nourrissent. *Atapozoa nembrotha* exude quant à lui des molécules complexes, les tambjamines, associées à des noyaux bi ou tétrapyrrole.

D'autres espèces utilisent des molécules très simples : le tégument de l'opistobranche *Pleurobranchaea californica* sécrète de l'acide sulfurique lorsqu'il est attaqué par les crabes ou les poissons carnivores. De nombreux autres invertébrés marins utilisent des acides organiques pour se défendre; certaines espèces d'éponges rejettent de l'acide chlorhydrique quand un prédateur commence de les brouter.

Les invertébrés marins constituent un univers à part entière, actuellement très étudié. Un grand nombre d'entre eux (méduses, anémones de mer...) utilisent des venins pour se défendre ou capturer leurs proies. Certains animaux vivant étroitement associés avec ces organismes sont immunisés contre leur venin : c'est le cas des bernard-l'ermite associés aux anémones de mer. En 1991, Brooks a étudié les relations étroites entre trois invertébrés marins très différents : le bernard-l'ermite *Dardants venosus* choisit toujours une anémone de mer bien spécifique, *Calliactis tricolor,* pour la fixer sur la coquille qu'il habite. Le principal prédateur de ce bernard-l'ermite, dès que ce dernier n'est plus protégé par l'anémone, est la petite pieuvre *Octopus joubini*. Dans ce trio, l'anémone a un rôle passif. Bien que les facteurs visuels interviennent, ce sont les molécules émises par les différents protagonistes qui règlent ces interactions complexes. Les expériences réalisées en olfactomètre ont montré que le bernard-l'ermite reconnaît «son» anémone de mer par olfaction et que la pieuvre fait la différence entre le bernard-l'ermite seul, l'anémone de mer seule et le bernard-l'ermite portant l'anémone de mer. Cet exemple très ponctuel nous rappelle à quel point le monde marin nous reste en grande partie inconnu.

Même si on peut discuter les conclusions d'Erwin qui à la suite de ses travaux sur les forêts tropicales estime à 30 millions le nombre d'espèces d'insectes, force est de constater leur formidable diversité. Sur la terre ferme, ils règnent en maîtres du point de vue du nombre : on estime qu'il y a 200 millions d'insectes pour chaque être humain. C'est dans l'élaboration des sécrétions défensives que les insectes montrent toutes leurs aptitudes en tant que chimistes. Dans son ouvrage *Chemical Defenses in Arthropods*, Murray Blum montre que la défense chimique des insectes n'est que la partie la plus visible de l'extraordinaire activité chimique de ces animaux.

Comme nous l'avons déjà vu chez les invertébrés marins, une substance n'a pas besoin d'être très complexe pour être efficace. Plusieurs espèces de mille-pattes comme *Apheloria corrigata* émettent de

16. Les larves de la punaise *Pyrrhocoris apterus* possèdent trois glandes défensives dorso-abdominales qui produisent des aldéhydes toxiques et répulsifs. L'araignée qui a saisi la larve l'a rejetée sans la tuer. On aperçoit une goutte de sécrétion près de l'extrémité de l'abdomen de la punaise. Les gouttelettes de sécrétion visibles sur le dos de la larve près des orifices glandulaires repoussent les fourmis qui ont tenté de l'attaquer. Cliché J.-P. Farine.

l'acide cyanhydrique pour se défendre. Dans l'organisme, il est lié au benzaldéhyde sous la forme d'une cyanhydrine, le mandélonitrile, qui est stockée soit sous sa forme libre soit sous forme d'un glycoside (les amandes amères contiennent de l'amygdaline, un glucoside du mandélonitrile, qui est un poison dangereux). Une enzyme permet la libération très rapide de l'acide cyanhydrique

Le scorpion à fouet *Mastigoproctus giganteus*, un arachnide proche de ses ancêtres de plus de 400 millions d'années, vaporise pour se défendre un mélange contenant 85 % d'acide acétique et 5 % d'acide caprylique sur ses ennemis, principalement d'autres arthropodes. L'acide caprylique favorise la pénétration de l'acide acétique à travers la cuticule des prédateurs. Mais bien d'autres molécules simples sont également utilisées : plusieurs espèces de fourmis utilisent l'acide formique; le (E)-2-hexénal est utilisé comme sécrétion défensive par les blattes et les punaises; des quinones par les coléoptères et d'autres blattes. Ces molécules ont toutes une forte odeur très caractéristique (c'est par exemple le (E)-2-hexénal qui donne aux punaises vertes leur odeur) qui suffit souvent à repousser le prédateur mais si ce dernier poursuit son offensive, il sera intoxiqué.

Eurycotis floridana est une blatte qui possède une grosse glande ventrale pouvant contenir jusqu'à 500µl de (E)-2-hexénal. Lorsqu'on la saisit, elle projette l'aldéhyde sous la forme d'un nuage de fines gouttelettes : immédiatement, on perçoit une insupportable odeur de punaise et on ressent une brûlure aux yeux et au nez. Les paupières et la muqueuse nasale sont irritées pendant deux jours. On observe que des rats ou des opossums ayant reçu cette sécrétion se roulent sur le sol et s'enduisent la tête de poussière. Beaucoup d'autres sécrétions défensives sont en revanche chimiquement plus complexes : c'est le cas des stéroïdes qui sont très répandus. *Abedus herberti* est un gros dytique, coléoptère aquatique, qui émet un mélange de stérols, surtout composé de désoxycorticostérone et c'est un autre stéroïde, la lucibufagine, qui protège le ver luisant contre les prédateurs. Ce stéroïde est très proche des bufadiénolides toxiques des crapauds.

L'ecdysone, encore un stéroïde, est l'hormone de mue des insectes. On a trouvé des traces d'ecdystéroïdes chez différents animaux, et même chez l'homme, mais on ne leur connaît pas de rôle particulier. Récemment, Karl-Heinz Tomaschko a montré que les pycnogonides, des arthropodes marins, utilisaient un mélange d'ecdystéroïdes pour se défendre contre les crabes qui sont leurs principaux prédateurs.

Les alcaloïdes, qu'on a cru longtemps être l'apanage des végétaux, sont également très utilisés par les arthropodes. Le mille-pattes *Polyzonium rosalbum* dégage une forte odeur de camphre quand on le dérange et on admettait qu'il en produisait. En fait, ses sécrétions défensives renferment deux molécules très complexes responsables de cette odeur de camphre, la polyzonimine et la nitropolyzonamine. Pour le moment, il est difficile d'imaginer les voies de biosynthèse de ces molécules.

Les coccinelles et les chrysomèles sont des coléoptères très colorés qui synthétisent de nombreux alcaloïdes dont certains n'existent que chez ces insectes. C'est le cas de la chilocorine, un alcaloïde heptacyclique qui a été identifié chez une coccinelle américaine, *Chilocorus cacti*. Mais dans ce domaine, la palme revient à *Epilachna varivestis*, un coléoptère mexicain qui s'attaque aux haricots et dont les adultes renferment plus d'une douzaine d'alcaloïdes : des pyrrolidines, des pipéridines, un azabicyclo(3,3,1)nonane et plusieurs azaphénalènes. Le fait le plus surprenant est que les nymphes sont protégées par des alcaloïdes défensifs complètement différents, les azamacrolides, parmi lesquels l'épilachnène vient d'être identifié.

De nombreux arthropodes utilisent des venins dont un certain nombre sont des neurotoxiques paralysant très étudiés pour leurs applications neurothérapeutiques potentielles. Le venin de l'araignée *Dolomedes okefinokensis* peut paralyser des petits vertébrés. Kazumi Kobayashi a isolé une substance, le CNS 2103, qui peut bloquer de façon réversible les canaux calcium des membranes : il s'agit en fait d'hydroxyindolamide, une polyamine à très longue chaîne. On retrouve une polyamine du même type dans le venin qu'utilise la guêpe solitaire *Philanthus triangulum* pour paralyser les proies qu'elle dépose près de ses larves.

Si beaucoup de ces produits sont synthétisés *de novo*, un grand nombre proviennent directement de la nourriture. Par exemple, les larves de la tenthrède australienne *Pseudoperga guerini* consomment des feuilles d'eucalyptus dont elles stockent les terpènes dans un réservoir et elles régurgitent ce mélange quand elles sont attaquées. Chez les arthropodes, le mode d'émission des sécrétions est tout aussi varié que leur nature chimique. Le mécanisme le plus simple est la régurgitation d'une partie du contenu du tube digestif par la bouche, comme dans l'exemple précédent, ou par l'anus. Mais une multitude de glandes exocrines plus ou moins complexes associées à des muscles et/ou à des structures cuticulaires peuvent émettre, projeter, vaporiser ou injecter les sécrétions défensives ou les venins. Le cas des bombardiers, petits carabes communs qu'on trouve sous les pierres, mérite d'être cité car c'est un modèle de chimie organique. Chez *Brachinus crepitans* et *Brachinus exhalans*, deux types de glandes débouchent dans un réservoir qui fonctionne comme une chambre de réaction. Une des glandes produit des hydroquinones et de l'eau oxygénée qui s'accumulent dans le réservoir sans réagir. Dès que l'insecte est attaqué, l'autre glande libère des peroxydases et des catalases. L'eau oxygénée est décomposée par les catalases et libère de l'oxygène tandis que les hydroquinones sont immédiatement oxydées par les peroxydases en 1,4-quinones, ce qui provoque un fort dégagement de chaleur (100 °C). Ce mélange brûlant est éjecté par le brusque dégagement d'oxygène avec un bruit de détonation nettement perceptible.

Chez de nombreux amphibiens, les glandes cutanées sécrètent des produits toxiques dont certains sont des poisons violents, même pour les grands mammifères. Les sonneurs du genre *Bombina* sont des crapauds dont les glandes produisent de grandes quantités de venin. La sécrétion est une mousse blanchâtre qui a une très forte odeur d'ail. Même à distance, la sécrétion irrite les yeux, le nez et la bouche.

Certains prédateurs se sont malgré tout adaptés à ce type de défense. Un putois qui attrape une grenouille commence par la fouler avec ses pattes pour la débarrasser de ses sécrétions cutanées avant de la manger. Cela rappelle ce que l'on observe chez les mangoustes avec les gros mille-pattes qui produisent des quinones : à l'aide de leurs pattes avant, elles les roulent sur le sol jusqu'à ce qu'ils aient déchargé toutes leurs sécrétions défensives.

Même les serpents les plus venimeux ont leurs prédateurs. L'homme qui marche sur un serpent peut se faire mordre, mais dans les conditions naturelles, les serpents n'attaquent qu'en dernier recours; de nombreuses espèces émettent d'abord des substances répulsives. En cas de danger, le serpent royal *Lampropeltis getula* adopte un position arquée : les écailles de la région dorsale se soulèvent et une substance répulsive produite par l'épiderme diffuse dans l'air.

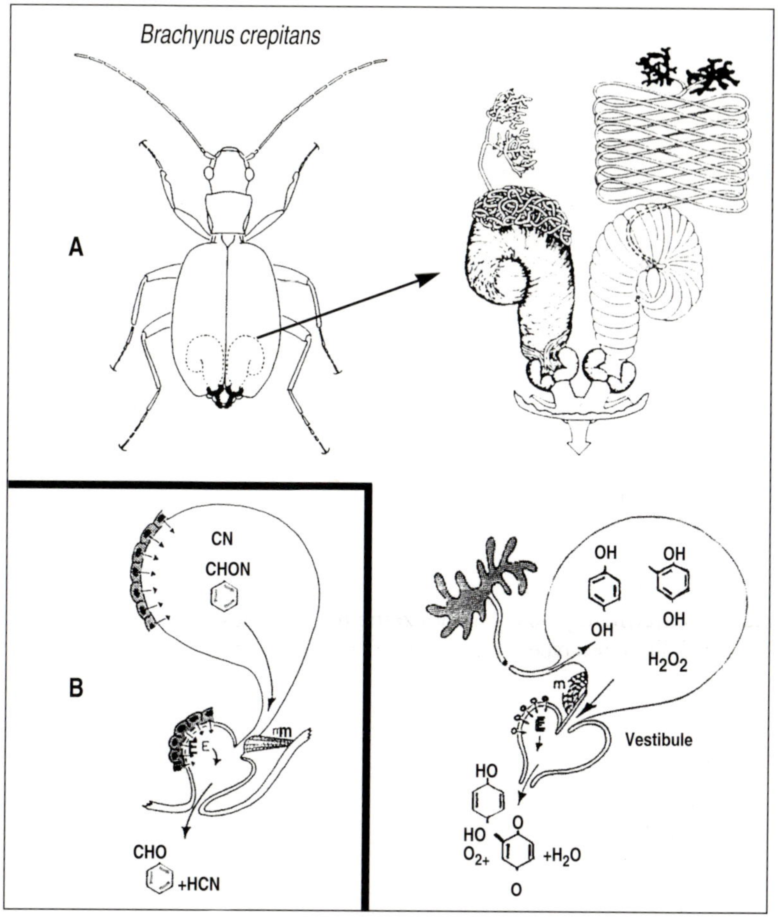

17. (A) Chez le petit coléoptère *Brachynus crepitans*, les glandes défensives paires sont situées à l'extrémité de l'abdomen. Une première glande produit un mélange d'hydroquinone, de méthylhydroquinone et d'eau oxygénée qui est déversé par un très long canal dans un réservoir fermé par une valve. Au moment de l'attaque, la valve est ouverte et le mélange traverse le vestibule où il est décomposé par les enzymes produites par une deuxième glande. Une catalase décompose l'eau oxygénée et libère de l'oxygène qui crée une surpression dans le vestibule tandis que des peroxydases décomposent l'hydroquinone et la méthylhydroquinone en quinones. La chaleur produite par ces réactions porte à 100 °C le mélange dont la libération s'accompagne d'une explosion audible. La hausse de température augmente par ailleurs considérablement la toxicité des quinones émises. (B) Le mille pattes *Apheloria corrugata* possède 22 paires de glandes défensives segmentaires. Ces glandes sont constituées d'un réservoir fermé par une valve et qui contient une émulsion de mendelonitrile sécrété par les cellules de sa paroi. Lors d'une attaque, la valve est ouverte et le mendelonitrile traverse un vestibule dont la paroi sécrète une enzyme qui le décompose en acide cyanhydrique et en benzaldéhyde lesquels sont émis sous forme de vapeur. Un individu peut émettre jusqu'à 0,6 mg d'acide cyanhydrique, ce qui représente plusieurs fois la dose létale pour une souris. D'après D. W. Alsop.

Les crotales ou serpents à sonnette du genre *Crotalus* essayent d'abord de dissuader les prédateurs en agitant le crotalon (une succession d'anneaux cornés restés attachés au corps suite aux mues successives) qui fait un bruit de grelot, puis en émettant une sécrétion malodorante qui ressemble à celle des moufettes; la morsure n'intervient que si le prédateur insiste.

Les coyotes et les chiens détestent cette odeur et urinent aux endroits où elle est perceptible. Les écureuils et les rongeurs, qui sont les proies des crotales, bouchent leurs terriers dès qu'ils perçoivent cette odeur. Il a été suggéré, sans que cela soit prouvé, que les sécrétions puantes émises par les glandes anales des rongeurs étaient destinées à mimer l'odeur des crotales. Le putois *Mustela putorius* vide ses glandes anales lors des combats mais ce n'est pas une arme

18. Chez les batraciens, l'aspect verruqueux de la peau est dû à la présence de glandes tégumentaires produisant du mucus et des toxines. Chez la salamandre, les cellules produisant les toxines sont regroupées et forment un massif glandulaire, la glande parotidienne, bien visible en arrière de l'œil. Cliché D. Sirugue.

19, 20. Les chenilles du monarque *Danaus plexippus* se nourrissent de feuilles *d'Asclepiadacae* du genre Asclepias (19) dont les fruits évoquent une perruche qui aurait la tête en bas (20). Cassée, cette plante laisse s'écouler une sève collante qui ressemble à du lait. La sève est très riche en glycosides cardiaques (cardénolides) toxiques qui protègent la plante contre les herbivores. Les monarques adultes, qui ne se nourrissent pas, sont bourrés de cardénolides stockés lors des stades larvaires.
19 : D. Morse, *Pour la Science*, n° 95, 1985.

21. Les prédateurs du monarque, notamment le geai bleu *Cyanocitta cristata*, apprennent à éviter ce papillon. Plusieurs autres espèces de papillons, qui ne se nourrissent pas sur les asclépias, ont adopté le même type de coloration et bénéficient du même pouvoir de dissuasion que le monarque. A droite, le monarque; à gauche, une espèce mimétique. Source : *Scientific American*.

22. La famille des dendrobatidés comprend une centaine d'espèces dont certaines sécrètent l'un des venins les plus toxiques du règne animal. Grâce à leurs couleurs vives caractéristiques, ces grenouilles ne sont pas attaquées par les prédateurs. Elles sont imitées par certaines espèces dépourvues de venin. © CNRS-ECOTROP, cliché A. R. Devez.

bien redoutable comparée à celle des moufettes du genre *Mephitis* qui, lorsqu'elles se sentent menacées, tournent le dos à l'adversaire, relèvent leur queue puis projettent un liquide puant sécrété par les glandes anales. Le jet de sécrétion est d'une précision étonnante jusqu'à quatre mètres et c'est toujours la face qui est atteinte. La sécrétion, très riche en butylmercaptan, provoque chez l'homme de très vives douleurs aux yeux, des maux de tête, parfois l'évanouissement. Chiens, lynx, pumas et ours évitent toute confrontation avec les moufettes.

Les mécanismes défensifs utilisés par les animaux présentent différents degrés de complexité. Chez certains groupes, il est possible de suivre l'apparition puis l'évolution de ces mécanismes. Un bon exemple est celui des soldats des termites développé au chapitre 3, où on observe tous les intermédiaires, avec le passage progressif de la défense mécanique (morsure) à la défense mécanique et chimique (morsure et écoulement de produits toxiques dans la plaie) et enfin à une défense purement chimique.

Certains animaux utilisent des stratégies défensives très sophistiquées basées sur le mimétisme. Beaucoup d'animaux qui possèdent des armes chimiques mortelles sont aposématiques : ils présentent des couleurs vives ou des *patterns* de couleurs avertissant le prédateur éventuel. D'autres espèces vont imiter ces livrées colorées pour tenter d'échapper aux prédateurs. La sésie, *Trochilium apiforme*, est un papillon qui ressemble à une grosse guêpe; l'abdomen présente une alternance de bandes jaunes et noires et ses ailes dépourvues d'écailles sont transparentes.

Le monarque *Danaus plexippus* est un beau papillon orange et noir d'Amérique du Nord. Ses chenilles se nourrissent de feuilles d'*Asclepiadacae* du genre *Asclepias*. Appelée *«milkweed»* par les Américains, cette plante, quand on la casse, laisse s'écouler une sève très collante qui ressemble à du lait. Elle était autrefois cultivée en France comme curiosité car ses fruits évoquent une perruche qui aurait la tête en bas. Cueillies, les «perruches» étaient placées autour d'un verre, le «bec» trempant dans l'eau. La sève des *Asclepias* est bourrée de glycosides cardiaques (cardénolides), des substances très amères et fortement toxiques qui protègent la plante contre les herbivores, les insectes ou autres. Les chenilles du monarque vivent sur cette plante dont elles séquestrent les cardénolides et on constate qu'elles sont beaucoup moins attaquées par les parasites que les autres. Les adultes, qui ne se nourrissent pas, ont cependant gardé les cardénolides stockés lors de leur état larvaire. Les prédateurs potentiels des monarques, surtout le geai bleu, *Cyanocitta cristata*, apprennent très vite à éviter ce papillon qui les fait vomir.

On observe par ailleurs que plusieurs autres espèces de papillons qui ne se nourrissent pas sur les *Asclepias* ont «adopté» le même type de coloration et bénéficient ainsi du même pouvoir de dissuasion que les monarques vis-à-vis de leurs prédateurs.

Nous retrouvons un phénomène de mimétisme très comparable chez certaines grenouilles d'Amérique tropicale. La famille des Dendrobatidés comprend une centaine d'espèces dont certaines sécrètent l'un des venins les plus toxiques du règne animal. On trouve dans la forêt tropicale de Colombie les trois espèces les plus toxiques (genre *Phyllobates*). Leur venin, bien plus puissant que le curare, est utilisé par les indiens pour empoisonner leurs flèches. Son principe actif, à base d'alcaloïdes, est produit sous la forme d'une mousse blanchâtre par les glandes épidermiques dispersées sur tout le corps, comme les glandes à mucus. Les couleurs voyantes de ces grenouilles, que les prédateurs n'attaquent pas, sont imitées par les espèces dépourvues de venin.

2

COMMENT FONCTIONNE LA COMMUNICATION CHIMIQUE ?

Les molécules phéromonales

Les molécules phéromonales peuvent être émises dans l'air ou dans l'eau pour attirer les congénères ou le partenaire sexuel, déposées sur le sol ou sur des supports solides lorsqu'elles servent à marquer une piste ou délimiter un territoire. Leur mode d'action dépend de leur nature chimique et de leur volatilité ou de leur solubilité, propriétés qui conditionnent elles-mêmes leur durée de vie. Quelques exemples relativement bien documentés illustrent la variété des mécanismes mis en œuvre, depuis les formes de vie les moins évoluées jusqu'aux mammifères.

A un certain moment de leur vie, les amibes acrasiales *(Dictyostelium discoideum)* adoptent une stratégie sociale et émettent une phéromone grégaire, l'acrasine, qui attire les congénères; il s'agit en fait de la 3',5' adénosine monophosphate, l'AMP cyclique. Ce nucléotide est un second messager présent dans toutes les cellules animales, observation qui laisserait supposer que les protozoaires utilisent des molécules déjà présentes dans la cellule comme signaux chimiques mais en fait, cette amibe apparaît plutôt comme une exception chez ces formes de vie «inférieures».

Chez plusieurs levures, dont *Saccharomyces cerevisiae*, les phéromones sexuelles sont des peptides et non de l'AMP cyclique : par exemple, une protéine avec 38 acides aminés chez le cilié *Euplotes raikovi*; chez les algues brunes, ce sont des hydrocarbures, le plus souvent avec 11 atomes de carbone, qui sont émis par les gamètes femelles pour attirer les spermatozoïdes.

L'existence de phéromones sexuelles a été démontrée chez de nombreuses espèces d'invertébrés marins mais très peu ont été identifiées. Chez les mâles des rotifères (animalcule d'eau douce), une glycoprotéine joue le rôle de phéromone sexuelle. Chez les mâles de la limnée *Lymnaea stagnalis*, c'est également une protéine. Chez deux espèces de vers marins, les phéromones sexuelles sont des molécules très volatiles : 5-méthyl-3-heptanone chez *Nereis succinea*, 5-méthyl-décane chez *Platynereis dumerilli*.

Les insectes sont de remarquables chimistes qui synthétisent des molécules très variées, des plus simples aux plus complexes. Des phéromones sexuelles ont été identifiées chez plus de 300 espèces. Le bombykol émis par la femelle du ver à soie *Bombyx mori* pour attirer les mâles est pratiquement le seul exemple où une molécule constitue à elle seule la phéromone sexuelle.

Chez la plupart des autres espèces, plusieurs molécules interviennent. Il est souvent très difficile de déterminer la composition précise du mélange phéromonal et le rôle exact de chaque molécule. Chez le scolyte *Ips paraconfusus*, il a fallu plusieurs années pour déterminer que la phéromone est un mélange de trois composés synergistes : l'ipsdiénol, l'ipsénol et le (Z)-verbénol. Chez le lépidoptère *Spodoptera frugiperda* (la légionnaire d'automne), la phéromone sexuelle avait été identifiée comme étant le (Z)-9-tétradécène-1-ol acétate alors que si ce composé provoque bien des tentatives d'accouplement de la part du mâle, il n'est pas attractif à distance. C'est le (Z)-9-dodécène-1-ol acétate qui attire les mâles dans la nature mais le composé précédent est nécessaire à la réussite de l'accouplement.

Chez un autre lépidoptère, *Trichoplusia ni* (la fausse arpenteuse du chou), le (Z)-7-dodécène-1-ol acétate attire les mâles à distance; arrivés au voisinage de la femelle, ils n'atterrissent que s'ils perçoivent la présence de dodécanol acétate. Les mâles du papillon *Pectinophora gossypiella* ne sont attirés à distance que par un mélange de deux composés synergistes (E,E)-7,11-hexadécène-1-ol acétate et (Z,E)-7,11-hexadécène-1-ol acétate qui sont peu actifs seuls.

La phéromone sexuelle du scolyte du bois *Gnathothrichus sulcatus* (un coléoptère qui vit sous l'écorce des arbres), appelée sulcatol, est une molécule chirale possédant deux énantiomères. Aucun des deux n'est attractif séparément : seul un mélange 65 % – 35 % provoque une attraction efficace à 100 %.

Dans d'autres cas, seul l'un des deux énantiomères est actif. C'est le cas pour la 4-méthyl-3-heptanone, la phéromone d'alarme de la fourmi *Atta texana*. Parfois, un énantiomère seul est présent et actif et l'addition de l'énantiomère opposé bloque son activité, partiellement ou totalement. C'est le cas du scarabée japonais *Popillia japonica* (totalement), du scolyte du pin *Ips pini* (totalement) et du papillon *Lymantria dispar* (partiellement).

Ces mécanismes sophistiqués assurent l'isolement reproducteur d'espèces très voisines, vivant dans les mêmes lieux (sympatriques) et produisant les mêmes phéromones sexuelles, par exemple le bombyx disparate *Lymantria dispar* qui cohabite avec la nonne *Lymantria monacha* et chez lesquels il existe deux énantiomères possibles (+) et (-) de la phéromone sexuelle appelée disparlure. Les femelles des deux espèces produisent le (+)-disparlure mais seule la femelle de la nonne produit le (-)-disparlure. Les mâles du bombyx disparate qui possèdent des récepteurs sensoriels pour les configurations (+) et (-) sont repoussés par la configuration (-) et ne sont donc pas attirés par la nonne. Les mâles de la nonne ne possédant pas de récepteurs pour la configuration (-) devraient être attirés par les femelles des deux espèces. Comme ce n'est pas le cas, il faut admettre l'intervention d'autres facteurs que nous ne connaissons pas. A l'opposé de cet exemple, nous trouvons le cas de nombreuses espèces de termites où une seule molécule, le dodécatriénol, sécrétée par les glandes sternales sert à la fois de phéromone de piste aux ouvriers et de phéromone sexuelle aux femelles.

Ce phénomène s'expliquerait plus facilement si les termites s'avéraient de piètres chimistes. Or, ces insectes sont par ailleurs capables de synthétiser des sécrétions défensives très complexes (sesquiterpènes, mono et diterpènes) qui sont même utilisées comme critères taxonomiques.

Le cas du dodécatriénol illustre ce que l'on appelle la «parcimonie des insectes»; nous verrons plus loin que cette molécule remplit parfaitement ses fonctions dans le cadre de différentes stratégies qui assurent l'isolement reproducteur de l'espèce.

Du point de vue chimique, il est impossible d'établir une véritable classification. Un même produit peut avoir une fonction de phéromone d'alarme chez une espèce et de phéromone sexuelle chez une autre.

Chez un groupe comme les lépidoptères, la majorité des phéromones sexuelles femelles sont des alcools, des aldéhydes ou des acétates avec une longue chaîne carbonée.

Chez les diptères, les phéromones sexuelles sont des hydrocarbures de poids moléculaire élevé. A l'inverse, chez les blattes, les sept phéromones sexuelles identifiées sont toutes très différentes du point de vue chimique.

Chez les vertébrés, les phéromones appartiennent aux mêmes familles de molécules que chez les invertébrés : hydrocarbures, alcools, aldéhydes, cétones, acides. Les acides gras libres, les stéroïdes et les protéines jouent un rôle plus important que chez les insectes mais ces produits, également utilisés par beaucoup d'invertébrés marins, ne caractérisent pas la communication chimique chez les vertébrés.

Chez les poissons, ce sont les phéromones d'alarme qui sont les mieux connues. Chez le vairon *Phoxinus phoxinus*, c'est une ptérine; chez le poisson-chat *Ictalurus catus*, c'est un mélange d'acides aminés alors que chez l'ablette *Clinostomus funduloides*, c'est une histamine. Chez les tortues et les alligators, la plupart des glandes produisent des mélanges d'acides gras. Nous verrons que chez les

1

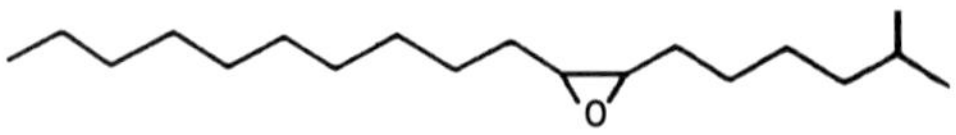
2

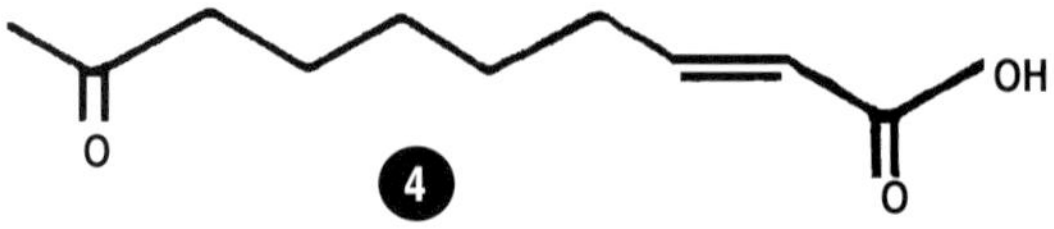
4

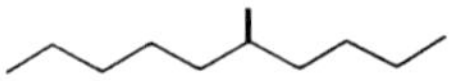
6

3
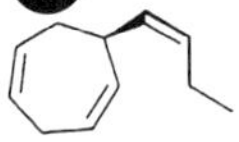

5
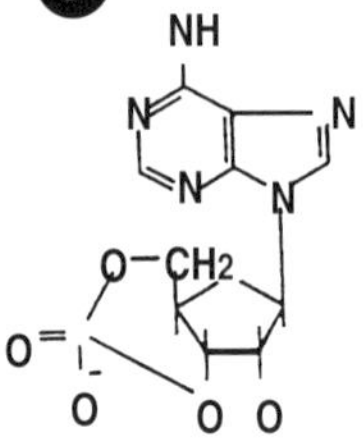

3'
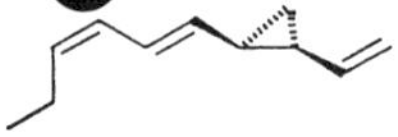

8
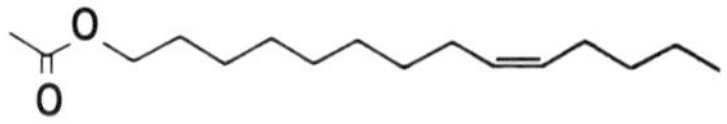

7

11
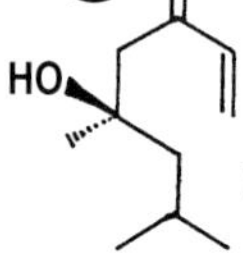

12
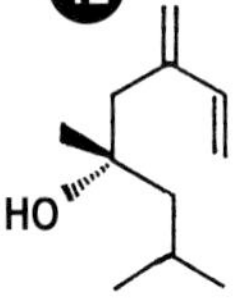

13
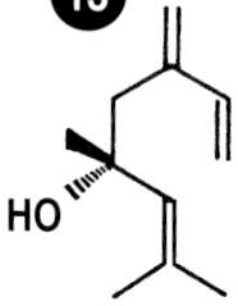

14
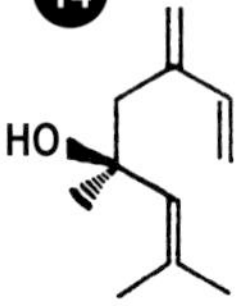

9
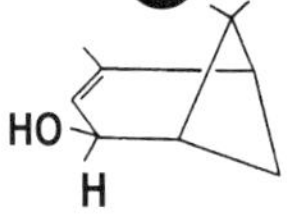

10
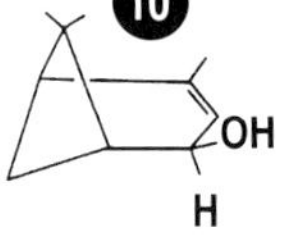

17
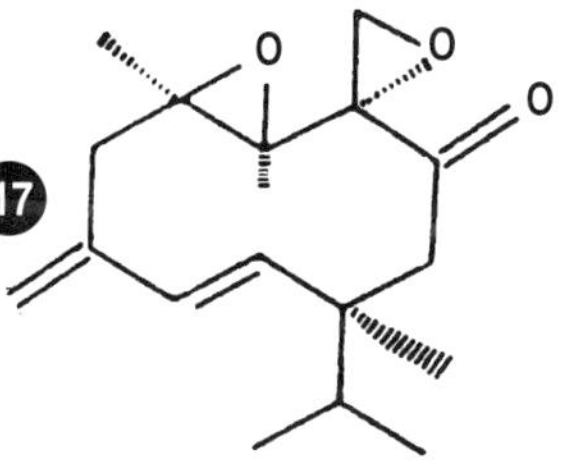

15
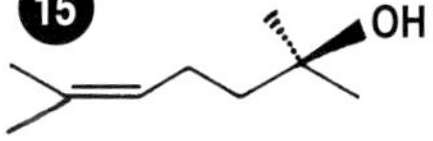

16
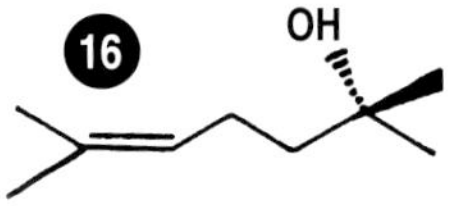

18
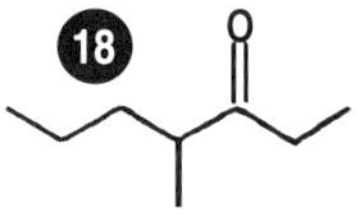

19
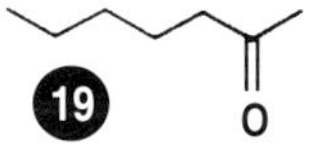

20

21

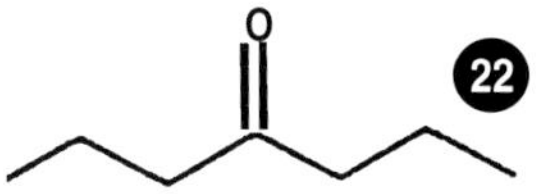
22

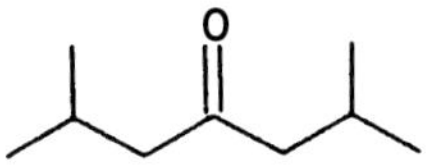
23

24

26
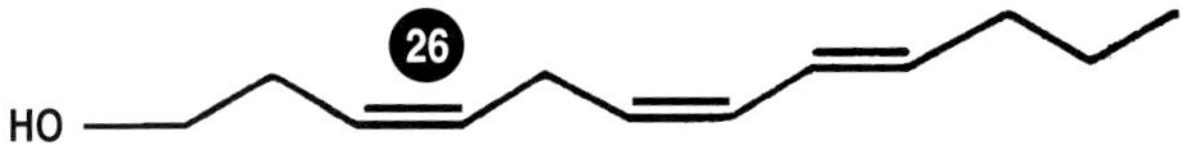

25
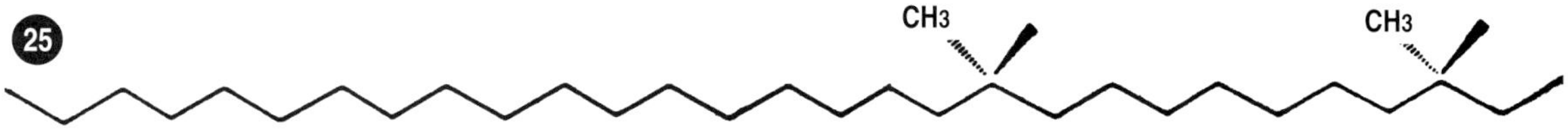

27

28

29

30

31 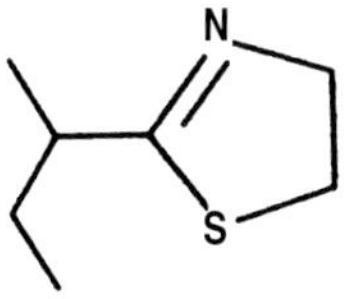

32 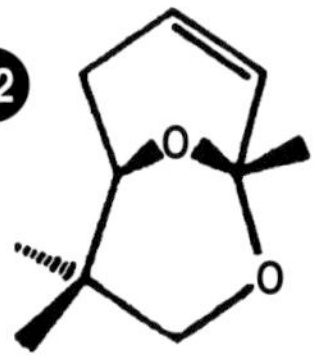

33 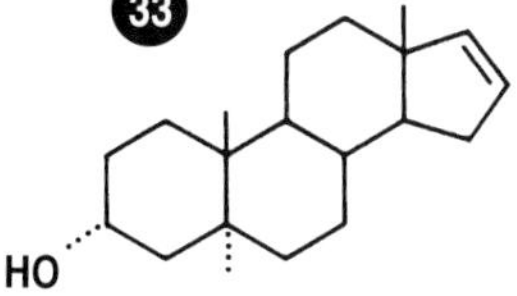

34 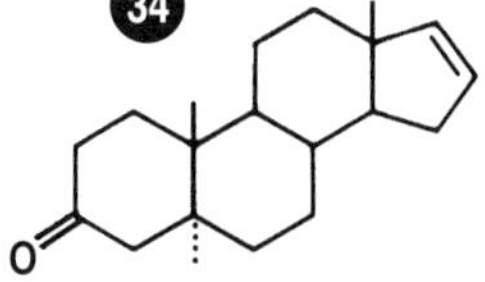

35 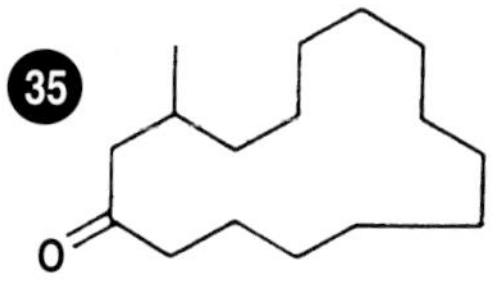

36 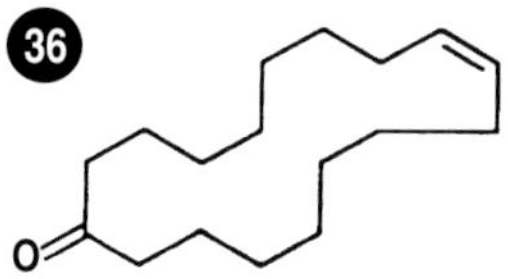

37 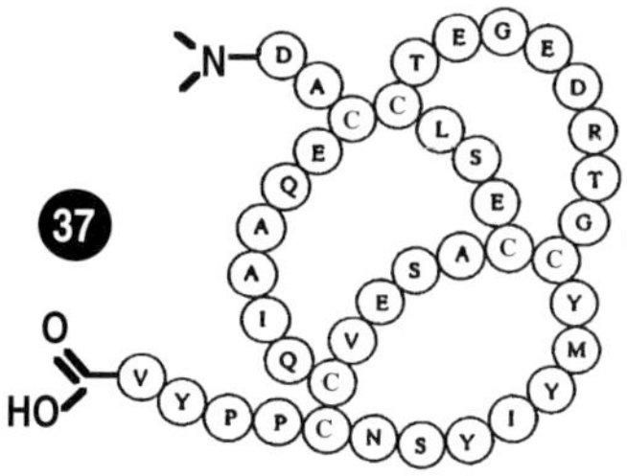

38 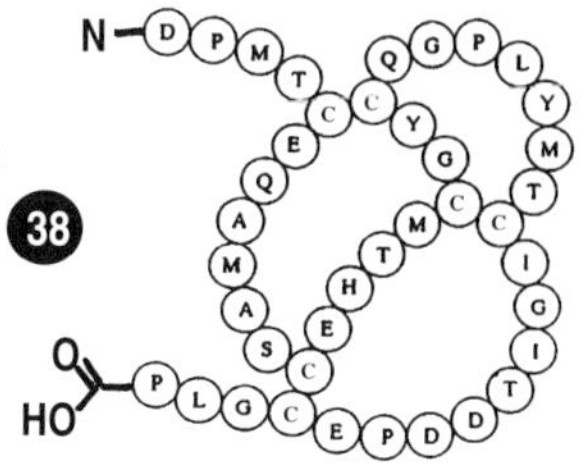

23. Structure chimique des phéromones.

— 1. Structure du (E,Z)-10,12-hexadécadiénol ou bombykol, la première phéromone sexuelle identifiée (1959). Elle est émise par les femelles du papillon *Bombyx mori.*

— 2. Z-7,8-époxy-2-méthyloctadécane ou disparlure dont il existe deux énantiomères entrant dans la composition des phéromones sexuelles de bombyx : les femelles du bombyx disparate *(Lymantria dispar)* et celles de la nonne *(Lymantria monarcha)* produisent le (+) disparlure mais seules les femelles de la nonne produisent le (–) disparlure.

— 3, 3'. Les phéromones émises par les gamètes femelles des algues brunes sont des hydrocarbures avec 11 atomes de carbone cycliques (3 : ectocarpène) ou linéaires (3' : homosirène par exemple).

— 4. L'acide 9-oxo-(E)-2-décénoïque est la seule phéromone modificatrice identifiée à ce jour : c'est la phéromone royale produite par les glandes mandibulaires de la reine d'abeille. Elle inhibe le développement des ovaires des ouvrières de la ruche.

— 5. La phéromone grégaire de l'amibe *Dictyostelium discoideum,* l'acrasine, s'est révélée être la 3',5' adénosine monophosphate (AMP cyclique).

— 6, 7. Les phéromones sexuelles des néréides sont des molécules très volatiles : 5-méthyl-décane pour *Platynereis dumerilli* (6); 5-méthyl-heptanone pour *Nereis succinea* (7).

— 8. Le (Z)-9-tétradécène-1-ol-acétate est l'un des composés de la phéromone sexuelle des femelles du lépidoptère *Spodoptera frugiperda.*

— 9 à 16. Chez les scolytes du genre *Ips,* la phéromone est un mélange de composés synergistes (9 : (S)-(Z)-verbénol. 10 : (R)-(Z)-verbénol. 11 : (R)-(+)-ipsénol. 12 : (S)-(–)-ipsénol. 13 : (R)-(–)-ipsdiénol. 14 : (S)-(+)-ipsdiénol). Alors que chez *Gnathotrichus sulcatus,* c'est un mélange des deux énantiomères du sulcatol (15 : (S)-sulcatol. 16 : (R)-sulcatol).

— 17. La périplanone B (1R,2R,5E,7S,10R)-1,10(14)-diépoxy-4(15),5-germacradiène-9-one est la phéromone sexuelle femelle de la blatte *Periplaneta americana* qui attire les mâles à de grandes distances alors que la (3S,11S)-3,11-diméthyl-2-nonacosanone (25) qui est la phéromone sexuelle de *Blatella germanica* n'est perçue que lorsque le mâle touche la femelle à l'aide de ses antennes.

— 18, 19. La 4-méthyl-3-heptanone est la phéromone d'alarme de *Pogonomyrmex badius;* chez *Iridomyrmex pruinosus,* c'est la 2-heptanone.

— Chez la blatte *Blaberus craniifer,* la phéromone grégaire produite par les glandes mandibulaires est un mélange d'undécane (20) et de tétradécane (21). Chez l'espèce voisine *Eublaberus distanti,* c'est un mélange d'undécane (20), de 4-heptanone (22), de 2,6-diméthyl-4-heptanone (23) et d'octanol (24).

— Chez la termite *Pseudocanthotermes spiniger,* le dodécatriénol (26 : (Z,Z,E)-3,6,8-dodécatrién-1-ol) agit comme une phéromone de piste pour les ouvriers.

— Le (E,E)-7,11-H-hexadécène-1-ol-acétate (27) et le (Z,E)-7,11-H-hexadécène-1-ol-acétate (28) sont les deux composés synergistes de la phéromone sexuelle femelle du papillon *Pectionophora gossypiella.*

— Le (Z)-9-tricosène (29) est la phéromone sexuelle de la mouche domestique *Musca domestica.*

— Chez *Drosophila melanogaster,* le (Z, Z)-7,11-heptacosadiène (30) est l'hydrocarbure spécifique des femelles.

— La phéromone des mâles de la souris *Mus musculus* est un mélange de 2-(sec-butyl)-thiazalidine (31) et de 2,3-déhydro-exo-brévicomine (33)-(32).

— La phéromone sexuelle émise avec la salive des verrats est un mélange de 5a-androst-16-ène-3a-ol (33) qui a une odeur de musc et de 5a-androst-16-ène-3a-one (34) qui a une odeur d'urine.

— 35. L'odeur de musc des mâles en rut du bouquetin de Sibérie est due à la production de muscone (3-méthyl-cyclopentadécanone) par la glande ventrale.

— 36. La civettone, à base de (Z)-9-cycloheptanone, est produite par la glande périnéale des mâles de la civette *Viverra civetta.* Elle est utilisée pour le marquage du territoire.

— 37, 38. Séquence des acides aminés des phéromones Er1 et Er2 du protozoaire cilié *Euplotes raikovi.*

serpents, les phéromones de pistes sont surtout des mélanges protéiques.

Les mélanges phéromonaux des mammifères se caractérisent par un nombre considérable de molécules différentes. A tel point qu'il est souvent difficile de déterminer dans ces mélanges complexes quels sont les produits biologiquement actifs. Souvent, l'odeur d'une glande est due à une molécule particulièrement odorante pour l'homme comme la civettone ou la muscone, ce qui ne signifie pas pour autant que ces molécules jouent un rôle déterminant. La substance huileuse que les parfumeurs appellent le *castoreum*, produite par les castors mâles, est en fait un mélange de plus de cinquante produits différents.

Il faut également faire la différence entre les produits qui sont sécrétés, synthétisés *de novo* et ceux qui proviennent de la dégradation des produits sécrétés par la flore et la faune microbienne, toujours très abondantes autour de ou dans ces glandes.

Origine des signaux chimiques

Toutes les molécules utilisées comme signaux chimiques, phéromones ou sécrétions défensives, proviennent d'une façon ou d'une autre de l'alimentation. Dans la majorité des cas, ces produits sont synthétisés *de novo* par des cellules sécrétrices. La biosynthèse des phéromones sexuelles est assez bien connue chez les lépidoptères et chez les diptères. Dans les deux cas, les phéromones sont de longues chaînes carbonées provenant du métabolisme des acides gras.

Chez la plupart des autres groupes d'animaux, nous pouvons imaginer les voies de biosynthèse en fonction de la nature chimique des molécules émises mais les études nécessaires pour les établir formellement n'ont pas encore été réalisées.

Dans un grand nombre de sécrétions défensives, les produits émis proviennent directement de l'alimentation; ils sont d'abord stockés, «séquestrés» et ne sont pas ou peu modifiés.

Les produits émis peuvent également provenir de l'action de micro-organismes sur des composés synthétisés par l'animal. Le cas le plus connu de séquestration de produits végétaux toxiques est celui du monarque, un papillon dont les chenilles se nourrissent en toute impunité sur des asclépiadacées renfermant des glycosides cardiaques très toxiques. Les monarques adultes, qui ne se nourrissent plus, héritent néanmoins de ces produits qui les protègent des prédateurs.

Chez les scolytes qui parasitent les conifères, les phéromones proviennent d'une simple oxydation des terpènes de l'hôte à l'intérieur du tube digestif. Chez *Ips paraconfusus*, le cis-verbénol est formé à partir du (-)-pinène, le trans-verbénol à partir du (+)-pinène. Les deux énantiomères (+)-ipsdiénol et (-)-ipsénol proviennent du myrcène. Ces réactions se produisant dans le tube digestif, on s'est interrogé sur le rôle de la flore intestinale et il s'est avéré que traités avec des antibiotiques, les insectes ne convertissent plus le myrcène en (+)-ipsdiénol et (-)-ipsénol.

Chez un autre scolyte, *Dendroctonus frontalis*, la femelle transporte des champignons pour ensemencer les galeries où elle dépose ses œufs; les larves se nourrissent de leurs fructifications. Ces champignons sont capables d'oxyder le trans-verbénol en verbénone.

Il est possible que chez ces insectes, les champignons symbiotiques, les bactéries et d'autres micro-organismes jouent un rôle plus important dans la production des phéromones que celui qu'on suspectait jusqu'à présent.

Chez les vertébrés, les micro-organismes jouent également un rôle considérable dans l'élaboration des odeurs émises. Beaucoup d'espèces de carnivores (chien, renard, coyote, loup, chat, lion, tigre...) possèdent une paire de sacs anaux dont la sécrétion, comme l'urine, a de multiples fonctions (marquage du territoire, des femelles, des jeunes, etc.).

Dans ces profondes invaginations tapissées d'un épithélium glandulaire, l'atmosphère chaude et humide favorise le développement d'importantes populations bactériennes. Le sac est brièvement ouvert quand l'animal décharge le contenu des glandes mais en temps normal, il est fermé : on y trouve des bactéries aérobies comme *Streptococcus faecalis* qui consomment l'oxygène de ce micro-environnement et surtout des bactéries anaérobies du genre *Clostridium* qui sont responsables de l'odeur caractéristique du contenu du sac.

La sécrétion est un mélange de protéines et d'acides aminés métabolisés par les bactéries anaérobies; par exemple, la leucine est transformée en acide isovalérique etc.

Localisation et structure des glandes exocrines

• Les glandes exocrines des insectes

Les phéromones peuvent être produites par des cellules glandulaires dispersées dans le tégument ou regroupées pour constituer des glandes exocrines. C'est chez les insectes que les cellules glandulaires ont été le plus étudiées. Il en existe trois types, avec de multiples variantes.

Les cellules de type I, qui ont une importante activité sécrétrice, n'ont pas de débouché direct sur l'extérieur. La partie apicale en contact avec la cuticule est couverte de microvillosités. Le corps de l'insecte étant recouvert d'une cuticule imperméable, il faut que la sécrétion puisse traverser cette barrière. Dans ce cas précis, la cuticule est traversée dans toute son épaisseur par de très fins canaux poraires (qui ne sont pas des canalicules s'ouvrant par un orifice) dont le contenu est lipidique. Par exocytose, la sécrétion passe de la cellule sécrétrice aux canaux poraires pour se mêler à la couche de cires recouvrant la cuticule.

Les cellules de type II sont de très grosses cellules situées à la base de l'épithélium et intercalées entre les autres cellules, en particulier les cellules de type I dans lesquelles elles déversent leur sécrétion.

La sécrétion des *cellules de type III* peut directement être rejetée à l'extérieur du corps grâce à un canalicule cuticulaire sécrété par une cellule de canal.

Des glandes peuvent être constituées uniquement de cellules de type I ou III mais souvent, les différents types cellulaires sont associés. Certaines glandes ont une cytologie et une anatomie très simples ou une cytologie complexe avec une anatomie très simple et d'autres présentent une anatomie complexe avec une cytologie simple. La phéromone sexuelle du mâle de la blatte *Nauphoeta cinerea* est produite par des cellules de type III qui occupent tout l'épithélium de cinq des sternites (segments situés ventralement) abdominaux; il n'y a aucune modification de la cuticule, sinon qu'elle est percée de milliers d'orifices.

Chez la plupart des femelles de papillons qui émettent une phéromone sexuelle, les glandes, entièrement constituées de cellules de type I, sont situées entre les derniers segments abdominaux. Normalement invisibles, elles sont complètement dévaginées lorsque la femelle adopte la position d'appel.

Chez les termites, la phéromone de piste est produite par les glandes sternales qui comportent un nombre restreint des trois types de cellules décrits plus haut.

Les glandes défensives ont le plus souvent un épithélium constitué de cellules de type III mais présentent toujours une anatomie plus complexe car la sécrétion doit être projetée avec force. Souvent, c'est une glande en forme de sac qui peut être comprimée par des muscles comme c'est le cas pour les glandes sternales (ventrales) des blattes.

Chez les termites du genre *Nasutitermes*, la tête, parfois même tout le corps, est occupée par une glande défensive sécrétant surtout des terpènes qui se polymérisent à l'air pour former une glu. Une contraction des muscles et de tout le corps assure la projection de cette sécrétion. Dans d'autres cas, certains muscles font saillir la glande qui est retournée comme un doigt de gant : c'est le cas des glandes tergales (dorsales) chez de nombreuses espèces.

Une autre technique se retrouve chez plusieurs groupes d'insectes très différents : la sécrétion défensive provenant d'un sac glandulaire brusquement ouvert va s'étaler sur une aire d'évaporation d'où elle va diffuser. Chez les punaises et certaines blattes, la cuticule de ces surfaces d'évaporation présente une structure lamellaire ponctuée d'expansions en forme de champignons. Qu'elles soient émises passivement, qu'elles s'étalent sur des plaques d'évaporation ou qu'elles soient violemment expulsées, la plupart des molécules sont émises à l'état gazeux bien que dans certains cas, elles soient émises sous forme d'aérosols (phéromones sexuelles de certains papillons *Arctiidae*, sécrétions défensives de blattes).

Un cas extrême de sophistication dans la diffusion des molécules odorantes est celui des poils androconiaux des ailes des mâles des papillons *Hesperiidae* (ill. 27). Les androconies (poils androconiaux ou poils odorants) sont des écailles modifiées qui forment des régions spécialisées, les stigmata, situées au-dessus et au-dessous des ailes antérieures. Chez ces papillons, les mâles émettent également des composés phéromonaux indispensables au succès de l'accouplement. Grâce à des concentrations plus fortes, ces phéromones agissent à plus faible distance que les phéromones femelles et elles ont chez certaines espèces une odeur aigre perceptible par l'homme.

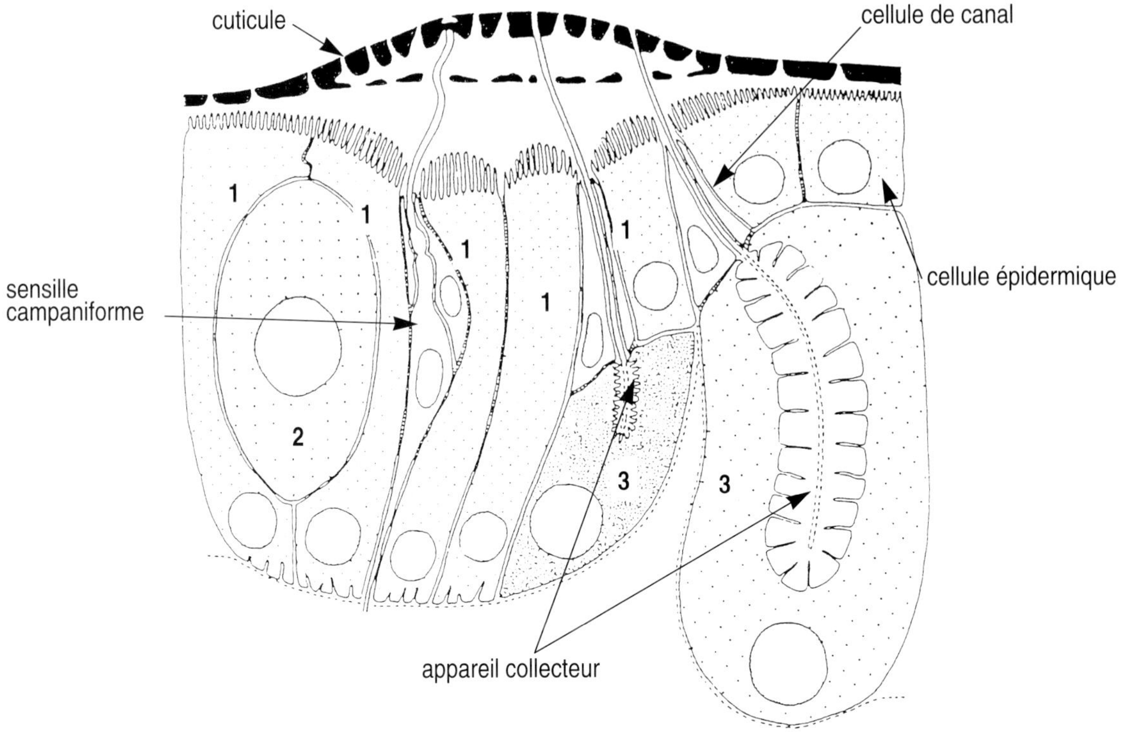

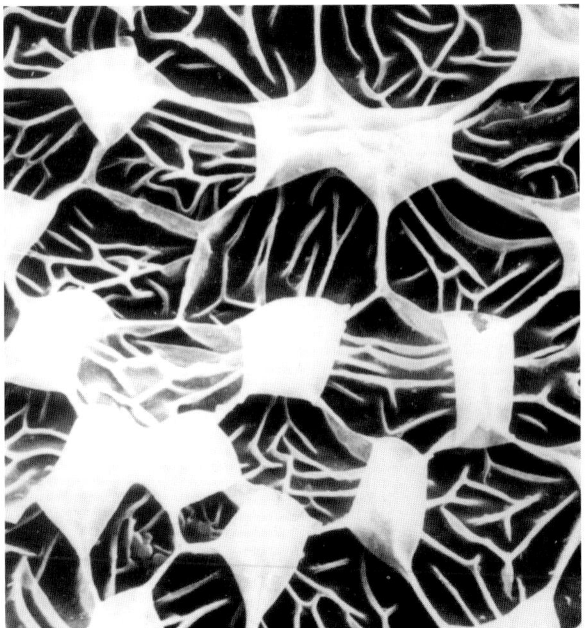

24. Les glandes exocrines des insectes peuvent comporter jusqu'à trois types différents de cellules glandulaires selon la classification de Noirot et Quennedey de 1974 (1, 2 et 3). La sécrétion des cellules de type 1 est libérée à l'apex et traverse directement la cuticule; celle des cellules de type 2 est déversée dans les cellules de type 1 ou 3. La sécrétion des cellules de type 3 se déverse dans un appareil collecteur connecté avec un canalicule qui traverse la cuticule. Cette coupe schématise la structure de la glande sternale qui sécrète la phéromone de piste chez les termites, ici un *Rhinotermitidae*. Un sensille campaniforme mesure la pression exercée sur la cuticule lorsque l'insecte frotte son abdomen contre le sol. Dessin de A. Quennedey.

25. Aire d'évaporation de la glande métathoracique d'un adulte de la punaise *Dysdercus cingulatus*. La sécrétion défensive déversée par un orifice non visible sur le cliché s'étale sur l'aire d'évaporation où sa diffusion, retardée par les ornementations cuticulaires en réseau, procure à l'insecte une protection plus durable. Microscopie électronique à balayage (x 2 000). Cliché J.-P. Farine.

26. Le mâle de la pyrale de la canne à sucre, *Eldana saccharina*, dévagine et déploie ses pinceaux androconiaux enduits de phéromone pour attirer la femelle. La sécrétion, un mélange de vanilline et d'hydroxy-4-benzaldéhyde, a pour l'homme une forte odeur de vanille. Cliché P. Zagatti.

Chez les hespéridés des genres *Hesperia*, *Pyrgus* et *Thymelicus*, l'extrémité de ces poils forme une espèce de chapelet dont les grains, appelés osmophores, vont se détacher et être entraînés par les courants d'air. Comme les écailles non modifiées, les androconies et les osmophores ont une cuticule finement et régulièrement réticulée qui joue certainement le même rôle que les surfaces d'évaporation : retenir puis diffuser les molécules odorantes. Vue la morphologie des osmophores, qui fait immédiatement penser à des grains de pollen, on aurait tendance à penser qu'ils vont se coller à la surface des antennes des femelles mais on ne retrouve que rarement des osmophores sur les antennes des femelles : libérés pendant la parade, ils doivent plutôt constituer un nuage odorant autour des femelles.

• Les glandes exocrines des vertébrés inférieurs

Chez les vertébrés inférieurs, poissons, batraciens, reptiles, c'est l'épiderme qui est la principale source de phéromones. Chez beaucoup d'espèces de poissons qui vivent en banc, la blessure d'un individu par un prédateur provoque immédiatement la dispersion des autres individus : les cellules glandulaires épidermiques broyées ont libéré une phéromone d'alarme. Les glandes cutanées de nombreux batraciens produisent des sécrétions défensives dont certaines sont des poisons très puissants.

Chez les espèces d'amphibiens où des phéromones ont été décrites, elles sont produites par l'épiderme tapissant le cloaque. Les couleuvres du genre *Thamnophis* déposent en se déplaçant une phéromone de piste qui est produite par des glandes de la peau situées ventralement. Ces glandes épidermiques produisent également une phéromone sexuelle femelle qui attire les mâles. Les iguanes, comme beaucoup de lézards, possèdent des glandes fémorales. Chez l'iguane vert *Iguana iguana*, les glandes du mâle servent à marquer le territoire et les sécrétions agissent comme phéromone sexuelle.

• Les glandes exocrines des mammifères

Les glandes odorantes des vertébrés supérieurs sont des régions spécialisées du tégument constituées d'amas de cellules glandulaires. Ces glandes peuvent former des organes complexes avec ou sans réservoir, être associées avec des poils ou des groupes de poils. Bien que leur volume et leur aspect varient considérablement d'une espèce à l'autre, du point de vue de la morphologie fonctionnelle, on peut distinguer trois types de cellules sécrétrices : mérocrines, apocrines et holocrines.

La sécrétion des glandes *mérocrines (ou eccrines)* s'accumule dans la région apicale de la cellule sous la membrane plasmique qu'elle traverse au moment de l'émission. Les glandes sudoripares sont constituées de cellules de ce type.

La sécrétion des glandes *apocrines* s'accumule dans la région apicale de la cellule qui se détache, permettant la sécrétion. Le lait est produit de cette façon dans les glandes mammaires.

La sécrétion des glandes *holocrines*, telles les glandes sébacées, remplit toute la cellule qui est détruite à sa libération.

La peau des vertébrés, des mammifères en particulier, est le siège d'une intense activité sécrétrice. Même si il y a des variations considérables entre les espèces, nous pouvons utiliser la peau humaine comme modèle. Les poils se forment dans le bulbe et le follicule pileux. Ces structures kératinisées (protéines tannées) couvertes d'écailles et dont l'agencement varie selon l'espèce contribuent à retenir les

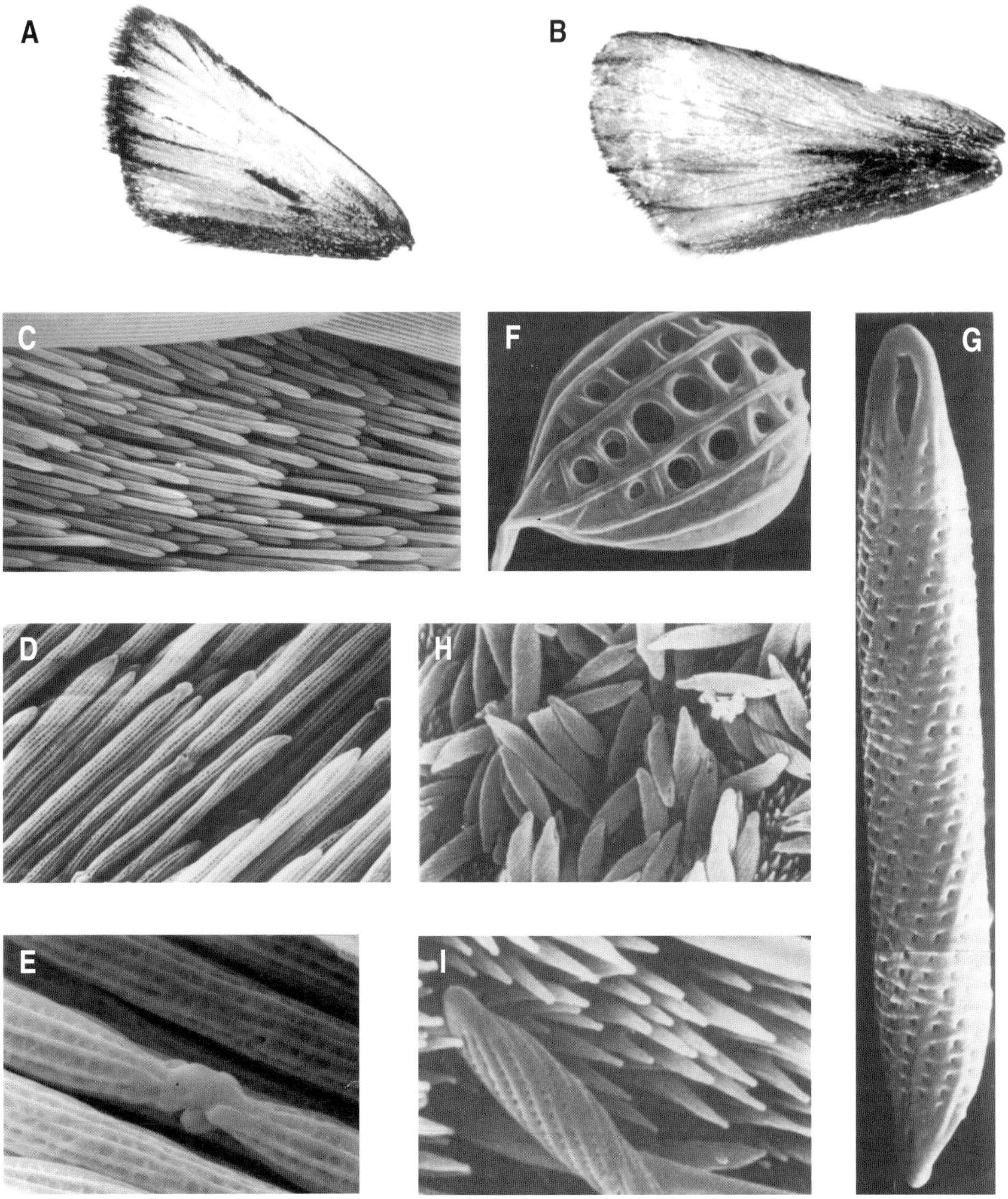
A
B
C
F
G
D
H
E
I

sécrétions. Les osmétriches sont des poils associés à des glandes odorantes; ils retiennent la sécrétion qui ensuite diffuse lentement. Les follicules sont répartis un par un comme chez l'homme, par groupes de 2 ou 3 chez les singes ou par groupes de 20 à 30 chez les prosimiens. Chez des animaux comme le chien ou le mouton, des follicules «composés» donnent naissance à plusieurs poils.

Des glandes sébacées (holocrines) du derme débouchent dans le canal entourant le poil et plus près de l'épiderme, les glandes apocrines viennent déverser leurs sécrétions dans ce canal. Les glandes sudoripares (mérocrines-eccrines) débouchent directement à la surface de la peau. Les muscles arrecteurs des poils qui se contractent involontairement sous l'action du froid ou d'une émotion provoquent la «chair de poule» et l'érection des poils chez les animaux à fourrure. En réaction au froid, l'air emprisonné assure une protection thermique. S'il s'agit d'une réaction de peur, l'animal parait plus gros. Dans les deux cas, la réaction provoque une décharge de la sécrétion «pilo-sébacée».

Il est impossible de faire une revue exhaustive des glandes produisant des substances odorantes et/ou des phéromones chez les vertébrés. Pour beaucoup d'espèces, nous disposons d'observations faites sur le terrain par des éthologistes et de celles des chimistes

27. Poils androconiaux, androconies et osmophores chez les mâles de papillons.
Les ailes antérieures des *Hesperidae* présentent une zone (stigmata) où sont concentrés les poils androconiaux qui, lors du comportement de parade, se fragmentent en osmophores se dispersant autour du mâle et diffusant un mélange phéromonal excitant et attractif pour les femelles.
Face dorsale (A) et ventrale (B) d'une aile antérieure de *Thymelicus lineola* montrant les poils androconiaux (ou androconies, qui sont des écailles modifiées) regroupés en touffes ou stigmas.
En microscopie électronique à balayage, les stigmas apparaissent comme une touffe de poils entourée d'écailles normales (C).
A plus fort grossissement (D, E), on observe des constrictions formant des zones de fracture à partir desquelles la partie apicale est libérée et devient un osmophore.
Les osmophores ont une morphologie très comparable chez *Hesperia comma* (F, x 10 000) et chez *Carcharodus alceae* (G, x 3 800). On les retrouve collés sur les antennes des femelles chez *Hesperia comma* (H, x 1 600) et *Thymelicus silvestris* (I, x 3 500).
Clichés A à E : J. Mc Neil.
Clichés F à I : R. Sellier.

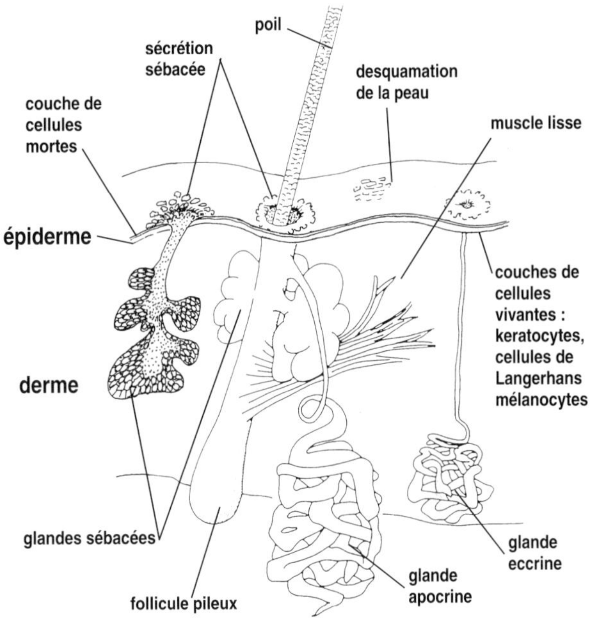

28. Glandes exocrines associées à la peau des mammifères. Dessin R. Brossut.

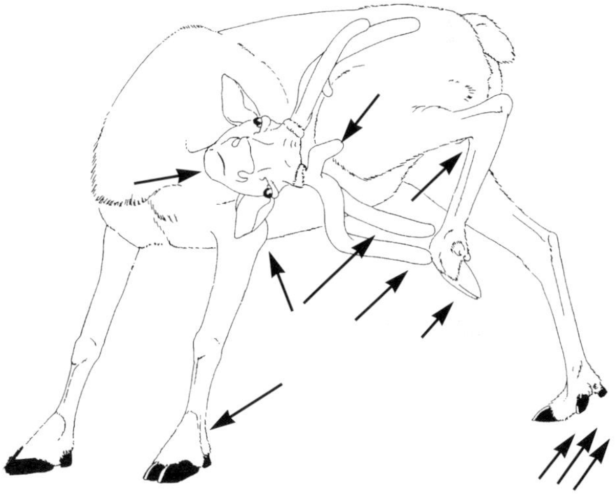

29. Mâle du cerf *Rangifer tarandus* frottant ses bois avec la sécrétion de la glande interdigitale de sa patte arrière. La sécrétion marquée avec un colorant est retrouvée aux différents endroits du corps indiqués par des flèches.
Dessin de C. Everaerts d'après un cliché de T. Mossing.

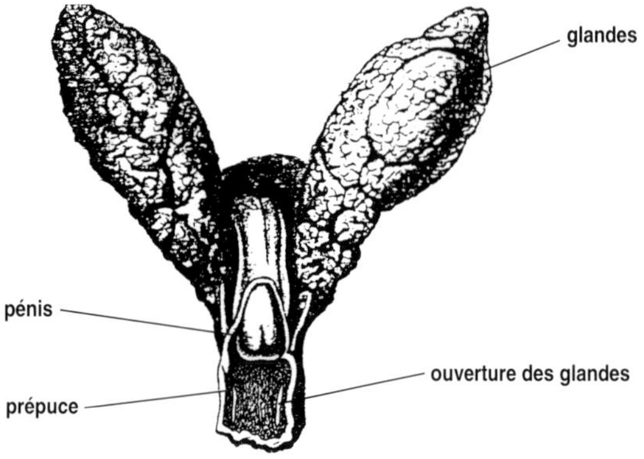

30. Glandes prépuciales du rat musqué *Ondatra zibetheca*. Elles débouchent sur la paroi interne du prépuce par deux orifices allongés en forme de fente. D'après L. Reisinger.

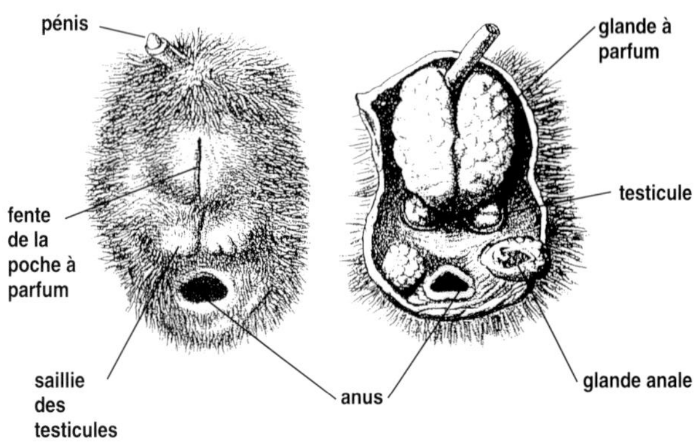

31. Vue externe avant et après dissection de la région anogénitale d'un mâle de civette *(Viverra zibetha)*.

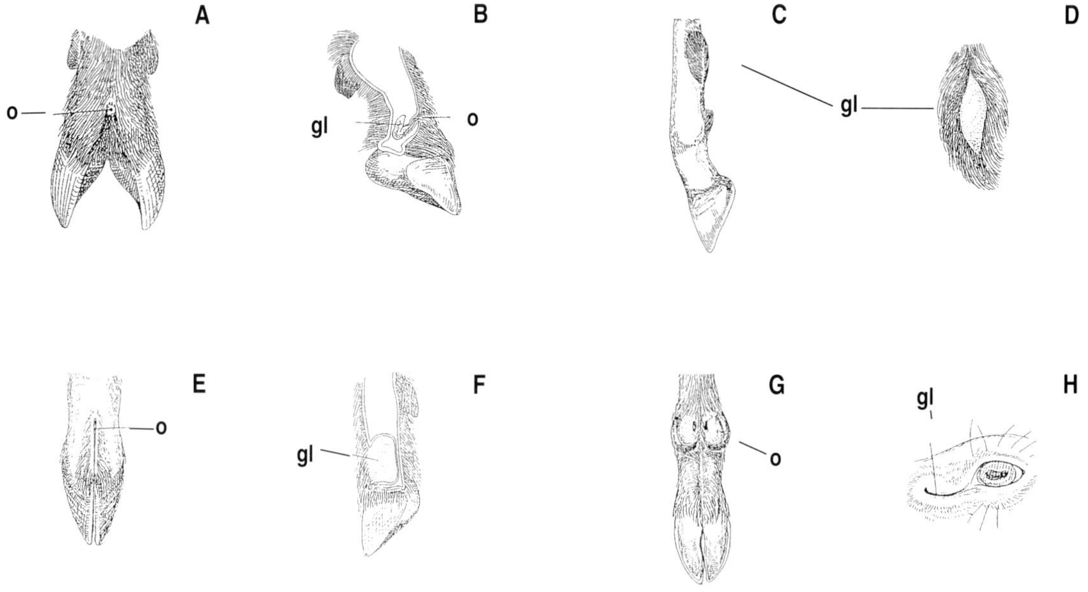

32. Glandes exocrines tégumentaires des ongulés.
Vue externe (A) et en coupe médiane (B) des glandes carpiennes d'*Ovis vignei* ou urial, un mouton à cornes. C : vue externe de la glande carpienne montrant l'orifice de la glande chez *Gazella subgutturosa*. D : la glande en coupe médiane chez *Gazella benneti*. E : vue latérale du pied de l'impala *Aepyceros melanpus* et sa glande métatarsienne (F) recouverte par les poils rabattus. G : vue par l'arrière du pied de la petite antilope *Tetracerus quadricornis* montrant l'orifice du sac glandulaire. H : l'œil et la fente de la glande préorbitaire ou larmier du daim *Axis axis*. O : orifice glandulaire. Gl : glande. D'après R. J. Pocock.

faites au laboratoire mais les produits identifiés n'ont été testés en milieu naturel que chez un tout petit nombre d'espèces seulement. En fait, rares sont les glandes auxquelles nous pouvons attribuer un rôle précis et c'est même là une des caractéristiques des vertébrés : comme nous le constaterons plus loin à de nombreuses reprises, chaque glande produit des sécrétions complexes et est impliquée dans plusieurs comportements.

Chez les ongulés, deux espèces sont très étudiées, le cerf mulet de Columbia *(Odocoileus hemionus columbianus)* et le cerf mulet des Montagnes Rocheuses *(Odocoileus hemionus hemionus)*, chez lesquelles la glande préorbitale est un sac non glandulaire où s'accumulent la sécrétion des glandes lacrymales, celle des glandes de Harder et des cellules mortes. Ce mélange est utilisé pour le marquage que les cerfs pratiquent en se frottant le «coin de l'œil» contre l'extrémité des branches. Les glandes interdigitales, présentes chez les deux sexes, situées entre les deux doigts des pattes avant et arrière sont des poches où débouchent des glandes sébacées hypertrophiées. Les glandes caudales sont situées sous la queue. Les glandes métatarsales sont constituées d'une zone kératinisée entourée de poils entre lesquels débouchent des glandes apocrines très développées et des glandes sébacées. Lorsque l'animal est effrayé, il s'en dégage une forte odeur d'ail qui alarme les congénères. L'organe tarsal est situé sous le sabot des mâles et des femelles. De grosses glandes sébacées et des glandes apocrines sont associées à une touffe de soies modifiées. Cette glande joue un rôle très important dans tous les phénomènes de reconnaissance : reconnaissance entre individus, du faon par la mère.

La lactone qui est le composé majeur de la sécrétion ne provient pas de ces glandes mais de l'urine. Ce sont les soies de l'organe tarsal qui extraient puis stockent ce produit : les soies sont en effet des poils spécialisés, poils odorifères ou osmétriches. L'espacement des écailles permet l'accumulation des lipides provenant des glandes sébacées. L'animal frotte ses sabots l'un contre l'autre en urinant dessus très lentement. Les composés polaires sont retenus par les lipides des osmétriches alors que l'urine s'écoule. Suite à ce comportement, les longs poils qui entourent cette région se disposent de façon à enfermer les osmétriches et à piéger les odeurs; leur «ouverture» permettra au contraire l'émission des odeurs, émission favorisée par le fait que cette région très limitée du corps est celle où la température est la plus élevée.

Chez le renne *(Rangifer tarandus tarandus)* et le caribou *(Rangifer tarandus caribou)*, nous retrouvons un système glandulaire très voisin dans lequel de nombreux constituants des sécrétions ont pu être identifiés.

Aux mois de septembre et octobre, les sacs préorbitaux des mâles en rut sont hypertrophiés. Chez le renne, deux cétones (4-heptanone et 2-méthyl-4-heptanone) sont les principaux constituants de la sécrétion. Les glandes interdigitales produisent un mélange de méthyl-cétones avec sept ou huit atomes de carbone. La sécrétion de l'organe tarsal est un mélange de quatre aldéhydes dont le nonanal est le

33. Chevreuil en fuite montrant les glandes métatarsiennes de ses pattes arrières.
34. Le larmier de ce mâle de cerf est bien visible en avant de l'œil. Clichés D. Sirugue.

plus abondant, de trois alcools (dodéca, tétradéca et hexadécanol), d'un diène en C11 et de deux en C12. Celle de la glande caudale est un mélange d'aldéhydes, d'alcools et d'acides gras volatils.

Il n'est jamais possible d'associer l'émission de la sécrétion d'une glande à une réponse précise d'un congénère. En effet, toutes ces sources odorantes se mêlent sur le corps de l'animal. Par exemple, chez les femelles, les mouvements de la queue vont répandre les «odeurs» de la glande caudale et aussi celles de l'urine et des sécrétions vaginales sur tout l'arrière-train. Les mâles frottent leurs bois avec la sécrétion interdigitale des pattes arrières; quand ils s'affrontent pendant le rut, ils urinent et se frottent longuement le nez dans leur urine. La tête, avec en plus la sécrétion des glandes préorbitales, est donc le siège d'odeurs multiples.

Certaines de ces glandes et leur contenu, le musc, sont connues et recherchées depuis l'Antiquité sans que personne ne se soit jamais vraiment interrogé sur leur rôle. Chez le chevrotain porte musc ou bouquetin de Sibérie *(Moschus moschiferus)*, petite espèce des forêts d'Asie centrale devenue très rare, une glande ventrale (petite poche de la taille d'une noisette) surtout développée chez les mâles en rut produit une sécrétion épaisse riche en muscone. Cette cétone cyclique à 15 atomes de carbones est responsable de l'odeur de musc. On retrouve une molécule voisine (cétone cyclique à 17 atomes de carbone), la civettone, dans les glandes périnéales des civettes et des genettes qui s'ouvrent entre l'anus et les parties génitales. Ces sécrétions ont une odeur plutôt désagréable pour l'homme et ce n'est qu'après divers traitements que le musc était extrait. Les *springboks (Antidorcas marsupialis)*, sortes d'antilopes d'Afrique australe, lorsqu'elles ont peur, redressent une touffe de poils blancs qu'elles ont sur le dos. Ce comportement d'alarme correspond à l'émission, en quantités infimes (il a fallu 300 individus pour recueillir 5 ml de sécrétion), de nombreux produits très volatils : farnésène, aldéhydes et cétones.

Nous reviendrons plus loin sur le rôle phéromonal des produits adsorbés dans la laine des ovins. L'odeur caractéristique des boucs est surtout due à un mélange de quatre acides gras : acide 4-éthyl-octanoïque, -décanoïque, -dodécanoïque, -tétradécanoïque. Les mâles de dromadaire *(Camelus dromedarius)* possèdent sur la tête une grosse paire de glandes occipitales ovales pouvant peser jusqu'à 120 g. En hiver, pendant le rut, une sécrétion brunâtre très odorante s'écoule, utilisée pour le marquage et dans les relations de compétition entre mâles. Cette substance a également la propriété de stimuler un pic de sécrétion d'hormone lutéinisante chez la femelle, pouvant provoquer l'ovulation.

Chez les éléphants des deux sexes, des glandes apocrines temporales débouchent entre l'œil et l'oreille. Chez le mâle en rut, chaque glande peut peser 1,5 kg. La sécrétion, qui s'écoule et peut se mêler à la salive, intervient dans le marquage du territoire et au cours de la reproduction. Elle renferme du farnésol, de l'hydrate et du dihydrate de farnésol.

Le cas des rongeurs sera envisagé dans le chapitre sur la vie sociale mais il convient de parler ici des glandes de Harder qui, bien que présentes chez tous les vertébrés sauf les primates, ont chez ces animaux un développement particulier. Situées derrière le globe de l'œil, leur sécrétion s'écoule dans le sac préorbital. Cette sécrétion, parfois si abondante que l'excès s'écoule par les narines, est caractérisée par la présence de porphyrine.

Chez les gerbilles, ces glandes sont aussi grosses que l'œil et la sécrétion très pigmentée a une odeur de fleur.

Chez les femelles du hamster, l'accumulation de porphyrine est telle qu'elle cristallise alors que chez les mâles, la sécrétion est émise et on ne note pas une telle accumulation. La castration des mâles provoque le stockage. Cette sécrétion, qui intervient dans le comportement sexuel et l'agressivité, contient de la protoporphyrine, une substance synthétisée *de novo* dans la glande à partir de glycine et de succinate.

Les carnivores possèdent également un système glandulaire complexe impliqué dans la communication chimique. Un point commun à la plupart des espèces est la présence d'un sac anal dont nous verrons le rôle dans le comportement social. Même chez les espèces les plus familières, le rôle des différentes glandes reste mal connu.

Par exemple chez le chat, nous connaissons bien le rôle des glandes situées à mi chemin entre l'œil et l'oreille pour le marquage. C'est la sécrétion de ces glandes qui est déposée quand le chat se frotte «affectueusement» contre les jambes d'une personne ou contre un objet. On ne sait rien sur la nature chimique de ces sécrétions ni sur celle de la phéromone sexuelle qui attire pourtant avec beaucoup d'efficacité les mâles du voisinage. On suppose que cette phéromone est chimiquement proche de la cis-trans-népétolactone qui déclenche des comportements sexuels chez les mâles. Sa présence dans l'herbe à chat, la cataire *(Nepeta cataria)* explique le comportement des mâles qui se roulent longuement dessus. Les chats mâles et femelles sont également attirés par une autre plante, la valériane (et par l'acide valérianique) mais en dehors de tout contexte sexuel.

Chez le renard *(Vulpes vulpes)*, des glandes situées dans le premier tiers de la partie dorsale de la queue jouent un rôle important dans les relations intraspécifiques. Ces glandes ont été appelées «glandes de violette» en raison de leur odeur.

L'observation même superficielle du comportement des primates montre qu'ils portent une grande attention aux odeurs. La majorité des études concernent toutefois l'éthologie de ce groupe, sans que l'on puisse pour autant faire le lien entre une phéromone précise (on utilise le terme vague de «sécrétion») et un type de comportement donné. En ce qui concerne la communication chimique, il existe une différence considérable entre les petites espèces assez peu évoluées et qui de ce point de vue sont peu différentes des animaux mentionnés plus haut et les primates, dont le système glandulaire est très proche de celui de l'homme. Chez les singes comme les marmosets et les tamarins où existe une véritable organisation sociale avec différents groupes et espèces délimitant des territoires et s'affrontant pour les défendre, la communication chimique joue un rôle important dans les comportements. Ces espèces possèdent un système glandulaire complexe qui est également impliqué dans le comportement sexuel. Les modifications des régions génitales et périanales au moment de la reproduction attestent ce rôle. De nombreux composés servant au marquage ou intervenant dans le comportement sexuel ont été identifiés; ce sont souvent des lipides peu volatils avec 16 à 24 atomes de carbone.

• Les glandes exocrines des primates et de l'homme

Les primates et l'homme n'ont plus de glandes odorantes spécialisées et si l'on fait abstraction de la morphologie générale, on constate de nombreuses similarités entre l'homme, le gorille *(Gorilla gorilla)* et le chimpanzé *(Pan satyricus)*, qui possèdent un système glandulaire comparable.

Chez l'homme, la peau, dont la surface moyenne est de 1,7 m^2 est entièrement recouverte d'une couche lipidique qui constitue la principale source de signaux chimiques. Il existe de deux à quatre millions de glandes sudoripares (mérocrines ou eccrines) réparties sur tout le corps : par ordre de densité décroissante, sur la plante des pieds, la paume des mains, le front, le tronc (poitrine, dos), les jambes et les bras. Leur sécrétion est une solution extrêmement diluée (99 % d'eau) de composés inorganiques (ions chlore, sodium) et organiques (urée, acides aminés, protéines, albumine, globulines, prostaglandines, histamines, estérases). La production moyenne est d'un litre par jour mais elle peut atteindre douze litres dans des conditions extrêmes.

Les glandes apocrines ont une répartition plus limitée : aisselles, aréoles, nombril, pubis, périnée, anus. Ces glandes produisent de très faibles quantités (1 à 10 µl/jour) d'un liquide laiteux composé de protéines, de lipides et de stéroïdes odorants à l'état de traces. La sécrétion, normalement déclenchée par des stimulations d'ordre psychologique, peut être provoquée par l'injection intradermique d'adrénaline.

Les glandes sébacées (holocrines) sont réparties sur tout le corps sauf sur la plante des pieds et la paume des mains. L'homme possède plus de glandes sébacées que les autres primates. Elles sont plus volumineuses et plus denses lorsqu'elles sont associées aux follicules pileux, notamment sur le scalp, au centre de la poitrine, aux aisselles et autour des régions anogénitales.

Mais il en existe également qui ne sont pas associées à des poils, autour des orifices naturels : sur les paupières, les lèvres, les aréoles, le prépuce et les petites lèvres. Le sébum, principalement lipidique, est un mélange de triglycérides, d'esters cireux, de squalène et d'esters du cholestérol.

Toutes les sécrétions qui viennent d'être décrites sont pratiquement inodores au moment où elles sont émises mais la peau étant un véritable biotope, avec une flore et une faune, les micro-organismes, en particulier les bactéries et les levures, vont provoquer la dégradation enzymatique de ces sécrétions : les métabolites libérés sont en partie responsables des odeurs spécifiques des différentes régions corporelles. Les régions présentant une pilosité abondante ont une humidité relative plus importante qui favorise ces réactions mais de nombreux autres facteurs viennent amplifier ces phénomènes donnant à chaque partie du corps une odeur spécifique perçue comme telle par «les autres». Paradoxalement, c'est chez l'homme, où l'élaboration de ces odeurs complexes est la mieux connue, que leur rôle est mal compris.

La tête n'est pas *a priori* une source d'odeurs importante alors qu'en fait, l'odeur des cheveux et l'haleine sont des facteurs importants. L'odeur des cheveux est due à la sécrétion des glandes sébacées et à l'action de certaines bactéries et levures. *Pityrosporum ovale* est une levure qui produit une lactone caractéristique de l'odeur des cheveux sales. L'haleine résulte de l'odeur de la salive, des remontées gastriques, de celles des débris alimentaires etc. Plus de cent composés ont été identifiés (acétone, isoprène, acétonitrile, alcools, composés azotés, soufrés etc.).

Le cérumen produit par des glandes apocrines et sébacées a une odeur très marquée. Il a été suggéré que le sébum des nombreuses glandes sébacées labiales et buccales pouvait agir comme un message phéromonal lors du baiser.

Nous avons vu que la plante des pieds et la paume de la main sont très riches en glandes eccrines. L'odeur des pieds est largement due à l'action bactérienne pendant le port des chaussures. En ce qui concerne les mains, on constate que l'activité sécrétrice des glandes varie avec les ethnies, le sexe, l'âge et que des hormones sexuelles et leurs dérivés sont présents dans la sueur.

Comme chez le gorille et le chimpanzé, les aisselles constituent chez l'homme de véritables organes odorants, du moins après la puberté. De nombreux tests olfactifs ont montré qu'il y a véritablement une odeur propre à chaque individu. Chez la même personne, la sueur prélevée après un lavage des aisselles mettra 14 jours avant qu'une odeur perceptible apparaisse, 6 heures seulement lorsqu'il n'y a pas eu de lavage. Les principaux composés odorants sont des acides gras libres (acétique, propionique, butyrique, valérique, isovalérique) et des stéroïdes (testostérone, androsténédiol, déhydro-épiandrostérone), dont l'androsténone, qui a une odeur intermédiaire entre celle du musc et celle de l'urine et qui joue un rôle de phéromone chez le porc.

Le pubis n'a pas en soi d'odeur spécifique mais il est contaminé par celles issues des organes génitaux. Le pénis et le scrotum sont très riches en cellules glandulaires et la face interne du prépuce présente de très nombreuses glandes sébacées qui produisent une substance dont la consistance est voisine de celle du fromage : le smegma. De nombreuses sécrétions d'origines diverses se retrouvent au niveau des organes génitaux de la femme. Les grandes lèvres sont très riches en cellules glandulaires et possèdent une pilosité propre. La face interne des lèvres majeures possède des glandes apocrines et sébacées; celle des lèvres mineures des glandes à mucus. La vulve est lubrifiée par le mucus des glandes de Bartholin et de Skeen. Chez les deux sexes, ces régions présentent une pilosité importante et acquièrent des odeurs provenant de l'urine et du sperme (spermatozoïdes en suspension dans la sécrétion des glandes accessoires) riche en produits odorants (polyamines, spermines, triméthylamine, putrescines). Les replis de la peau, le port de sous-vêtements serrés favorisent par ailleurs la prolifération bactérienne. Les pulsions sexuelles se traduisent par une augmentation de la température de l'abdomen et des régions génitales qui facilite la volatilisation des molécules odorantes produites. Le «flux vaginal» est un mélange très complexe de sécrétions provenant de l'appareil reproducteur (liquide de l'endomètre, sang, mucus cervical) et du vagin lui-même. Relativement abondantes, environ deux grammes par jour, ces sécrétions ont été très étudiées chez les primates et l'homme. Outre le fait qu'elles indiquent l'état physiologique de la femelle, on leur attribue une fonction phéromonale.

Le nom de «copuline» a été donné à l'ensemble des molécules présentes dans les sécrétions vaginales. Il s'agit d'un mélange avant tout constitué d'acides gras libres : acétique, propionique, butyrique, isobutyrique, isovalérique et isocaproïque. Sa production varie en fonction du cycle et de l'utilisation de contraceptifs oraux, qui la diminue. Chez beaucoup de sujets, seul l'acide acétique a été identifié. Les tests olfactifs sur des hommes montrent que l'odeur des sécrétions vaginales avant l'ovulation est qualifiée d'agréable alors qu'elle est considérée comme désagréable pendant les règles.

L'urine joue un rôle important dans la communication chimique chez les vertébrés. Chez l'homme, cet aspect n'a pas été étudié mais comme chez les autres mammifères, elle renferme de nombreuses substances odorantes volatiles (cétones, aldéhydes, lactones, alcools, phénols, pyrroles et composés soufrés) et d'autres moins volatiles comme les stérols, l'androsténone et l'androsténol en particulier. La composition de l'urine varie en fonction du sexe, de l'alimentation et plus généralement de toute modification physiologique.

Il convient de remarquer que nous connaissons et reconnaissons très bien les différentes odeurs que nous venons d'évoquer, et qui plus est, cette connaissance ne se limite pas à nous même. De fait, nous pouvons plus ou moins consciemment reconnaître une multitude d'odeurs corporelles chez les personnes qui nous entourent, selon le degré d'intimité partagé. *Microsmatic Humans revisited* est le titre d'une revue récente de Benoist Schaal montrant la complexité de l'univers olfactif lié au corps humain à laquelle le lecteur intéressé pourra se référer.

Nous avons déjà souligné les analogies existant entre l'homme, le gorille et le chimpanzé au niveau du système glandulaire. Ce qui diffère chez l'homme actuel, c'est la disparition des comportements associés à l'inspection des odeurs corporelles de ses congénères, en particulier au niveau du visage.

Un phénomène important affecte la peau : la kératinisation, une dégénérescence des cellules épidermiques qui finissent par desquamer. Au cours de ce processus, les cellules épidermiques en voie de kératinisation libèrent des quantités importantes de lipides (5 à 10 mg/cm^2) qui restent sur la peau : ce sont des stérols libres, des mono-, di- et triglycérides et des phospholipides. Comme nous le verrons plus loin (chapitre 5), les squames eux-mêmes pourraient être impliqués dans la communication chimique en véhiculant des molécules phéromonales.

Émission et transport des phéromones

Les nombreux signaux chimiques déposés pour marquer un territoire ou servir de repères olfactifs ne sont pas systématiquement destinés à attirer d'autres individus; ils seront souvent découverts par hasard au gré des déplacements des congénères. Seules nous intéressent ici les phéromones émises dans l'air ou dans l'eau pour attirer un partenaire et celles qui sont laissées sur le sol ou dans l'eau pour permettre à un congénère de suivre cette piste.

• Les phéromones des lépidoptères

Le cas le plus étudié est celui des phéromones sexuelles femelles des papillons qui, émises dans l'air, attirent les mâles à des distances parfois considérables. Des chambres ou tunnels de vol sont utilisés pour comprendre comment, à partir d'un point d'émission, les molécules vont se répartir dans l'air et comment les mâles vont s'orienter vers la source. Le point d'émission est fixe et c'est un flux d'air contrôlé qui entraîne les molécules.

Dans la nature, la femelle choisit un site élevé et adopte un «comportement d'appel» : elle dévagine les glandes productrices de phéromone sexuelle situées à l'extrémité de son abdomen. Soit la femelle reste perchée et il y a émission passive de la phéromone, soit elle s'envole en continuant d'émettre. Quand l'air est immobile, la phéromone diffuse et un gradient s'établit mais la distance à laquelle la phéromone est perceptible est faible et dépend de la durée de l'émission. Les molécules étant plus lourdes que l'air, elles «tombent» ensuite lentement.

A priori, on peut penser que les mâles ont peu de chances de trouver une telle source odorante mais il faut tenir compte du fait que l'émission des phéromones intervient lors d'une période d'excitation sexuelle réciproque au cours de laquelle les mâles recherchent activement les femelles. Quand il y a du vent, la piste odorante présente la forme d'un long filament conique, l'extrémité pointue du cône correspondant à l'abdomen de la femelle (ill. 35c). Les mâles, qui ont tendance à remonter le vent (anémotaxie positive), finissent par croiser une piste odorante et la suivent en volant en zigzag, perdant la piste puis la retrouvant etc. Quand ils se rapprochent de la femelle, la concentration en molécules est plus élevée et le vol devient plus précis.

Des modèles mathématiques ont conduit à de nombreuses estimations théoriques. Une femelle du bombyx disparate pourrait attirer un mâle à 4,6 km avec un vent faible de 3,6 km/h; pour la piéride du chou, la concentration en molécules est optimum quand la vitesse du vent correspond à la vitesse de vol du mâle, soit environ 11 km/h.

D'autres facteurs physicochimiques interviennent également, en particulier la température, qui augmente la capacité de diffusion des molécules. Les mâles des papillons constituent un cas particulier car presque tous les sensilles olfactifs de l'antenne étant spécialisés dans la réception de la phéromone, le seuil de détection est extrêmement bas. Chez les autres insectes, le problème est beaucoup plus complexe, la plupart des phéromones étant des mélanges dont les différentes molécules ont une volatilité variable.

De nombreux animaux comme les mollusques terrestres (escargots, limaces) ou marins, les insectes (termites, fourmis), les vertébrés (serpents, chiens) déposent des pistes odorantes continues ou discontinues qui permettent aux congénères de les suivre, ou de les chercher en adoptant une trajectoire en zigzag. Les molécules, qui s'évaporent dans l'air ou se dissolvent dans l'eau, ont en général une durée de vie relativement courte, ce qui évite la confusion pour des animaux qui, vivant sur un territoire assez limité, se trouveraient confrontés à un réseau de pistes inextricable si les molécules étaient peu volatiles.

Chez les insectes sociaux, dont les pistes relient le nid à une source de nourriture, la piste tracée par un «explorateur» est «renforcée» par tous les individus qui la suivent en déposant à leur tour la phéromone de piste.

Quand la nourriture est épuisée, la piste n'est plus empruntée et elle disparaît. Chez les insectes, de même que chez les vertébrés, les phéromones sont des mélanges complexes qui souvent induisent plusieurs comportements simultanés ou successifs. C'est pourquoi le terme de «mélange phéromonal», qui correspond plus à la réalité, est préféré à celui de «phéromone». Selon les espèces, les différentes substances qui entrent dans la composition des mélanges phéromonaux n'auront ni exactement le même rôle ni la même volatilité. Un mammifère qui urine pour marquer son territoire dépose des produits très volatils qui disparaissent en quelques minutes ou dizaines de minutes alors que d'autres restent décelables plusieurs heures.

Un bon exemple est celui de la sécrétion des glandes mandibulaires de la fourmi tisserande *Oecophylla longinoda*. Partant de l'observation que lorsqu'une ouvrière mord un ennemi, il se dégage une odeur perceptible pour l'homme et que d'autres fourmis sont attirées, Bradshaw a essayé de d'identifier le produit responsable de cette odeur et du déclenchement de ce comportement. Ayant constaté

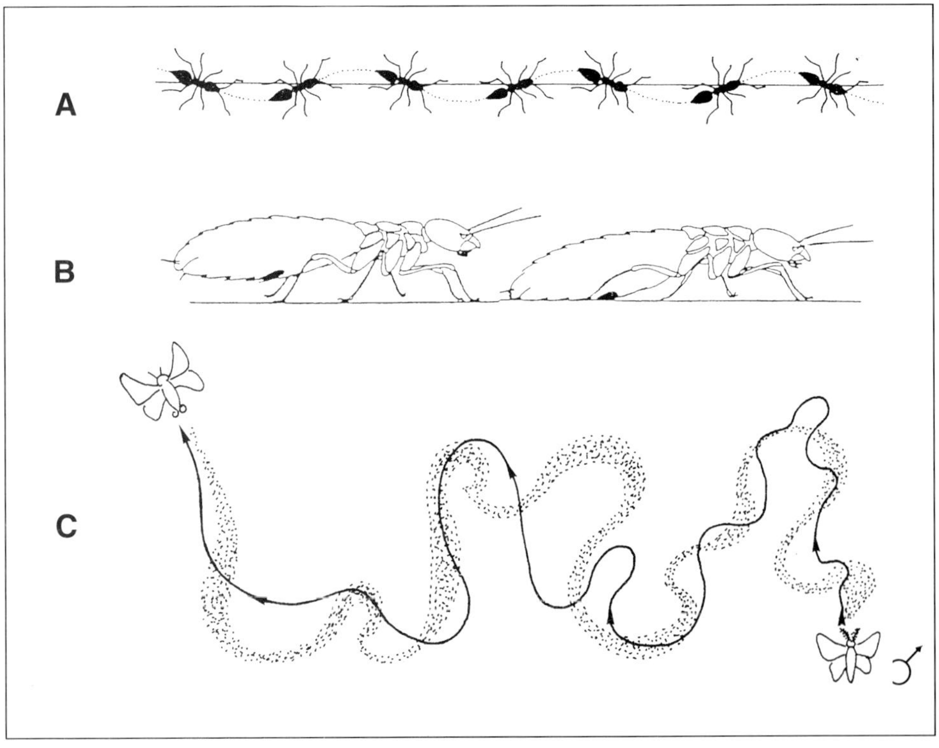

35. A : de nombreux insectes déposent des phéromones de piste pour permettre à leurs congénères de retrouver la nourriture qu'ils ont découverte et/ou pour le retour au nid. B : en position normale, l'abdomen de la nymphe du termite *Zootermopsis nevadensis* ne touche pas le sol. Pour déposer la phéromone de piste produite par ses glandes sternales, l'insecte abaisse son abdomen qui frotte alors sur le sol. Les fourmis et les termites qui suivent une piste adoptent une trajectoire sinusoïdale; il en est de même pour le mâle de papillon (C) qui remonte en volant la piste (molécules de phéromone sexuelle) laissée par la femelle. D'après W. Hangarter et A. M. Stuart.

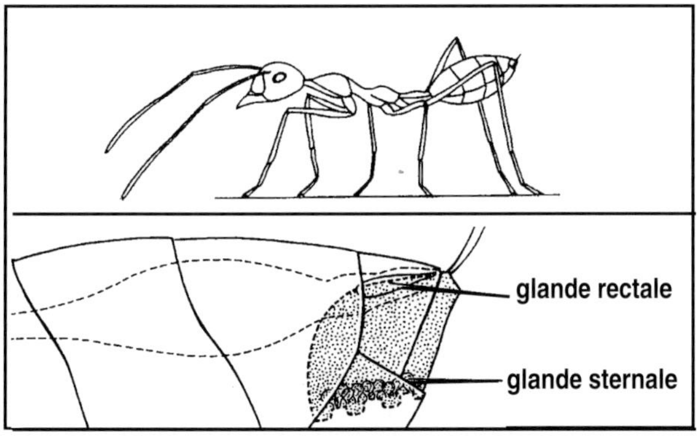

A

36. Phéromones de piste et phéromones d'alarme chez la fourmi tisserande *Oecophylla longinoda.*
Des pistes odorantes tracées sur le sol permettent la coordination de l'activité sociale. Normalement, quand la fourmi ouvrière fourrageuse se déplace, son abdomen est relevé (A). Quand la fourmi s'aventure en terrain inconnu ou découvre de la nourriture, elle abaisse son abdomen, fait saillir sa glande rectale de son anus et trace sur le sol une piste de phéromone (B). Quand la glande rectale fait saillie, elle repose sur un fragile traîneau composé de deux soies. Les compagnes de nid, stimulées par l'odeur de cette piste, la suivront jusqu'au nouveau territoire. Un autre système de recrutement, dont le rayon d'action est plus court, est utilisé par les ouvrières major pour lutter contre les envahisseurs : il consiste à sécréter une autre substance au moyen de la glande sternale, exposée à cette occasion (C). Les fourmis laissent traîner leur abdomen sur le sol pour y laisser un autre message. D'après Holldobler et Wilson, *Pour la Science,* n° 4, 1978.

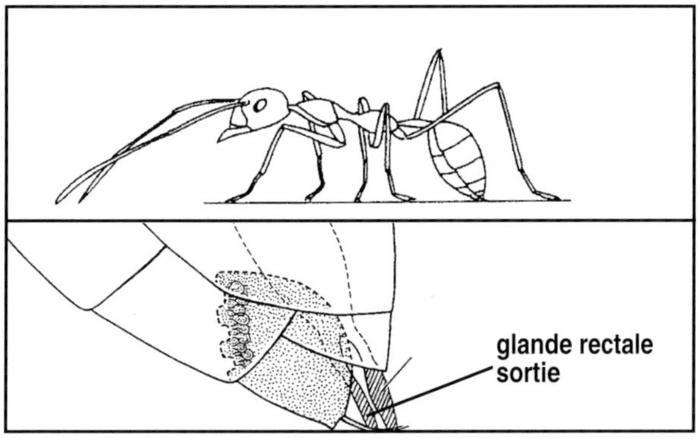

B

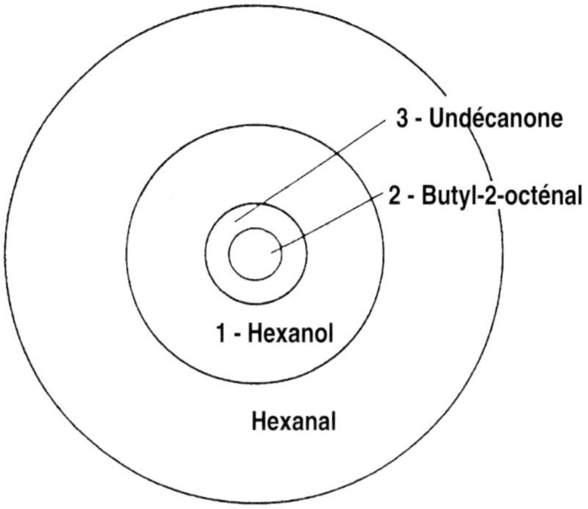

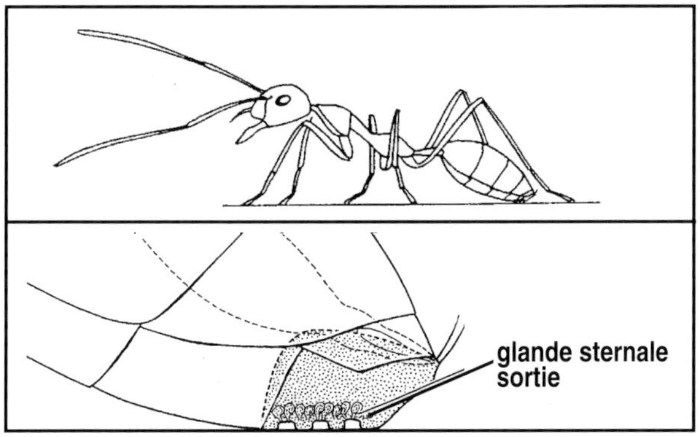

C

37. Lorsqu'une fourmi du genre *Oecophylla* mord un ennemi, il se dégage une odeur perceptible par l'homme et d'autres fourmis sont attirées. Ce sont les glandes mandibulaires qui sécrètent cette phéromone d'alarme renfermant 4 composés majeurs dont les rôles respectifs ont été mis en évidence dans l'expérience suivante : quatre cercles concentriques sont tracés dans une enceinte contenant des ouvrières. Une glande mandibulaire est écrasée au centre et dans les secondes qui suivent, les fourmis situées dans un rayon de 10 cm perçoivent l'hexanal et sont mises en état d'alerte. Elles manifestent alors une grande excitation et se dirigent rapidement vers le centre où elles perçoivent l'hexanol qui, dans un premier temps, les repousse. Une fois évaporé, une ou deux minutes plus tard, elles rejoignent l'endroit où a été écrasée la glande, perçoivent la 3-undécanone et le 2-butyl-2-octénal qui les incitent à mordre. Dans les conditions naturelles, l'effet temporairement répulsif de l'hexanol laisse le temps aux autres fourmis de rejoindre les premiers individus alertés et attirés par l'ennemi qui a été mordu. D'après Bradshaw *et al.*, 1979.

que la sécrétion des glandes mandibulaires renfermait plus de trente produits différents, il réalisa une séries d'expériences qui, schématiquement, peuvent se résumer ainsi : après avoir écrasé une glande mandibulaire au centre d'une enceinte contenant d'autres fourmis, il constata que dans les secondes qui suivent, toutes les fourmis situées dans un rayon de 10 cm percevaient l'hexanal, dont la diffusion est très rapide. Elles sont alors «alarmées», manifestent une grande excitation et se déplacent très rapidement. Parvenues à 5 cm environ de la glande, elles sont attirées par le 1-hexanol mais arrivées à environ 1 cm de la glande, la concentration en 1-hexanol, beaucoup plus élevée, les repousse. L'hexanol s'évaporant en 1 ou 2 minutes, elles arrivent près de l'endroit où a été écrasée la glande, perçoivent la 3-undécanone et le 2-butyl-2-octénal qui les incitent à mordre l'endroit où est déposée la glande dans les conditions naturelles; une fourmi attaquée émet d'abord de l'hexanal qui donne l'alarme aux congénères dans un rayon de 10 cm. Elles perçoivent alors l'hexanol qui, à faible concentration, les attire près du lieu de l'attaque. Là, la concentration de l'hexanol est trop élevée et elles attendent son évaporation, ce qui laisse le temps à d'autres fourmis de les rejoindre. L'hexanol évaporé, la 3-undécanone et le 2-butyl-2-octénal déclenchent le comportement de morsure.

Avant ces travaux, il était admis que les glandes mandibulaires d'*Oecophylla* produisaient une phéromone d'alarme, mais nous mesurons ici la complexité des mécanismes mis en jeu, sans parler du fait qu'on ne connaît toujours pas le rôle de la plupart des produits sécrétés par cette glande.

Chez les vertébrés aquatiques, la situation rappelle celle des mâles de papillons : ils doivent localiser le partenaire en suivant un gradient de molécules émises dans l'eau.

Chez de nombreux reptiles, c'est grâce à une phéromone sexuelle et de piste que le mâle retrouve la femelle.

Chez les mammifères, qui ont un système olfactif généraliste, ce n'est plus une phéromone qu'il s'agit de suivre : au moment de la reproduction, les partenaires laissent de nombreuses traces odorantes déposées par frottage, avec de l'urine et des excréments, indiquant leur état physiologique. Mais d'autres stimuli interviennent également, comme la vision, l'audition. Il existe de véritables phéromones sexuelles mais elles ne servent plus à l'attraction à de grandes distances. Les études récentes montrent que les supposées capacités d'olfaction à longue distance de certains animaux ont été largement exagérées par la croyance populaire.

Par exemple, nous avons attribué aux chiens des performances bien supérieures à la réalité en négligeant tous les facteurs liés à la vision et à l'apprentissage. Un chien ne pourra pas retrouver des objets familiers ou de la nourriture qui ont été enterrés s'il ne voit ou sent la terre remuée.

Dans des conditions expérimentales où il ne peut voir sa proie, le coyote, auquel on avait attribué des performances olfactives remarquables, ne détecte pas une proie à plus de deux mètres; avec un vent favorable de 40 km/h il ne la détecte qu'à 5 mètres! Dans la nature, il repère sa proie à des distances nettement supérieures mais peut être a-t-il déjà croisé sa piste, peut être l'a-t-il aperçue auparavant ? Pour le coyote et le chien, les informations intéressantes se situent plus au niveau du sol que dans l'air. Quant à l'homme, du fait de sa station verticale, il porte les objets à son nez ou se dirige vers les sources des odeurs qu'il cherche à identifier.

Réception et perception des phéromones

Chez la plupart des organismes, c'est le système olfactif, composé de cellules sensorielles spécialisées, les chimiorécepteurs, qui reçoit les messages chimiques émis dans l'air ou dans l'eau.

Chez les invertébrés primitifs, il n'y a pas d'organes spécialisés mais des groupes de chimiorécepteurs. Il est parfois difficile, surtout chez les organismes primitifs, de tracer une frontière entre chimioréception à distance, olfaction, chimioréception de contact et gustation car pour de nombreux signaux chimiques non volatils, il faut qu'il y ait contact entre la molécule et le récepteur sensoriel pour déclencher l'acte comportemental.

La reconnaissance d'une odeur implique une succession d'événements qui se situent à trois niveaux : le niveau moléculaire où s'établit l'interaction spécifique entre le stimulus et le système récepteur; le niveau cellulaire où s'effectue le codage olfactif; le niveau central où se fait la reconnaissance globale du message qui conduira à l'acte comportemental.

L'étape primordiale est celle de la détection des informations chimiques qui se fait au niveau des antennes chez les arthropodes et du « nez » chez les vertébrés; ce sont les organes olfactifs les mieux connus.

• L'antenne des insectes

L'antenne des insectes est en général constituée d'une succession d'articles dont le nombre et la morphologie varient d'une espèce à l'autre. Les sensilles sont des modifications de la cuticule antennaire (invaginations, plaques criblées ou, le plus souvent, des soies) capables de détecter les divers stimuli sensoriels.

Il existe des mécanorécepteurs réagissant au moindre contact ou aux mouvements de l'air, des thermorécepteurs, des hygrorécepteurs et des chimiorécepteurs.

Certains sont des chimiorécepteurs de contact qui ne sont stimulés que lorsque l'insecte touche quelque chose. La plupart sont des chimiorécepteurs qui sont stimulés par les molécules véhiculées par l'air : ce sont les sensilles olfactives.

Schématiquement, les sensilles olfactives sont des soies, parfois des plaques ovales, dont la paroi cuticulaire est largement perforée. A travers ces perforations, les molécules odorantes pénètrent dans la lumière de la soie qui est remplie d'une substance aqueuse, le liquide sensillaire, très comparable au mucus recouvrant la muqueuse olfactive des vertébrés.

La soie est inervée par une ou plusieurs cellules nerveuses qui sont des neurones bipolaires. Le corps cellulaire des neurones est situé dans l'épithélium, à la base de la soie, alors que leurs dendrites ramifiés baignent dans le liquide sensillaire. Les axones rejoignent le système nerveux central par l'intermédiaire du nerf antennaire.

Chez les insectes, les palpes maxillaires ou labiaux sont associés aux pièces buccales. Souvent, leur dernier article présente une très grande concentration en chimiorécepteurs de contact qui sont des soies perforées à leur extrémité.

Grâce à ces derniers, l'insecte palpe longuement sa nourriture pour la «goûter». Les palpes jouent par ailleurs un rôle dans la reconnaissance inter et intraspécifique.

L'olfaction chez les vertébrés

• Les organes olfactifs

Chez les vertébrés, les chimiorécepteurs sont situés dans l'épithélium qui tapisse la cavité des organes olfactifs. Ces organes peuvent être de simples sacs communicant avec l'extérieur par des orifices non modifiés, comme c'est le cas chez les poissons. Chez les vertébrés terrestres, l'organe olfactif sert également à respirer et communique avec la cavité buccale par les choanes ou narines internes et, à l'inverse, les particules odorantes de la nourriture (ou des boissons, comme le vin!) sont entraînées par les choanes dans l'organe olfactif.

Chez les tétrapodes, les oiseaux exceptés, une partie de l'épithélium sensoriel est isolée dans un diverticule de l'organe olfactif pour former l'organe de Jacobson ou organe voméronasal. Celui des reptiles est indépendant des conduits nasaux et chez les lézards et les serpents, il s'ouvre dans la bouche vers l'avant du palais; les extrémités de la langue bifide viennent s'y loger.

Il était admis que l'olfaction jouait un rôle très limité chez les oiseaux, qui recherchent leur nourriture non pas à l'odeur mais grâce à la vision. L'*Aptéryx*, ou kiwi, semblait une exception : dépourvu d'ailes, cet oiseau forestier nocturne de Nouvelle-Zélande a une très faible vision et repère sa nourriture à l'odeur grâce à une chambre olfactive qui occupe tout le bec.

Les travaux récents ont montré que certaines espèces ont développé leurs capacités olfactives pour détecter des aliments peu visibles : les étourneaux choisissent des plantes en fonction de leur odeur pour aménager leur nid, les vautours localisent des carcasses d'animaux peu visibles à plusieurs centaines de mètres et les Procellariformes (albatros, pétrels...) détectent une baleine tuée à des distances considérables; les chasseurs de baleine les ont souvent décrits comme venant de « nulle part » à l'occasion de leur arrivée sur les lieux de pêche.

Les mammifères présentent tous les degrés de développement des structures olfactives, depuis les chiens jusqu'aux cétacés à dents qui, n'ayant plus ni muqueuse sensorielle ni nerf olfactif, sont dits «anosmiques». L'organe olfactif logé dans le museau atteint une très grande complexité chez les mammifères macrosmiques (marsupiaux, insectivores, carni-

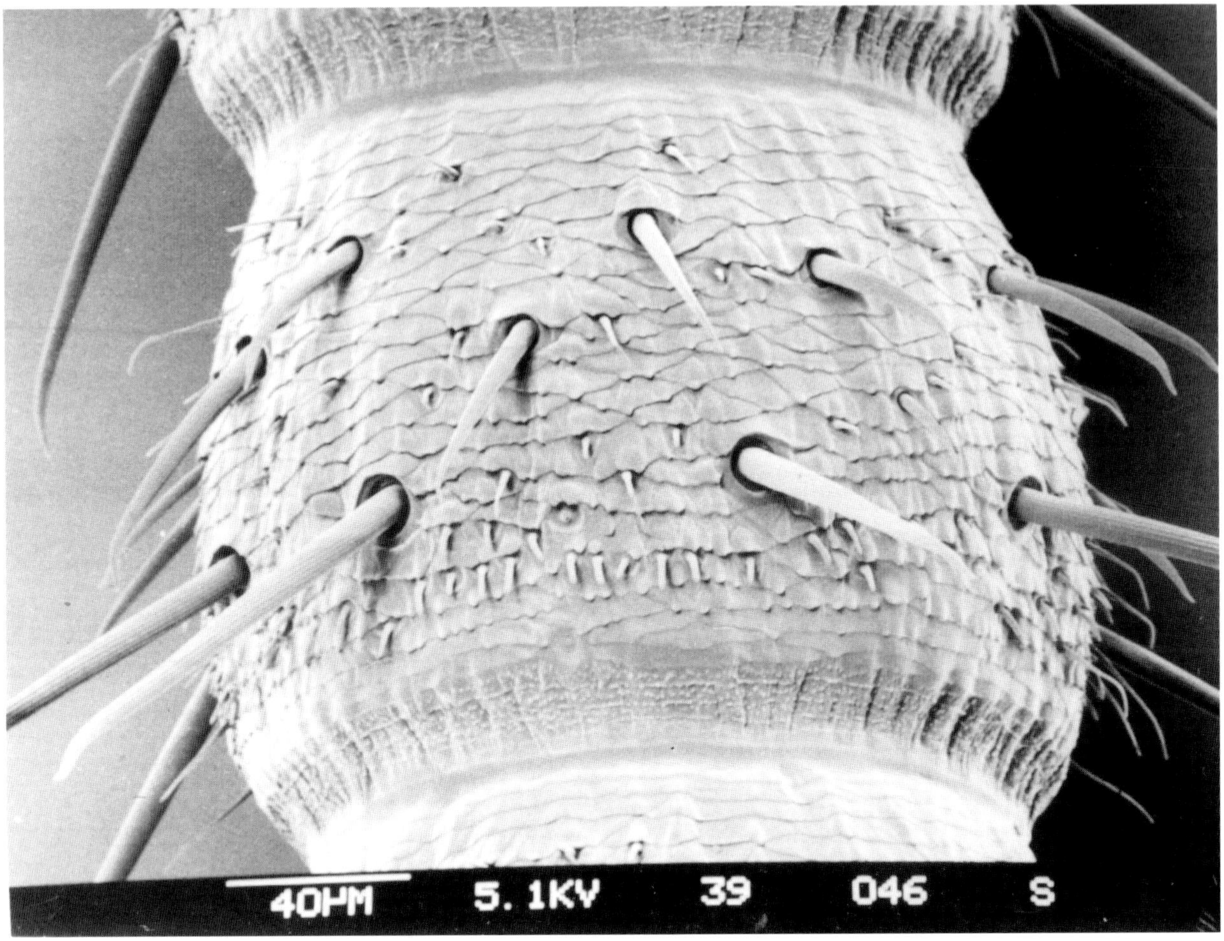

vores, rongeurs) où l'air inspiré parcourt un véritable labyrinthe alors que cet organe a beaucoup régressé chez les mammifères microsmiques (mammifères aquatiques et primates) : 2,7 cm^2 d'épithélium olfactif seulement chez l'homme.

Chez les reptiles, les serpents en particulier, l'organe voméronasal joue un rôle prépondérant dans la réception des signaux chimiques, en particulier au moment de la reproduction.

La femelle du serpent jarretière (une couleuvre du genre *Thamnophis* d'Amérique du Nord utilisée pour ces études) sécrète une phéromone sexuelle qui est un mélange de glycoprotéines et de produits volatils qu'elle dépose en se déplaçant sur le sol.

Elle trace ainsi une piste suivie par le mâle qui lèche le sol puis rentre la langue dans sa bouche où les substances léchées sont déposées sur l'organe voméronasal, plus développé que l'organe olfactif lui même chez cette espèce. Un travail récent de Kurt Schwenk consacré à la langue chez les serpents montre que si on obture l'une des deux fenêtres du

38, 39, 40. Antennes et sensilles olfactives chez les blattes (38) et les abeilles (39 et 40). Les grandes soies cannelées que l'on observe sur les différents articles des antennes de blatte sont des mécanorécepteurs tactiles. Les soies de petite taille sont des thermorécepteurs, des hygrorécepteurs et des chimiorécepteurs. Les récepteurs olfactifs présentent de nombreuses perforations de leur paroi, alors que les récepteurs de contact ne sont perforés qu'à leur extrémité (non visible à ce grossissement). Les antennes de l'abeille présentent un type de sensilles olfactives particulier, les *sensillum placoïdeum*, en forme de plaque ovale.
38 : clichés F. Fenaux-Benderitter.
39 et 40 : clichés D. Lebrun.

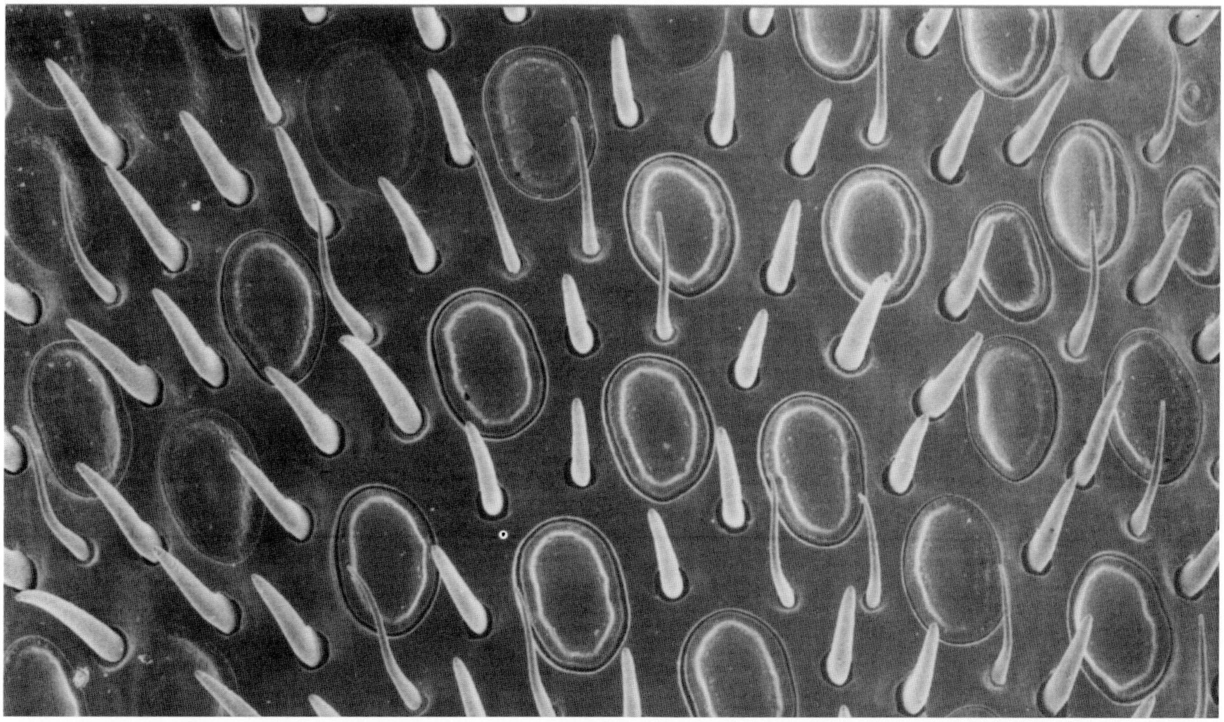

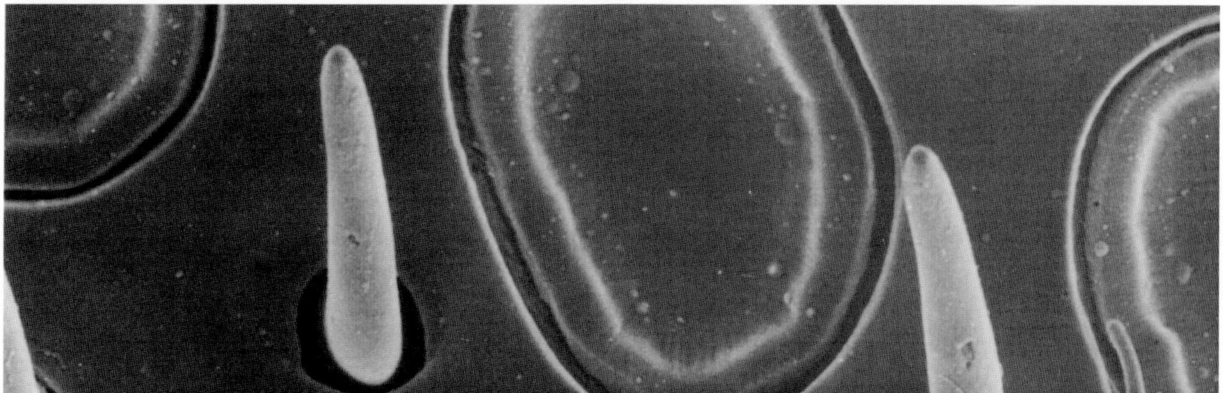
1 µm
000021 5KV X4,000 38mm

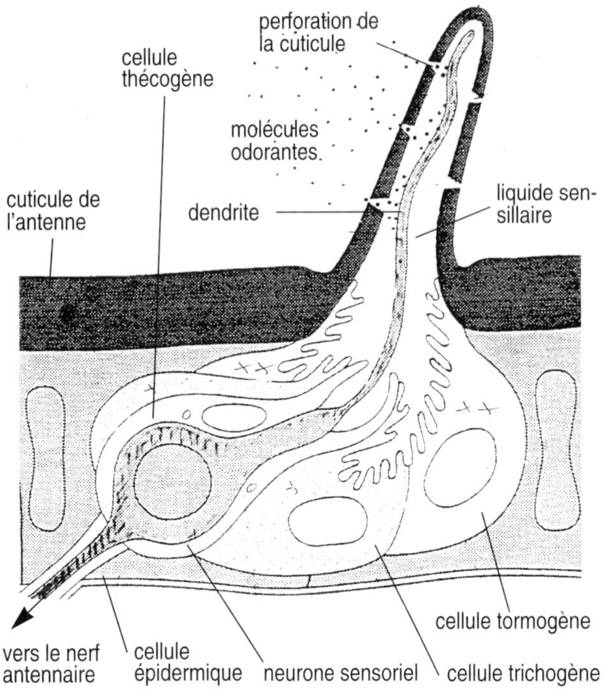

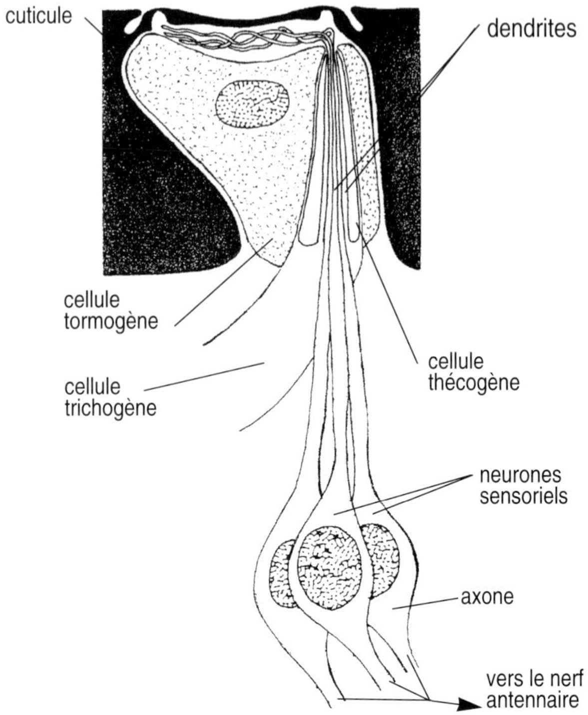

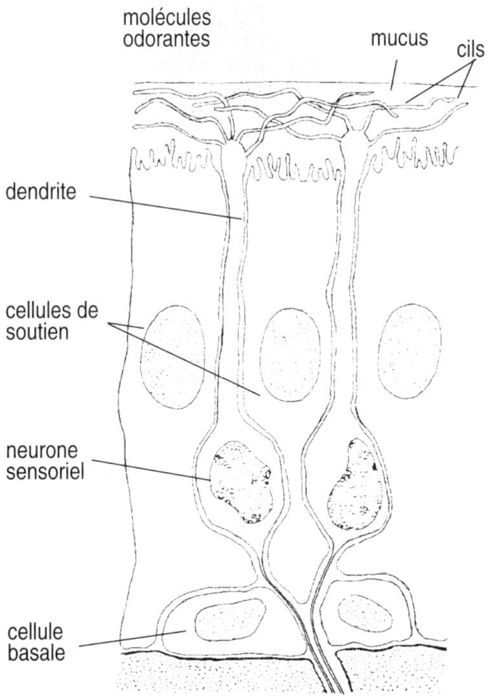

41 (ci-dessus à gauche). Coupe d'un chimiorécepteur antennaire d'insecte (soie olfactive, *sensillum trichodeum*). Le dendrite qui porte les récepteurs olfactifs membranaires baigne dans le liquide sensillaire que doivent traverser les molécules odorantes pour se fixer aux récepteurs. Le neurone sensoriel est enveloppé par trois cellules (trichogène, tormogène et thécogène). Dessin R. Brossut.
42 (ci-dessus à droite). Coupe longitudinale d'un *sensillum placodeum* d'une antenne d'abeille. Dessin R. Brossut.
43 (ci-contre à gauche). Coupe d'une muqueuse olfactive de mammifère. Le dendrite du neurone sensoriel se termine par une touffe de cils qui baigne dans le mucus. Les récepteurs olfactifs membranaires sont répartis sur les cils. Dessin R. Brossut.

44 (page ci-contre). Schéma illustrant le comportement de *flehmen* chez un mâle de bouquetin : la lèvre supérieure retroussée découvre la région antérieure du palais et l'orifice de l'organe voméronasal. Dessin C. Everaerts.
45. Coupe sagittale d'un crâne de souris montrant la position de l'organe voméronasal. Dessin C. Everaerts.
46. Coupe sagittale du crâne humain montrant l'innervation de la fosse nasale et la position de l'organe voméronasal. Le réseau nerveux terminal et celui du voméronasal sont impliqués dans la régulation des hormones et des comportements sexuels. Dessin C. Everaerts.

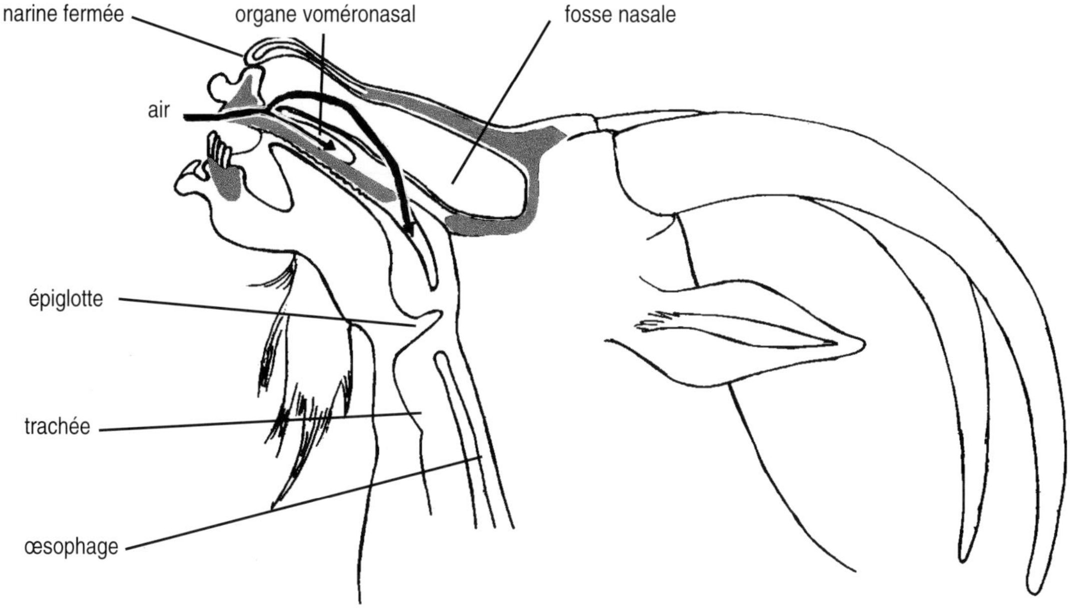
narine fermée
organe voméronasal
fosse nasale
air
épiglotte
trachée
œsophage

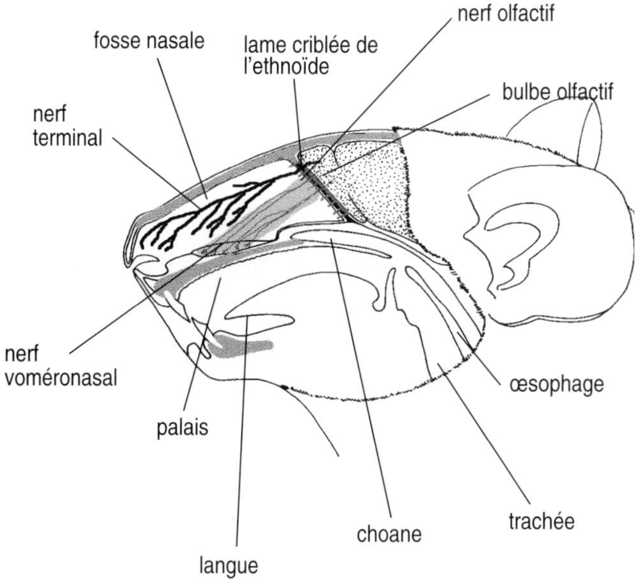
nerf olfactif
fosse nasale
lame criblée de l'ethnoïde
bulbe olfactif
nerf terminal
nerf voméronasal
œsophage
palais
trachée
choane
langue

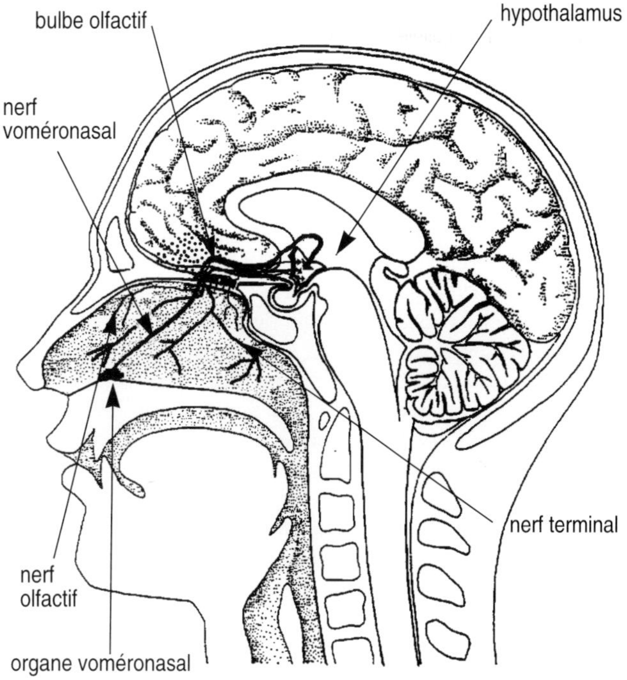
bulbe olfactif
hypothalamus
nerf voméronasal
nerf terminal
nerf olfactif
organe voméronasal

palais recouvrant le voméronasal, les animaux sont incapables de suivre une piste et tournent en rond. Chez les serpents, le voméronasal n'est pas uniquement destiné à la réception des phéromones sexuelles; les proies sont suivies à la piste de la même façon que le partenaire sexuel. Il est important de souligner que chez ces reptiles, la langue est dépourvue de corpuscules du goût.

• L'organe voméronasal et la réception des phéromones

Chez les mammifères, le rôle de l'organe voméronasal qui semble beaucoup varier selon les espèces est toujours l'objet de nombreuses recherches. On lui a souvent attribué un rôle prépondérant dans la réception des phéromones qui ne seraient pas prises en compte par l'épithélium olfactif «banal». La complexité de la communication chimique chez ces animaux (répertoire comportemental, multiplicité des molécules chimiques utilisées) ne permet pas de dégager des règles précises.

Il est facile d'observer que chez les cervidés, l'organe voméronasal joue un rôle très important, mais plus difficile de déterminer si son rôle est indépendant ou seulement complémentaire de celui de l'olfaction.

En présence de traces laissées par une femelle, le mâle va tout à la fois sentir, lécher et utiliser son organe voméronasal. A ce contact, il répond par une grimace très caractéristique, le *flehmen* : les narines sont fermées et la lèvre supérieure retroussée au maximum découvre la région du palais où s'ouvre l'organe voméronasal. Une respiration profonde accompagne cette mimique que l'on retrouve chez beaucoup de mammifères.

L'éléphant d'Asie, en présence d'une femelle en œstrus, prélève avec sa trompe de l'urine ou des sécrétions de la région ano-génitale et les transfère directement dans sa bouche au plafond du palais où s'ouvre l'organe voméronasal, puis adopte le *flehmen* qui ne se réduit pas à une mimique plus ou moins rituelle : le mâle inspire profondément l'odeur/phéromone femelle qui est entièrement dirigée vers l'organe voméronasal.

Expérimentalement, on a pu procéder à la coloration en rouge de l'urine de femelles de hamster en leur faisant ingérer de la rhodamine, un pigment non volatil. Lorsqu'un mâle inspecte l'urine de ces femelles, on retrouve la rhodamine au niveau de l'organe voméronasal. Le pigment est transféré par contact du nez ou *via* la langue. Les odeurs jouent un rôle important dans la biologie de cet animal qui peut reconnaître olfactivement chacun de ses congénères, comme le montrent les études de comportement sur des groupes où les relations entre un petit nombre d'individus sont bien connues.

Il a été montré que les phéromones sexuelles qui déclenchent l'accouplement sont perçues à la fois par le système olfactif et par l'organe voméronasal, alors que les autres signaux de reconnaissance ne sont perçus que par le système olfactif.

En 1991, L. Monti-Bloch et D. L. Berliner prouvent l'existence d'un organe voméronasal chez l'homme. Jusqu'alors, on pensait que cet organe, bien différencié chez le fœtus pendant la première moitié de la grossesse, régressait et était absent chez l'adulte. Il est en fait présent sous forme d'un diverticule en doigt de gant d'un millimètre de diamètre et d'un centimètre de long qui est situé ventralement sous la muqueuse respiratoire d'une cloison nasale; il est indépendant du système olfactif.

• L'épithélium olfactif des mammifères

L'épithélium olfactif des mammifère est constitué de chimiorécepteurs enserrés par des cellules de soutien. Comme chez les insectes, les chimiorécepteurs sont des neurones bipolaires. Le pôle apical porte une touffe de cils sensoriels qui s'épanouissent dans le mucus recouvrant l'épithélium, alors que le pôle basal s'allonge en un axone qui aboutit dans le centre olfactif primaire, le bulbe olfactif. Le nombre des cils et leur longueur varie d'une espèce à l'autre : de 0 à 25 chez la vache, avec une moyenne de 17. Leur longueur varie de 40 à 200 µm.

La première synapse étant située dans le bulbe olfactif qui est partie intégrante du cerveau, certains auteurs ont vu dans l'épithélium olfactif un prolongement du cerveau plutôt qu'un organe sensoriel périphérique.

Cette hypothèse est contredite par le fait que les cellules de l'épithélium meurent et sont remplacées, le renouvellement durant environ un mois, ce qui n'est jamais le cas pour les cellules du cerveau.

Les bases moléculaires de l'olfaction

La membrane des dendrites est équipée de structures macromoléculaires, les récepteurs membranaires, au niveau desquels s'effectue l'identification du stimulus. Ces récepteurs sont des glycoprotéines formant deux régions : l'une est une protéine G intracellulaire commune à tous ces récepteurs protéiques cellulaires; l'autre, qui constitue le site sur lequel se fixe la molécule odorante, assure la spécificité fonctionnelle du récepteur. C'est une protéine avec sept domaines transmembranaires. Lorsque la partie active d'une molécule entre en contact avec un récepteur équipé d'un site accepteur pour cette partie active, il se produit une interaction qui aboutit à l'ouverture de canaux ioniques, induisant un changement de perméabilité de la membrane qui se traduit par un phénomène de dépolarisation. La sommation de ces variations locales aboutit à l'émission d'un potentiel d'action, un «signal électrique», qui se propage le long de l'axone.

• Molécules odorantes et stéréochimie

La chimie des odeurs a toujours fasciné les chercheurs, qui ont essayé d'établir des corrélations entre la forme des molécules et leur pouvoir odorant. Deux hypothèses se sont affrontées, l'une considérant que ce sont les groupes fonctionnels (acide, alcool, aldéhyde, cétone etc.) qui confèrent ses propriétés à la molécule, l'autre attribuant à la stéréochimie de la molécule un rôle déterminant. Il s'est finalement avéré que les groupes fonctionnels n'ont pas un rôle fondamental. Par exemple, le camphre, l'isocamphane, le camphène et l'isobornéol sont quatre molécules qui ont la même odeur de camphre bien qu'ayant des groupes fonctionnels différents alors que du point de vue stéréochimique, elles sont très proches.

Les recherches se sont alors orientées vers un système de type clé/serrure, la molécule-clé étant supposée ouvrir la serrure/récepteur. De très nombreuses molécules sont des molécules chirales, c'est-à-dire qu'elles contiennent un ou plusieurs atomes de car-

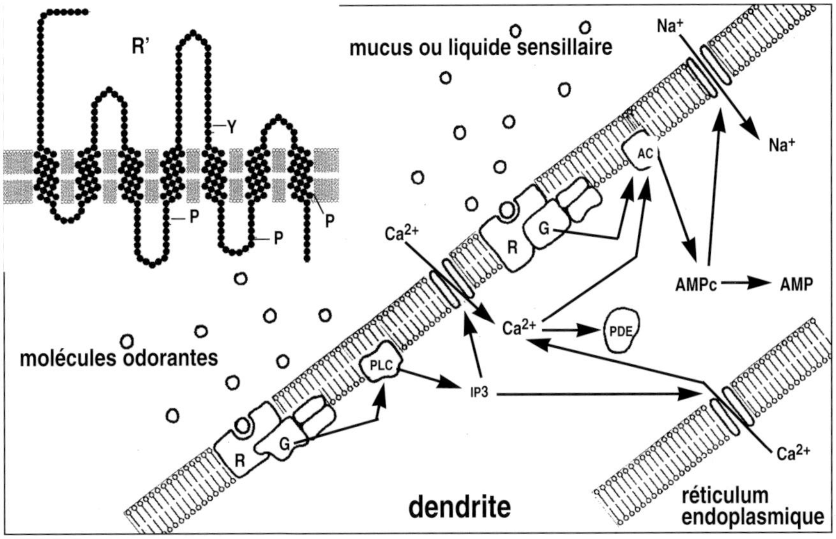

47. Les récepteurs olfactifs sont localisés sur la membrane des dendrites des neurones bipolaires qui jouent le rôle de cellules réceptrices pour le système olfactif. Les dendrites baignent dans le liquide sensillaire des soies olfactives chez les insectes ou dans le mucus qui recouvre la muqueuse olfactive chez les vertébrés. Le récepteur est une protéine possédant 7 domaines transmembranaires (R et R'). En se fixant au récepteur à l'extérieur de la cellule, la molécule odorante déclenche la transduction qui se fait à l'intérieur de la cellule. L'activation des récepteurs est transmise à des protéines intracellulaires associées à la membrane (protéines G trimériques (G)) dont certaines activent l'adénylcyclase (AC). Cette activation se traduit par une augmentation de l'AMPc intracellulaire provoquant l'ouverture d'un canal sodium et la dépolarisation membranaire. D'autres protéines intracellulaires associées aux récepteurs activent la phospholipase C (PLC), ce qui induit une augmentation de l'inositol triphosphate (IP3) intracellulaire. Cette augmentation provoque à son tour l'entrée de calcium extracellulaire qui stimule l'activité de la phospho-diestérase (PDE) et peut-être de l'adényl-cyclase (AC). Le cas des cils olfactifs diffère du schéma classique où l'augmentation de l'IP3 provoque la libération du calcium intracellulaire du réticulum endoplasmique. En haut à gauche (R') : organisation transmembranaire probable du récepteur olfactif humain HG MPO7E selon Marc Parmentier. Y : sites probables de glycolisation dans les boucles extracellulaires. P : sites probables de phosphorylation. Dessin R. Brossut.

bone asymétriques. Bien qu'ayant la même formule et les mêmes propriétés physico-chimiques, l'image et surtout l'activité biologique des différents énantiomères (leur nombre dépend du nombre de carbones asymétriques) sont différentes. Cela s'applique aux molécules odorantes, aux phéromones, aux drogues etc.

Concernant certaines molécules odorantes, les différents énantiomères peuvent produire des odeurs semblables mais, testée aux mêmes concentrations, l'intensité des odeurs varie considérablement; pour d'autres molécules, un des énantiomères a une odeur, l'autre pas. La (+)-androsténone a une odeur d'urine, la (-)-androsténone est inodore. Les interactions entre la molécule et le récepteur sont actuellement l'objet de nombreuses recherches.

• La transduction du signal

L'ouverture des canaux ioniques est le résultat d'une cascade d'événements : la phéromone se fixe à l'extérieur de la cellule sur le récepteur qui est une glycoprotéine transmembranaire. Le récepteur interagit ensuite avec une protéine-G stimulatrice associée à la membrane qui, à son tour, active une autre glycoprotéine transmembranaire, l'adényl cyclase, qui va générer de l'AMP cyclique à partir d'ATP. L'AMP cyclique peut provoquer l'ouverture du canal ionique directement ou indirectement *via* une protéine kinase qui va induire la phosphorylation de polypeptides liés au domaine cytoplasmique du canal ionique. Un phénomène de rétroaction peut se produire au niveau du récepteur, la protéine kinase pouvant également phosphoryler des polypeptides appartenant à son domaine cytoplasmique. Cette interprétation est le résultat d'expériences réalisées *in vitro* sur des cils isolés à partir de l'épithélium olfactif de rats exposés à des molécules odorantes. Plusieurs de ces composants moléculaires (adényl cyclase, protéine-G) ont été clonés.

Chez les insectes, on n'a pas trouvé d'adényl cyclase pendant la transduction. La fixation de la phéromone sur le récepteur stimule, *via* les protéines G, une phospho-lipase C qui augmente le *turnover* de phospho-inositides, provoquant une très rapide augmentation du taux d'inositol triphosphate (IP3). Chez certains mâles de papillons, la transduction de la phéromone se réalise sans cette cascade de messagers secondaires. La molécule constituant le récepteur se comporterait elle-même comme un canal ionique.

Chez les vertébrés, les deux types de messagers, AMPc et IP3, ont été retrouvés mais semblent s'exclure mutuellement.

• Les protéines de transport

Les phéromones ou les molécules odorantes doivent traverser un milieu aqueux : liquide sensillaire chez les insectes, mucus chez les vertébrés. Des protéines de transport (OBP pour *Odorant Binding Protein*) se fixent aux molécules volatiles pour les véhiculer jusqu'au récepteur. Chez les insectes, ces protéines de transport seraient produites en même temps que le liquide sensillaire par la cellule tormogène et la cellule trichogène qui enveloppent étroitement la sensille.

Une étude biochimique réalisée sur six espèces de papillons a permis d'isoler quatorze protéines de transport différentes qu'il est possible de classer en plusieurs sous-familles dont une spécifique aux mâles. Les protéines de cette sous-famille ne transporteraient que les molécules constituant les phéromones femelles, les autres protéines de transport se fixant aux autres molécules odorantes. Le nombre de ces protéines de transport suggère qu'il y aurait déjà une certaine discrimination au niveau périphérique, avant même que les molécules atteignent les récepteurs.

Les molécules qui pénètrent dans la sensille se lient très rapidement aux protéines de transport. Les molécules restées libres, de même que celles qui ont stimulé les récepteurs, sont ensuite dégradées rapidement par des estérases. Ce mécanisme évite la saturation durable des récepteurs qui sont ainsi aptes à recevoir de nouveaux stimuli.

Chez les vertébrés, une partie du mucus qui recouvre l'épithélium olfactif est sécrétée par des glandes de la paroi nasale. Chez la souris, on a proposé le nom de voméromoduline pour une nouvelle glycoprotéine de 70 kDa clonée à parti de tissus olfactifs et qu'on retrouve dans le mucus du voméronasal, tandis que l'OBP était présente dans le mucus tapissant toute la cavité nasale. La réalité semble plus complexe et très récemment, une équipe japonaise a cloné, toujours chez la souris, les gènes codant pour deux protéines de transport de 20 kDa spécifiques du mucus du voméronasal, nettement distinctes des OBP. Ils ont baptisé ces protéines VNSP pour *vomeronasal secretory proteins*. Ces protéines appartiennent à la famille des lipocalines, protéines extracellulaires de 20 kDa caractérisées par leur faculté d'accrocher des petites molécules hydrophobes.

Notons qu'à partir des sécrétions vaginales de la femelle de hamster, Alan Singer a isolé une lipocaline de 20 kDa qu'il considère comme la phéromone sexuelle du hamster, et qu'il a nommée «aphrodisine».

L'urine de souris contient de grandes quantités de ces protéines (MUP pour *major urinary proteins*) qui se lient aux deux phéromones sexuelles volatiles (2-(sec-butyl)thiazoline et 2,3-déhydro-exo-brévicomine). Testées seules, les MUP n'ont aucune activité biologique. Il n'est pas impossible que l'aphrodisine du hamster soit liée à une petite molécule. On a en effet isolé une protéine, la phéromaxéine, qui se lie aux deux stéroïdes constituant la phéromone sexuelle mâle du porc mais on ne sait pas encore s'il s'agit bien d'une lipocaline.

Intégration du message

• Combien y a-t-il de récepteurs ?

La première étape de l'identification d'une odeur se fait au niveau des cellules sensorielles spécialisées. Le codage des informations reçues par les neurorécepteurs se fait avant la propagation vers le cerveau de potentiels d'action constituant le message olfactif. On estime qu'il existe environ 10 000 molécules odorantes différentes pour lesquelles il est bien entendu impossible d'imaginer qu'il y ait un récepteur pour chacune.

L'étude du codage olfactif grâce aux techniques électrophysiologiques consistant à mesurer l'activité d'un seul neurone stimulé par différentes molécules à différentes concentrations a permis de différencier deux types de cellules sensorielles : des cellules «généralistes» et des cellules «spécialistes». Les premières, possédant plusieurs types de récepteurs, détectent des odeurs complexes comme les odeurs alimentaires; les secondes, ne possédant qu'un seul type de récepteur, ne détectent que les signaux spécifiques comme les phéromones. Récemment, la biologie moléculaire est venue étayer cette hypothèse. En 1991, Linda Buck et Richard Axel, à l'université de Columbia de New York, ont en effet réussi à cloner une famille de gènes codant pour les protéines des récepteurs. Ils ont découvert avec surprise que les récepteurs forment en fait une immense famille et qu'ils sont beaucoup plus nombreux que ne le laissaient prévoir les estimations habituelles faisant référence à des catégories d'odeurs plus subjectives (20 à 50, selon les auteurs; odeurs dites «camphrées», «musquées», «mentholées»...) auxquelles un individu est censé être confronté. Dix-huit gènes différents ont été identifiés. Les protéines nouvellement découvertes constituent sept familles comprenant chacune de 5 à 20 protéines différentes.

A partir de ces travaux, on estime qu'il existe entre 100 et 300 gènes, peut-être beaucoup plus, et certains auteurs envisagent à présent l'existence d'un millier de récepteurs différents. En admettant l'existence d'une centaine seulement, et en tenant compte du fait qu'il y a certainement toujours plusieurs types de récepteurs par cellule sensorielle, on peut imaginer qu'il existerait autant de combinaisons possibles que de molécules odorantes. Cette découverte suggère qu'une grande partie de la discrimination entre les odeurs intervient au niveau des récepteurs et non dans le cerveau.

• Le traitement des messages olfactifs

Comme nous l'avons vu, la propagation vers le cerveau de potentiels d'action constituant le message olfactif est le résultat d'une interaction spécifique entre une molécule et un système récepteur du neurone sensoriel olfactif. Chaque cellule sensorielle constitue un canal indépendant qui transmet au cerveau un message unique. Tous ces canaux apportent au cerveau une multitude d'informations concernant la qualité, la quantité, la localisation de la stimulation olfactive, sa durée etc. Mais comment le cerveau va-t-il lire puis traiter ces informations pour déclencher un comportement approprié ?

Chez les insectes, l'axone de chaque neurone sensoriel aboutit au deutocérébron (équivalent du bulbe olfactif des vertébrés) où la forte convergence du réseau d'axones réduit considérablement le nombre des canaux véhiculant ensuite les informations sensorielles olfactives vers le cerveau. Chez les blattes, il existe environs 150 000 neurones sensoriels dans chaque antenne, mais il n'en reste que 1000 au niveau du deutocérébron ipsilatéral. Les deux tiers étant des interneurones, un tiers seulement aboutit aux centres supérieurs du cerveau.

A l'intérieur du deutocérébron, les contacts synaptiques entre les neurones de l'antenne et les neurones du cerveau se font au niveau d'aires de contact synaptiques, les glomérules. Grâce à cette convergence spatiale, le message olfactif est amplifié et intégré mais c'est à l'étage supérieur, au niveau du protocérébron, que les phénomènes de mémorisation des informations olfactives ont lieu. Les phéromones sont reçues, traduites et codées selon les règles générales applicables à tous les stimuli chimiques. Leur détection est assurée par des cellules sensorielles spécifiques possédant une projection centrale glomérulaire également spécifique. Chez plusieurs groupes d'insectes (blattes, abeilles, papillons), il existe un dimorphisme sexuel, le mâle possédant un macroglomérule différencié qui paraît être impliqué dans la reconnaissance spécifique du message phéromonal.

La plupart des vertébrés possèdent un équipement sensoriel olfactif de type généraliste dont le fonctionnement est relativement bien connu.

En revanche, on sait peu de chose de la reconnaissance des phéromones au-delà du système sensoriel périphérique. Certaines études électrophysiologiques réalisées actuellement sur l'organe voméronasal humain semblent montrer qu'il est stimulé par des molécules qui ne sont pas perçues par le système olfactif général.

Chez les mammifères, l'organe voméronasal a des connexions spécifiques avec l'aire préoptique de l'hypothalamus et une partie du système limbique. Ces voies font partie du complexe neuro-endocrinien lié à la GnRH (*gonadotropin releasing hormone*).

Il est intéressant de noter que les neurones à GnRH situés chez l'adulte dans l'hypothalamus proviennent de la placode olfactive au cours du développement fœtal.

L'épithélium olfactif de chaque narine communique avec le bulbe olfactif correspondant, dont la structure est connue avec beaucoup de précision. Retenons simplement que les axones des cellules sensorielles constituent la couche externe du bulbe qui recouvre les glomeruli. Un glomérule est une région sphérique dans laquelle se situent les contacts synaptiques entre quelques 25 000 cellules sensorielles et environ 25 cellules mitrales. Chaque cellule sensorielle pouvant établir un contact synaptique avec plusieurs cellules mitrales, chacune de ces cellules reçoit donc l'influx de 10 ou 20 milliers de cellules sensorielles.

Il s'agit là d'un très haut degré de convergence, même par rapport à ce que nous connaissons du système nerveux en général. Les axones des cellules mitrales se prolongent ensuite vers les centres supérieurs, régions subcorticales et corticales du cerveau, où s'effectue l'intégration.

• Les gènes des récepteurs

Au cours de ces dernières années, de nombreuses recherches ont été consacrées aux récepteurs olfactifs qui sont des glycoprotéines et aux gènes pouvant les coder. Une famille de gènes codant pour des récepteurs olfactifs a été clonée chez le rat, le chien, l'homme, la souris et le poisson-chat. Le rôle des protéines de transport des molécules odorantes (OBP, pour *olfactory binding protein*) reste mal connu. Elles permettent aux molécules liposolubles de traverser le mucus mais elles peuvent également servir à présenter les molécules odorantes aux récepteurs olfactifs.

Les gènes des récepteurs olfactifs ont été clonés par L. Buck et R. Axel à partir d'ARN de la muqueuse olfactive du rat en utilisant l'amplification en chaîne de la polymérase (PCR) et des amorces dégénérées correspondant aux segments les mieux conservés parmi les récepteurs couplés aux protéines G. La sélection des produits d'amplification a été faite en partant de l'hypothèse que les gènes codant pour les récepteurs olfactifs devaient être exprimés dans les neurones olfactifs et constituer une famille de gènes homologues. En fonction de ces critères, ces auteurs ont décrit le clonage de dix récepteurs complets et de huit séquences partielles. Par ailleurs, neuf autres séquences partielles ont été amplifiées par d'autres chercheurs. Une série de nouveaux récepteurs orphelins (dont les ligands ne sont pas identifiés) couplés aux protéines G ont été clonés par des chercheurs belges (M. Parmentier et son équipe) en utilisant la PCR à partir d'ADN génomique. Un des clones appartenant à une grande sous-famille de gènes n'est exprimé que dans le testicule. A partir de banques testiculaires et génomiques humaines, des clones semblables codant pour seize récepteurs apparentés au précédent ont été isolés. Il s'est avéré que les protéines codées par cette famille de gènes représentent l'équivalent humain des récepteurs olfactifs de rat. Plusieurs équipes ont commencé de déterminer l'organisation de la famille de gènes codant pour les récepteurs olfactifs dans le génome humain. Ils sont regroupés en un petit nombre de localisations sur les chromosomes 17 et 19.

Buck et Axel ont estimé que chez le rat, il y avait entre 200 et 400 gènes. Parmentier estime quant à lui à au moins 400 le nombre de gènes présents chez l'homme et le chien. Généralement, le chiffre admis est d'un millier pour les mammifères et d'une centaine pour les poissons. Les études par immunocytochimie et hybridation *in situ* montrent que chez le poisson-chat, chaque récepteur est exprimé dans un petit nombre de cellules réparties dans l'ensemble de la muqueuse.

Chez les rongeurs, souris et rat, la muqueuse olfactive peut être divisée en trois régions (supérieure, médiane, inférieure) d'avant en arrière et chaque récepteur n'est exprimé que dans une seule de ces régions.

Dans tous les cas, il est admis que chaque neurone olfactif n'exprime qu'un seul ou qu'un très petit nombre de récepteurs olfactifs différents.

Du point de vue fonctionnel, il faut admettre que tous les axones des neurones olfactifs exprimant le même récepteur convergent vers un glomérule unique au sein du bulbe olfactif pour que l'intégration des signaux soit cohérente. Cela suppose un déterminisme réciproque entre l'expression d'un récepteur particulier et la mise en place de la projection centrale du neurone. D'après ce que nous savons du développement du système olfactif, il apparaît que la connexion des neurones olfactifs avec le bulbe est faite avant que les récepteurs ne soient exprimés. Ce serait donc le contact synaptique qui déterminerait la nature du récepteur exprimé dans chaque neurone.

La biologie moléculaire a montré l'expression de certains récepteurs olfactifs dans le testicule du chien et la présence de la protéine correspondante sur la membrane des spermatozoïdes mûrs. Ces récepteurs qui appartiennent à la famille olfactive sont peu ou pas exprimés dans la muqueuse olfactive. Grâce à ces récepteurs, les spermatozoïdes détectent des messagers chimiques qui les guident vers l'ovule.

Tous les gènes des récepteurs olfactifs clonés à ce jour codent pour des protéines de 310 à 333 acides aminés avec un poids moléculaire de 34 à 38 KDa. Le pourcentage d'identité entre les récepteurs olfactifs et d'autres récepteurs couplés aux protéines G ne dépasse pas 30 %, prouvant qu'ils constituent une sous-famille bien définie des récepteurs à sept domaines transmembranaires.

La nature olfactive des récepteurs codés par cette famille de gènes n'a été démontrée que dans un seul cas : le récepteur OR5 d'une lignée cellulaire d'insecte a été exprimé et sur des préparations membranaires, on a pu obtenir une synthèse d'IP3 (inositol triphosphate) après stimulation par deux aldéhydes, le lyral et le lilial. Mais beaucoup d'essais avec d'autres systèmes de récepteurs ont échoué. Les récepteurs ne sont donc pas tous couplés à la cascade intracellulaire d'IP3. Nous pouvons supposer qu'ils sont couplés à l'autre cascade de l'olfaction (AMPc). Si ce n'est pas le cas, il faudrait postuler l'existence d'une autre famille de récepteurs mais la difficulté actuelle d'obtenir une réponse fonctionnelle d'un récepteur après expression de son gène peut être due à des aléas expérimentaux : grande variété des ligands/odeurs potentielles; absence de facteurs protéiques additionnels nécessaires à la réponse.

Comme dans la transduction des signaux visuels et hormonaux, la phosphorylation des récepteurs joue un rôle déterminant dans les mécanismes de transduction du signal. L'inhibition de la kinase dépendante de l'AMPc augmente la durée de la réponse (augmentation de l'AMPc intracellulaire) à certains odorants. De même, les inhibiteurs de la protéine kinase C induisent une augmentation prolongée d'IP3 en réponse à des molécules odorantes. Des sites de phosphorylation potentiels qui peuvent être responsables de cette régulation sont présents dans tous les récepteurs dont on a cloné les gènes.

Le clonage de la famille de gènes codant pour les récepteurs olfactifs représente un grand pas vers la compréhension de la physiologie de l'olfaction mais beaucoup de questions se posent encore concernant la corrélation entre les récepteurs et le fonctionnement de l'olfaction. D'ici peu, nous disposerons d'estimations plus précises sur le nombre de gènes impliqués et sur l'organisation de ces gènes dans le génome de différentes espèces de vertébrés. Chez l'abeille, à l'aide d'amorces dégénérées établies à partir de séquences de mammifères, l'équipe de

Claudine Masson a amplifié par PCR et cloné quatre fragments d'ADN ressemblant à des gènes de récepteurs aux odeurs.

E. Danty a montré que les quatre séquences obtenues présentent de très fortes similarités avec celles des récepteurs olfactifs des vertébrés tant au plan structural (récepteurs à sept domaines transmembranaires), que génétique (homologie de séquences, famille multigénique). Ces quatre clones représenteraient trois sous-familles distinctes.

• Le fonctionnement des récepteurs

En recueillant les réponses électriques individuelles de neurorécepteurs stimulés par une large variété de molécules odorantes, on observe qu'ils n'ont pas une sensibilité très sélective et sont stimulés par des molécules très différentes. Autrement dit, soit les récepteurs sont peu sélectifs, soit ils expriment plusieurs types de sélectivité. Les données de la biologie moléculaire ne permettent pas de choisir entre les deux hypothèses mais elles ont considérablement modifié les schémas existants. Pour les spécialistes de l'olfaction, le postulat de départ était qu'il n'existait qu'un nombre limité de récepteurs, au plus quelques dizaines (un millier selon les données de la biologie moléculaire). Une molécule odorante devait nécessairement activer plusieurs récepteurs.

Dans ce contexte, il était difficile d'expliquer qu'une faible modification apportée à une molécule change profondément son odeur. Dans le cas des anosmies, on comprenait mal qu'un homme ou un animal ne perçoive pas, ou seulement à très forte concentration, une molécule alors que par ailleurs ses performances olfactives étaient normales. Il était admis qu'il existait un codage plurineuronal. Les neurophysiologistes considèrent que le système olfactif périphérique est hétérogène quant aux solutions adoptées pour reconnaître au niveau moléculaire les différentes molécules odorantes. Des récepteurs très spécifiques doivent coexister avec des récepteurs peu spécifiques. Les axones de plusieurs centaines de neurorécepteurs convergent, dans les glomérules, sur chacun des neurones de deuxième ordre, les cellules mitrales. Or, on a montré que ces cellules mitrales ont la même sensibilité multiple que les neurorécepteurs. Il faut donc renoncer à considérer le système olfactif comme un faisceau de voies parallèles conduisant des messages bien précis dès leur origine. Un récepteur détecte plusieurs odorants et même si le stimulus est une molécule très pure, il est reconnu par plusieurs types de récepteurs qui ne lui sont pas spécifiquement dédiés.

48. Au niveau du bulbe olfactif, la réponse à une molécule est une mosaïque constituée par l'ensemble des réponses des récepteurs stimulés. Le code de la molécule est l'image ainsi créée, qui est transférée à la surface du bulbe olfactif.
Deux rats ont subi une injection de (^{14}C)2-désoxyglucose puis sont soumis à une stimulation olfactive de 45 minutes : en A, avec de la cyclohexanone, en B, avec l'air non filtré du laboratoire. Les images obtenues (bulbes olfactifs droits des deux rats vus par leur face médiane) correspondent à un montage tridimensionnel où le taux de radioactivité accumulé par chacun des glomérules est proportionnel à son activité pendant la stimulation. Cela permet de visualiser les glomérules sélectivement activés par les deux odeurs.
Les différentes densités optiques ont été transformées en fausses couleurs selon les valeurs décroissantes d'intensité : rouge, rose, jaune, bleu, gris, blanc.
Clichés : F. Jourdan et M. Magnin.

Les neurophysiologistes ont essayé de déterminer comment les réseaux de neurones qui reçoivent un message assez flou peuvent restituer un message précis à l'individu. La théorie du «codage spatial de l'information olfactive» peut expliquer ce phénomène. La réponse à chaque molécule est une mosaïque constituée par l'ensemble des réponses des récepteurs stimulés. Le code de la molécule est l'image ainsi créée qui est transférée à la surface du bulbe olfactif. Des techniques permettent de visualiser ce phénomène : dans l'exemple présenté, François Jourdan injecte à deux rats du (^{14}C)2-désoxyglucose puis les soumet à une stimulation olfactive de 45 minutes; dans un cas c'est de la cyclohexanone, dans l'autre cas c'est l'air non filtré du laboratoire. Les images obtenues correspondent à un montage tridimensionnel où la quantité de radioactivité accumulée par chacun des glomérules est proportionnelle à son activité pendant la stimulation. Cela permet de visualiser les glomérules sélectivement activés par les deux odeurs qui forment des motifs spécifiques. Le nombre de ces mosaïques est quasi illimité et cela peut expliquer la capacité du système olfactif à discriminer une immense variété d'odeurs simples ou complexes.

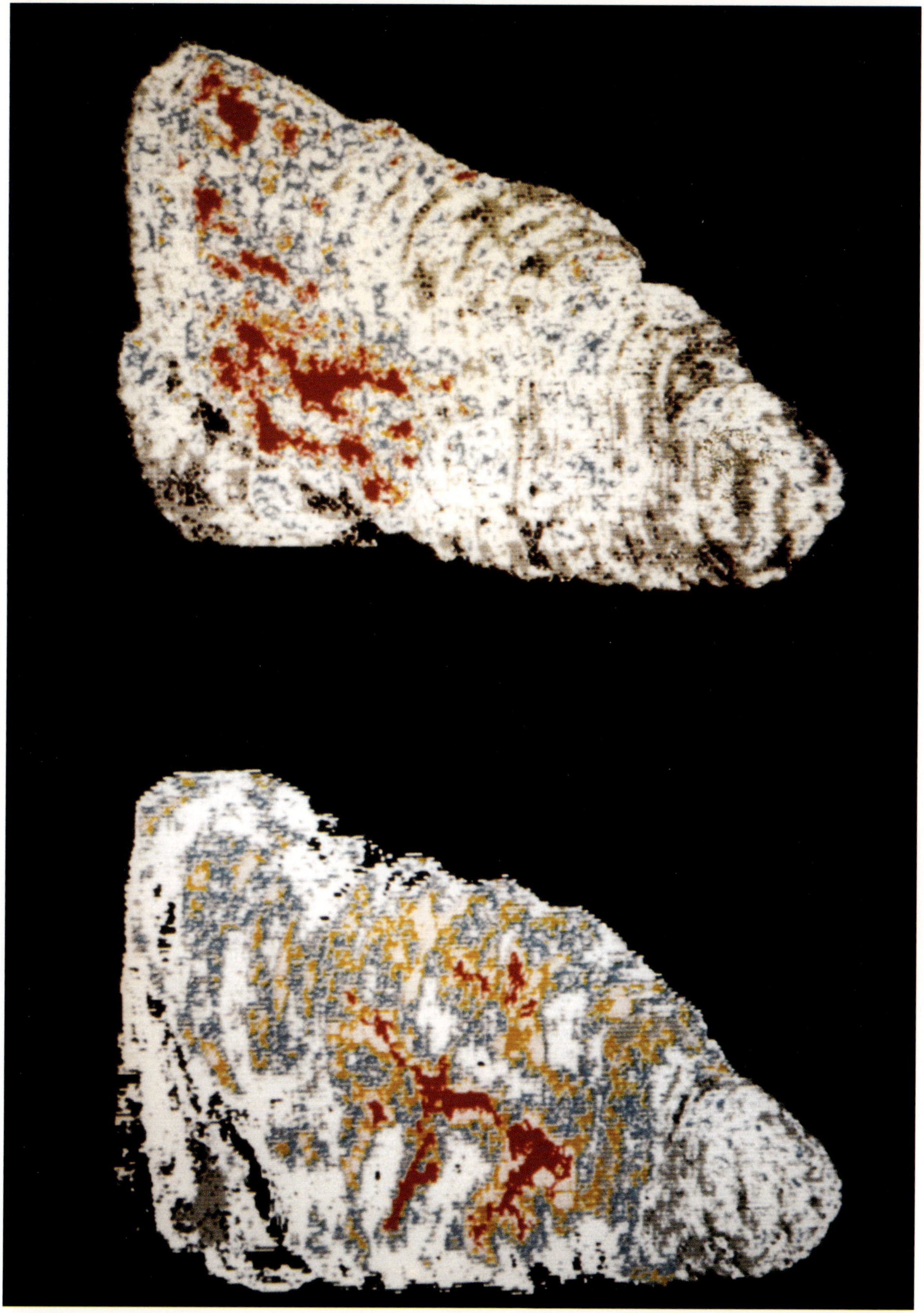

3

LES PHÉROMONES : BASES CHIMIQUES DU COMPORTEMENT ET DE LA VIE SOCIALE

La reconnaissance de l'autre, reconnaissance inter et intraspécifique

Dans le monde vivant, la reconnaissance de l'autre est la base de toute forme d'organisation sociale et repose pour de nombreuses espèces sur la communication chimique. Dans certains cas, une phéromone va déclencher une réponse déterminée sans qu'il y ait de rencontre ultérieure entre l'émetteur et le destinataire du message chimique. Cela suppose une très grande spécificité de la phéromone qui possède alors une double fonction : signal de reconnaissance et déclencheur. C'est le cas chez de nombreux invertébrés, notamment chez beaucoup d'organismes marins qui émettent une phéromone sexuelle provoquant la libération à distance des gamètes du partenaire.

Mais dans la majorité des cas, la reconnaissance a lieu à faible distance ou par contact, même si le stimulus qui réunit les deux individus est dû à une phéromone que l'un des deux a perçu de très loin. Un mâle de papillon est attiré à distance par la phéromone d'une femelle de son espèce mais arrivé près d'elle, d'autres signaux chimiques interviennent dont dépendra le succès de l'accouplement. Un mâle de cerf peut percevoir la présence d'une femelle prête à s'accoupler mais cela ne présage en rien de la suite des événements car il faut ensuite que la femelle le reconnaisse et l'accepte.

Chez les termites, où nous verrons que les phéromones de pistes sont peu spécifiques, des ouvriers peuvent par hasard trouver et suivre une piste d'une autre espèce, ce qui les conduira parfois à se faire massacrer lorsqu'ils seront reconnus comme des étrangers. Des signaux chimiques permettent la reconnaissance entre les individus de la même espèce. A l'intérieur de l'espèce, ils permettent la reconnaissance du statut et/ou de l'état physiologique des congénères et chez certains groupes, l'identification de chaque individu. Des signaux chimiques caractérisent le territoire, le groupe, la colonie, le nid.

• Reconnaissance et signature chimique chez les insectes

La reconnaissance inter et intraspécifique chez les insectes est actuellement très étudiée. La cuticule des insectes est recouverte d'une couche de cires qui en particulier la rend imperméable. Un pourcentage important de ce qu'on appelle communément les cires cuticulaires est constitué d'un mélange d'hydrocarbures. Ces hydrocarbures ont en général 20 à 30 atomes de carbone, et sont saturés ou insaturés, linéaires ou ramifiés. Selon les insectes, ces hydrocarbures sont plus ou moins nombreux, 30 à 50, et plus ou moins abondants. Chez plusieurs groupes (blattes, criquets, termites, fourmis...), il est apparu que chaque espèce possède un assortiment ou «profil» caractéristique, désigné par le terme de «signature chimique» *(chemical visa)* proposé par

Jean-Luc Clément à la suite d'études sur les relations interspécifiques chez les termites.

Chez les termites et les fourmis, c'est incontestablement cette signature qui est à la base de la reconnaissance interspécifique, cette dernière s'effectuant par chémoréception de contact, essentiellement au niveau des antennes : un leurre recouvert d'hydrocarbures extraits d'une espèce étrangère déclenche l'agressivité d'un individu dès qu'il le touche de ses antennes. A l'intérieur des colonies de termites, chaque caste présente une variante de la signature de base de l'espèce, permettant une reconnaissance intraspécifique. Un ouvrier peut ainsi connaître le statut de l'individu qu'il côtoie, savoir s'il s'agit d'un autre ouvrier, d'une nymphe ou d'un soldat.

Chez les fourmis, il arrive que deux espèces cohabitent et l'étude de ces colonies mixtes a montré que les deux espèces avaient la même signature d'hydrocarbures cuticulaires. Les nids des insectes sociaux «accueillent» de très nombreux petits arthropodes commensaux qui vivent en partie ou totalement aux dépens de leurs hôtes. On a par ailleurs observé que plusieurs coléoptères commensaux avaient la même signature d'hydrocarbures cuticulaires que leur fourmi hôte. Dans les deux cas, des expériences ont montré que les fourmis et les coléoptères commensaux avaient des profils bien spécifiques lorsqu'ils étaient élevés en dehors du nid de la fourmi hôte.

Dans les deux cas, le problème posé est le même : comment un insecte étranger peut-il acquérir la signature de son hôte ? Par contact, à force de se frotter contre le corps de son hôte ou contre les parois des galeries, ou en synthétisant *de novo* les mêmes hydrocarbures cuticulaires que ceux qui composent la signature de l'hôte ? Dans le cas des colonies mixtes de fourmis, il semblerait que l'espèce étrangère modifie sa propre signature pour mimer celle de l'autre. Ce qui signifie que la fourmi étrangère serait capable d'«effectuer une analyse» complète des hydrocarbures cuticulaires, puis d'en faire la biosynthèse, et supposerait l'expression, chez l'adulte, de gènes normalement non exprimés, codant pour les enzymes nécessaires à ces biosynthèses complexes.

Chez d'autres groupes, comme les blattes, ces signatures d'hydrocarbures cuticulaires semblent n'être que des phénotypes sans rôle direct dans la reconnaissance qui pourtant se fait également par chémoréception de contact. Les signaux chimiques spécifiques seraient des produits plus polaires adsorbés dans les cires cuticulaires. Une des plus anciennes techniques utilisées par les parfumeurs pour piéger l'odeur des fleurs est l'enfleurage : les fleurs sont placées sur de minces couches de cire, la cire adsorbant les molécules volatiles que le parfumeur récupère par distillation. Les cires cuticulaires constituent un excellent adsorbant et chaque fois qu'un individu émet une phéromone ou une sécrétion défensive, qu'il est en contact avec une plante hôte, de la nourriture, un congénère ou ses excréments, sa cuticule adsorbe un peu de ces odeurs. L'insecte acquiert ainsi une odeur très complexe et s'il vit en groupe ou en colonie, ses congénères partageant les mêmes conditions auront la même odeur.

Chez les insectes grégaires ou sociaux, l'odeur du groupe ou du nid résulte certainement de la même «alchimie». Dans le cas du nid des insectes sociaux, les matériaux de construction, «carton» ou terre, sont toujours malaxés avec de la salive et outre leur odeur propre, ils doivent également être imprégnés de l'odeur des insectes. Chez les abeilles solitaires, les cellules du nid sont tapissées par une sécrétion très particulière produite par les glandes de Dufour et chez l'abeille domestique, les rayons en cire sont d'extraordinaires pièges à odeurs. Dans ces conditions, il n'est pas étonnant qu'il existe une reconnaissance du nid.

• Reconnaissance chimique chez les poissons

Chez certains poissons comme le silure nord-américain *Ictalurus natalis* par exemple, il existe une reconnaissance intraspécifique purement olfactive. C'est-à-dire que si deux individus sont élevés ensemble puis séparés, ils seront capables de reconnaître un échantillon d'eau dans laquelle aura séjourné l'autre. Dans le cas où deux mâles sont élevés ensemble, l'un des deux devient dominant. Celui qui est dominé, isolé dans un aquarium, fuit dès qu'on verse de l'eau dans laquelle aura séjourné le dominant. Un autre poisson, le gobie aveugle *Typhlogobius californiensis*, vit en couple dans un terrier. Si un mâle étranger essaye de pénétrer, il sera chassé par le mâle; si c'est une femelle qui tente de pénétrer, elle sera chassée par la femelle. Dans les deux cas, ce sont des signaux chimiques non encore identifiés qui permettent la reconnaissance.

• Marquage chimique et reconnaissance olfactive chez les mammifères

Chez les mammifères, il existe presque toujours une reconnaissance olfactive des nouveaux nés par la mère qui par contre ignore ou même agresse d'autres petits de la même espèce. Chez les adultes, les phéromones permettant la reconnaissance peuvent émaner directement de l'ensemble du corps comme c'est le cas chez de nombreux primates : il y a alors approche directe et une fois proches l'un de l'autre, les individus vont renifler différentes zones glandulaires bien déterminées. Dans la plupart des cas, un individu perçoit d'abord les marques olfactives laissées par un autre et il sait à l'avance «qui» il va rencontrer.

La vision mais également des signaux chimiques interviennent lors de la rencontre. Le marquage est un signal de reconnaissance, le plus souvent laissé par un mâle, et lié à la notion de territoire. La réponse à ce premier message chimique consiste le plus souvent à le recouvrir de sa propre marque : c'est ce que fait le chien qui systématiquement urine sur les marques d'un congénère.

Au sein des groupes de vertébrés, il existe souvent une hiérarchie de dominance et à un moment déterminé, chaque individu a un statut précis qui peut être décelé par les autres grâce aux marques olfactives qu'il laisse. Généralement, chez les dominants, les glandes servant au marquage sont hypertrophiées et ce comportement est plus fréquent que chez les dominés. La reconnaissance des individus au sein du groupe assure une certaine stabilité sociale entre des individus qui hors du groupe seraient des adversaires potentiels. Il est souvent difficile de savoir si un individu reconnaît individuellement ses congénères ou s'il reconnaît surtout une odeur commune à tout le groupe, résultant de l'addition de plusieurs phéromones qui forment un complexe odorant.

Les lapins et les musaraignes déposent des odeurs sur différents objets de leur environnement et également sur leurs congénères. Chez le phalanger, un marsupial proche de l'opossum, le mâle dominant marque tous les individus de son groupe. Les jeunes reconnaissent les individus qui les entourent d'abord comme des membres du groupe avant de les reconnaître individuellement. Les mammifères qui possèdent un habitat temporaire ou permanent ont des comportements de marquage spécifiques selon qu'ils s'adressent à des congénères ou a des étrangers.

Un mammifère capturé placé dans un environnement étranger va le marquer de façon intensive. Sans tomber dans l'anthropomorphisme, il est certain que le fait de retrouver ses propres marques est sécurisant pour l'animal qui retrouve ainsi un environnement olfactif familier. Certaines espèces de prosimiens comme le loris pratiquent un marquage systématique grâce auquel les aires de récolte de nourriture sont reliées aux zones de repos par des traces d'urine. Pour ce faire, l'animal urine sur une de ses mains puis les frotte ensemble et ensuite se frotte les pieds; le marquage laissé est pratiquement continu dans l'espace.

• Marquage olfactif chez le lapin

Un siècle après son introduction en Australie, l'extraordinaire prolifération du lapin *Oryctolagus cuniculus* pose un réel problème qui justifie les études approfondies réalisées, notamment celles de l'équipe de R. Mykytowycz. Bien qu'aucune phéromone spécifique n'ait été identifiée, nous savons que certaines d'entre elles permettent la reconnaissance de l'âge, du sexe, de la maturité sexuelle, qu'elles sont susceptibles d'avertir les congénères en cas de danger et qu'elles servent à délimiter les territoires.

L'aire sur laquelle se nourrit le lapin est beaucoup plus vaste que son territoire. Si la nourriture est peu abondante, non seulement le territoire est très ardemment défendu, mais les résidents empêchent l'installation de nouveaux venus. Les lapins vivent en groupe et occupent un terrier central desservi par plusieurs entrées. Au moment de la reproduction, les mâles combattent pour établir une hiérarchie de dominance, de même que les femelles. Le couple dominant règne sur la colonie mais de fréquents combats sont nécessaires pour maintenir cette hiérarchie. Les femelles de haut rang se reproduisent plus régulièrement et creusent la chambre qui sert aux nouveau-nés dans le terrier central. Les femelles de rang social inférieur sont chassées du terrier central et vont mettre bas dans de petits terriers qu'elles creusent à 10, parfois 50 mètres du terrier principal. Les jeunes, très vulnérables à la prédation par les renards et les corbeaux, sont chassés par les femelles de haut rang du groupe s'ils essayent de pénétrer dans le terrier central. Le comportement d'un individu qui pénètre dans un territoire étranger témoigne d'une grande «inquiétude» : il cesse de se nourrir et dès que survient un mâle, il

49, 50. De nombreux mammifères marquent leur territoire avec leurs excréments. Dans le cas de la loutre (49) et de la martre (50), les excréments sont déposés bien en évidence sur des pierres, et servent de «balise» sur le trajet emprunté par ces animaux.
Clichés D. Sirugue.

51, 52. Un blaireau, très méfiant, «prend le vent» avant de quitter son terrier. Habitué à un environnement olfactif familier, il peut détecter la présence d'un intrus à son odeur. Clichés D. Sirugue.

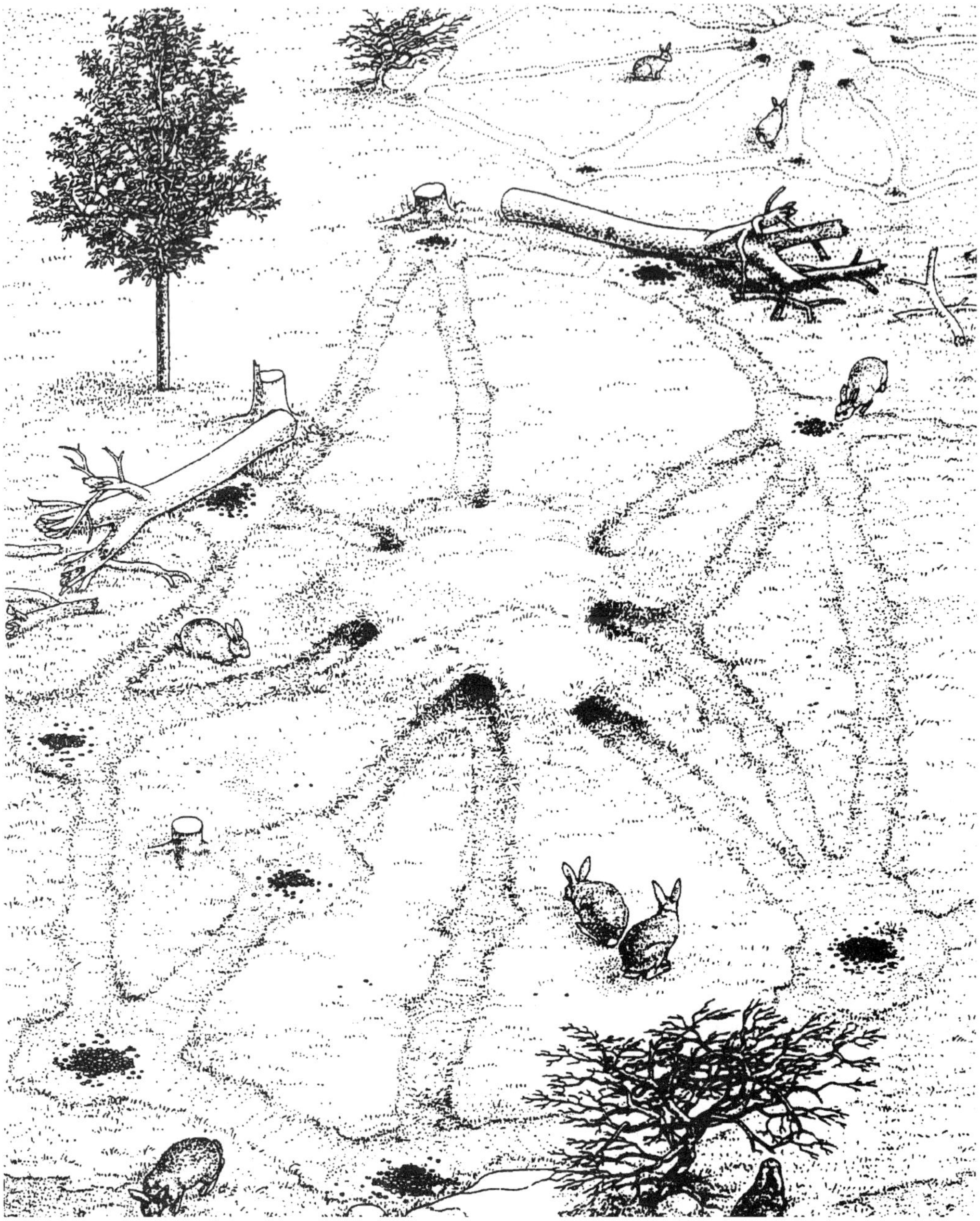

53. Marquage olfactif du territoire et des congénères chez le lapin. Les lapins vivent en colonie et occupent un territoire avec un terrier central desservi par plusieurs entrées. L'ensemble du territoire est marqué olfactivement par de l'urine. Les chemins conduisant au terrier sont jalonnés par des boulettes fécales imprégnées par la sécrétion des sacs anaux. Les mâles utilisent des glandes situées sous le menton pour marquer des objets difficiles à atteindre avec de l'urine et des excréments (troncs, branches, buissons...), mais également pour imprégner leurs propres boulettes fécales, les femelles et les jeunes. R. Mykytowycz, *Scientific American*, n° 218, 1968.

n'offre aucune résistance, même s'il était le dominant de son groupe. Tout le territoire est imprégné par l'odeur du groupe dont un composant essentiel est l'odeur d'urine. Le mâle urine sur la femelle et sur les autres mâles pendant les combats et les jeunes sont également marqués de cette façon.

Un autre composant de l'odeur du groupe provient des excréments, plus exactement de la sécrétion des sacs anaux qui se déverse dans le rectum et enveloppe les boulettes fécales. La «phéromone anale», qui se retrouve dans les amas d'excréments déposés autour du terrier dont le nombre peut aller jusqu'à trente, sert d'avertisseur. Le terrier où séjournent les nouveau-nés est fermé par de la terre que la femelle déblaie chaque fois qu'elle doit allaiter. En refermant le terrier, elle dépose quelques boulettes fécales et urine sur la terre avec laquelle elle a rebouché la galerie.

Il y a par ailleurs une corrélation très nette entre la taille des glandes anales et le statut d'un individu donné. Elles atteignent leur taille maximale au moment de la reproduction et sont toujours plus volumineuses chez le mâle. La phéromone anale et l'urine marquent l'ensemble du territoire. Pour marquer des points particuliers comme un tronc, une branche, une touffe d'herbe, les lapins mâles utilisent également des glandes situées sous le menton et qui produisent des sécrétions qui durcissent et collent aux poils : les glandes sont perceptibles sous la peau et, par pression, la sécrétion qui sort par une rangée semi circulaire de petits pores peut être extraite. Grâce à cette sécrétion inodore pour l'homme, mais qui semble perçue par olfaction chez le lapin, le mâle marque non seulement les objets difficiles à marquer avec de l'urine ou des excréments mais également ses propres boulettes fécales et celles des autres lapins. Il marque également ses femelles et les jeunes. Une dizaine de substances ont été identifiées dans ces sécrétions, mais il ne s'agit probablement pas des substances actives.

Ce comportement est beaucoup plus fréquent chez les mâles dominants. L'organisation sociale du lapin repose donc en grande partie sur l'utilisation de la communication chimique qui se traduit ici surtout par le marquage et l'odeur du groupe. En repoussant les étrangers, en excluant les femelles dominées et leur descendance, le lapin arrive ainsi à maintenir une densité de population compatible avec les ressources disponibles sur son territoire.

• Surpopulation, effet de groupe et phéromones modificatrices

On a observé que la litière ou l'urine de femelles dominantes ralentit la maturation sexuelle chez les femelles du campagnol *Microtus pinetorum* ou de la souris à pattes blanches *Peromyscus leucopus*, et repousse la puberté des femelles de la souris blanche. Chez les mammifères vivant en sociétés plus structurées, les phénomènes de dominance suppriment l'accès à la sexualité d'un certain nombre d'individus. Une simple intervention du ou des dominants peut faire cesser le comportement de parade d'un dominé comme on l'observe chez les mâles de la mangouste *Helogale parvula*. Mais cela ne modifie en rien sa physiologie sexuelle alors que chez les femelles de la même espèce, le comportement agressif de certaines d'entre elles peut bloquer la reproduction.

Chez les mammifères, la surpopulation agit principalement sur la reproduction des femelles et comme chez les insectes, on parle d'effet de groupe. Nous verrons qu'il existe également chez les insectes des mécanismes de régulation de la population lorsque la densité devient trop élevée.

Chez la souris, l'odeur de congénères groupés retarde le développement des organes génitaux des mâles comme des femelles et perturbe la gestation des femelles pleines. C'est l'urine qui véhicule les substances odorantes responsables de ces phénomènes. En l'absence de mâle, l'œstrus disparaît dès que plus de quatre souris sont groupées ensemble (effet de Lee-Boot). Toujours chez la souris, si dans un couple dont la femelle est en gestation depuis trois ou quatre jours, on remplace le mâle par un mâle étranger, la femelle avorte (effet de Bruce). En fait, il suffit même de retirer le mâle et d'introduire de l'urine d'un mâle étranger pour qu'elle avorte et dans tous les cas, il a été prouvé que c'est l'organe voméronasal qui reçoit les signaux chimiques. Une certaine stabilité sociale est donc indispensable pour que la reproduction se déroule dans de bonnes conditions et des phéromones paraissent être les messagères de cette stabilité.

De la même façon, dans les conditions normales, l'agressivité permet de normaliser les relations conflictuelles entre les congénères. La surpopulation stimule l'agressivité et on a constaté que plus la densité de population et l'agressivité induite sont élevées, plus le cortex surrénalien est épais et les testicules petits. Ce phénomène est induit par des molécules odorantes provenant des glandes sexuelles mâles; des castrats groupés ne sont en effet pas agressifs. Il est intéressant de noter que dans les cas de pullulations occasionnelles observées chez les rats, les campagnols et les lemmings, on constate un hyperfonctionnement des corticosurrénales entraînant une diminution du glycogène du foie et aboutissant à une hypoglycémie qui, par ses séquelles, conduit à la mort.

Toutes ces observations ont fait l'objet de nombreuses spéculations, parfois empreintes d'un certain finalisme. Bien que les processus des interactions restent mal connus dans le détail, on peut néanmoins admettre que des facteurs liés à l'environnement (ceux qui vont conduire à la surpopulation) agissent sur l'organisation sociale (déréglée par la surpopulation) qui elle-même agit *via* des messagers chimiques sur la physiologie de l'individu. Dans ce cas, les phéromones urinaires jouent le rôle de phéromones modificatrices.

Grégarisme et effets de groupe chez les insectes

• Le grégarisme

Le grégarisme a été défini par Grassé comme la tendance, chez certains animaux, à former un groupe sous l'empire de l'attraction réciproque. Les stimuli responsables de cette attraction réciproque ou interattraction peuvent être de nature olfactive, tactile ou visuelle. Nous n'envisagerons ici que les cas où les stimuli olfactifs jouent un rôle prépondérant.

Le grégarisme est un phénomène très répandu dans tous les ordres d'insectes, mais il existe peu de groupes où les phéromones grégaires *stricto sensu* (phéromones produites par tous les insectes d'un groupe et qui en maintiennent la cohésion) ont été mises en évidence et identifiées. Les blattes constituent un bon modèle pour étudier le grégarisme : larves et adultes forment des groupes stables dans le temps et dans l'espace et des phéromones grégaires ont été identifiées chez plusieurs espèces.

Chez de nombreux insectes, seules les larves sont grégaires. Les agrégations sont souvent spectaculaires mais les facteurs qui déterminent leur formation restent mal connus. Chez la plupart des autres insectes grégaires, il n'existe pas de phéromone grégaire spécifique; d'autres signaux chimiques, indirectement, jouent ce rôle, les phéromones sexuelles notamment. Aucune phéromone grégaire n'a été identifiée chez les hémiptères où pourtant de nombreuses espèces vivent en groupe. Mais l'existence de systèmes d'alarme et de défense collectifs montre leur profonde adaptation à la vie en groupe.

Le grégarisme est également utilisé comme une stratégie permettant une meilleure utilisation ou un meilleur partage des ressources alimentaires. Sous peine de disparaître, les groupes d'insectes doivent être capables de contrôler la densité de leur population. Sous le terme général d'«effets de groupe», on rassemble tous ces phénomènes de régulation qui s'accompagnent parfois de modifications de la morphologie et de la physiologie pouvant aboutir à un véritable polyphénisme, le cas le plus classique restant celui des criquets.

• Le grégarisme chez les blattes

Le grégarisme est un élément fondamental de la biologie des blattes. Chez l'espèce *Eublaberus distanti*, qui vit dans les grottes de l'île de Trinidad, la phéromone grégaire est produite par les glandes mandibulaires. Il s'agit d'un mélange d'undécane, de 4-heptanone, de 2,6 diméthyl-4-heptanone et d'octanol. Beaucoup d'espèces de blattes ne possèdent cependant pas de glandes mandibulaires et on ne connaît pas l'origine de la phéromone grégaire.

Chez *Eublaberus distanti*, la spécificité des phéromones grégaires a été confirmée par des expériences sur le terrain : des individus badigeonnés avec des extraits d'autres espèces de blattes vivant dans les mêmes grottes et réintroduits dans leur groupe d'origine sont chassés par leurs congénères. Les groupes de blattes sont très stables et s'ils sont dispersés, ils se reforment en quelques heures, ce qui suggère l'existence d'une forme de reconnaissance du groupe. Si dans une grotte on introduit des groupes provenant d'autres grottes, ils ne s'intègrent pas aux groupes existants, ce qui renforce l'hypothèse d'une reconnaissance intraspécifique, de l'existence d'une «odeur de famille».

Chez les adultes, l'émission d'une phéromone d'alarme par l'individu attaqué ne lui sauve pas la vie mais provoque la dispersion du groupe. Un comportement faisant preuve d'un tel «altruisme» témoigne d'une profonde adaptation à la vie en groupe. Tous ces faits montrent que certaines espèces de blattes sont à la frontière entre le grégarisme et un mode de vie sub-social.

• Grégarisme et pullulations

Chez les diptères, on a mis en évidence, sans l'identifier, une phéromone grégaire chez les larves de tipules, insectes plus connus sous le nom de «cousins», dont la morphologie évoque celle d'un gros moustique avec de très longues pattes. Chez les larves de Lycoriidés (genres *Lycora* et *Sciara*), de grands rassemblements sont décrits, avec des milliers d'individus entassés sur plusieurs couches, réunis par une sécrétion gluante, et se déplaçant en formant un ruban de quelques centimètres de large, parfois sur plusieurs mètres de longueur. Ils résulteraient de la fusion de groupes de larves issues d'une multitude de pontes. Les stimuli olfactifs jouent un rôle important dans ces rassemblements qui restent toutefois des phénomènes occasionnels.

Chez les hyménoptères, les larves de tenthrèdes (fausses chenilles) forment des groupes très denses, remarquables par la synchronisation des mouvements des individus du groupe. Ils ont été étudiés en raison de leur importance économique (tenthrède du pin en Amérique du Nord, *Gilpinia hercyniae*; diprion du pin en Europe, *Neodiprion sertifer*). Si l'existence d'une phéromone grégaire reste à démontrer, le grégarisme n'en est pas moins obligatoire. Les jeunes larves sont incapables d'attaquer les aiguilles de pin dont elles se nourrissent, et dépendent donc pour leur alimentation des larves plus âgées qui, elles, peuvent attaquer les aiguilles. Les produits volatils émis par les tissus endommagés jouent un rôle important dans l'attraction des larves et dans la formation de ces groupes. Nous retrouvons un phénomène identique chez les chenilles de lépidoptères des genres *Euproctis* et *Chilo.*

Chez certains lépidoptères, il existe un grégarisme larvaire très spectaculaire comme chez la processionnaire du pin *Thaumetopoea pityocampa* où ce sont des phéromones et des stimuli tactiles qui guident les chenilles. L'existence de phéromones a été mise en évidence chez d'autres espèces grégaires comme les livrées (Lasiocampidés). Les chenilles urticantes de ces espèces construisent des nids en soie bien visibles sur les arbres attaqués, avec tout un réseau de pistes reliant ces nids entre eux et au sol. Les chenilles sont nommées processionnaires en raison des immenses processions qu'elles forment en se déplaçant.

Chez les chenilles de *Malacosoma americanum*, une phéromone sécrétée par le sternite du dernier segment abdominal, le 5 β-cholestane-3,2,4-dione, est déposée sur les fils de soie reliant le nid aux sources de nourriture et sert de phéromone de piste.

• Grégarisme et comportement sexuel

Chez beaucoup d'espèces, la phéromone grégaire joue indirectement le rôle d'une phéromone sexuelle. Chez les collemboles, insectes aptères très primitifs chez lesquels il n'existe ni comportement sexuel ni accouplement, le mâle dépose une goutte de sperme

54. Chez la processionnaire du pin, ici l'espèce *Thaumetopea pityocampa*, il existe un grégarisme larvaire très spectaculaire. Ce sont des stimuli tactiles et une phéromone qui maintiennent la continuité des très longues colonnes si caractéristiques. Cliché O. Odin.

sur un pédicule. La femelle introduit ensuite cette goutte de sperme dans son orifice génital. Chez certaines espèces, l'existence d'une phéromone grégaire a été démontrée, qui attire mâles et femelles sur un même site, là où les mâles vont déposer leur sperme.

Chez l'abeille *Colletes thoracicus*, les premiers mâles éclos se rassemblent au-dessus des lieux de pontes voisins et déterrent les adultes mâles ou femelles sur le point d'éclore qu'ils repèrent grâce à une odeur caractéristique (linalool, néral, géranial) produite par une phéromone grégaire sécrétée par les glandes mandibulaires. L'accouplement a lieu aussitôt après. En termes de sélection sexuelle, cela leur confère un avantage sur les mâles qui naissent ensuite et sont en compétition pour les femelles.

L'existence d'une phéromone grégaire n'exclut pas l'existence de phéromones sexuelles et les deux peuvent être nécessaires au succès de l'accouplement. C'est le cas dans les groupements sexuels de mâles appelés *leks*, mot d'origine suédoise qui désigne des groupes de mâles émettant simultanément leur phéromone sexuelle. Ils émettent d'abord une phéromone qui attire les autres mâles; il s'agit en quelque sorte d'une phéromone grégaire qui n'attire que les congénères du même sexe.

55. Après le coucher du soleil, le mâle du papillon *Eustigmene acram* se pend à une plante et gonfle ses corematas qui émettent une phéromone attirant d'autres mâles. Ces derniers émettent à leur tour leur phéromone. Les groupes de mâles en appel sont appelés *leks*. Cliché M. Birch.

Chez le papillon *Eustigmene acram*, juste après le coucher du soleil, le mâle se pend à une plante et gonfle ses énormes coremata. Une phéromone non identifiée attire les autres mâles qui viennent se pendre près du premier et dévaginent à leur tour leur coremata. Les femelles sont ensuite attirées par ces mâles en appel. Plus tard dans la nuit, elles émettent à leur tour leur phéromone sexuelle et l'accouplement a lieu. Les *leks* sont fréquents chez les diptères, en particulier chez de nombreuses espèces de drosophiles tropicales et chez les hyménoptères.

Chez plusieurs espèces d'abeilles solitaires, les mâles cherchent, pour se fixer, des supports verticaux dominant le milieu environnant (tiges de graminées par exemple). Les groupes de mâles d'halictes, décrits autrefois comme des rassemblements de sommeil, évoquent ces *leks* et mériteraient d'être réétudiés sous cet angle.

• Coléoptères des produits stockés, scolytes parasites des conifères

On regroupe sous la désignation «coléoptères des produits stockés» six familles : *Dermestidae*, *Bruchidae*, *Anobiidae*, *Bostrichidae*, *Tenebrionidae* et *Cucujidae*, assez différentes du point de vue systématique, mais qui causent toutes des dégâts considérables dans les entrepôts et les silos. Ces insectes sont passés maîtres dans l'exploitation de ressources abondantes mais très dispersées géographiquement. Pour tirer un avantage sélectif de ces lieux privilégiés, ils doivent être capables de les exploiter au maximum. Pour cela, ils disposent d'un système de communication chimique élaboré. Les coléoptères dont la durée de vie adulte est courte *(Dermestidae*, *Bruchidae*, *Anobiidae)* ne se nourrissent pas et utilisent des phéromones sexuelles.

Chez les coléoptères à durée de vie longue et qui s'alimentent *(Bostrichidae*, *Tenebrionidae*, *Cucujidae)*, l'un des rôles essentiels de la phéromone grégaire mâle est de signaler la présence de nourriture aux congénères. Cette phéromone ne joue qu'un rôle limité et indirect dans le rapprochement des sexes. Chez *Tribolium*, et certainement chez d'autres genres, c'est une phéromone sexuelle femelle qui est utilisée au moment de l'accouplement.

Chez *Cryptolestes*, des macrolides cycliques sont émis par les deux sexes et attirent les deux sexes.

Chez *Tenebrio molitor*, le ver de farine ou ténébrion meunier, il existe une phéromone grégaire produite par les deux sexes : les mâles produisent une phéromone sexuelle (mélange d'esters d'acides gras) qui n'attire que les femelles et les femelles produisent une phéromone sexuelle qui n'attire que les mâles.

Chez les scolytes, le grégarisme est une stratégie qui permet à l'insecte de dominer les défenses de l'hôte. On observe trois phases successives dans l'attaque d'un arbre par les scolytes. Lors de l'attraction primaire, l'arbre produit des kairomones qui renseignent l'insecte sur son état physiologique et l'induisent à s'y installer. Une fois installés, les individus de l'un des deux sexes produisent une phéromone grégaire qui déclenche l'arrivée en masse d'autres individus des deux sexes : c'est la phase d'attraction secondaire.

La fin de l'attaque correspond à la troisième phase, lorsque la densité de population atteint un certain seuil et que les insectes produisent une phéromone qui inhibe la réponse à la phéromone grégaire et empêche l'installation d'autres individus.

Schématiquement, on admet que chez les espèces monogames (*Dentroctonus* par exemple), ce sont les femelles qui les premières émettent la phéromone grégaire alors que chez les espèces polygames (*Ips* par exemple), c'est le mâle. Ces derniers utilisent pour communiquer un véritable code qui associe les signaux chimiques et la communication acoustique (stridulation des mâles et des femelles). On connaît les molécules utilisées, mais leur signification à l'intérieur du code fait toujours l'objet de nombreuses recherches.

Chez *Dendroctonus pseudotugae*, les femelles utilisent six composés différents : frontalin, (E)-verbénol, (Z)-eudénol, verbénone, (E)-penténol, 3,2-méthyl-cyclohexénone; les mâles la 3,2 et la 3,3-méthylcyclohexénone ainsi que la méthylheptanone. La communication chimique s'exerce à deux niveaux différents : au niveau du couple, là où la

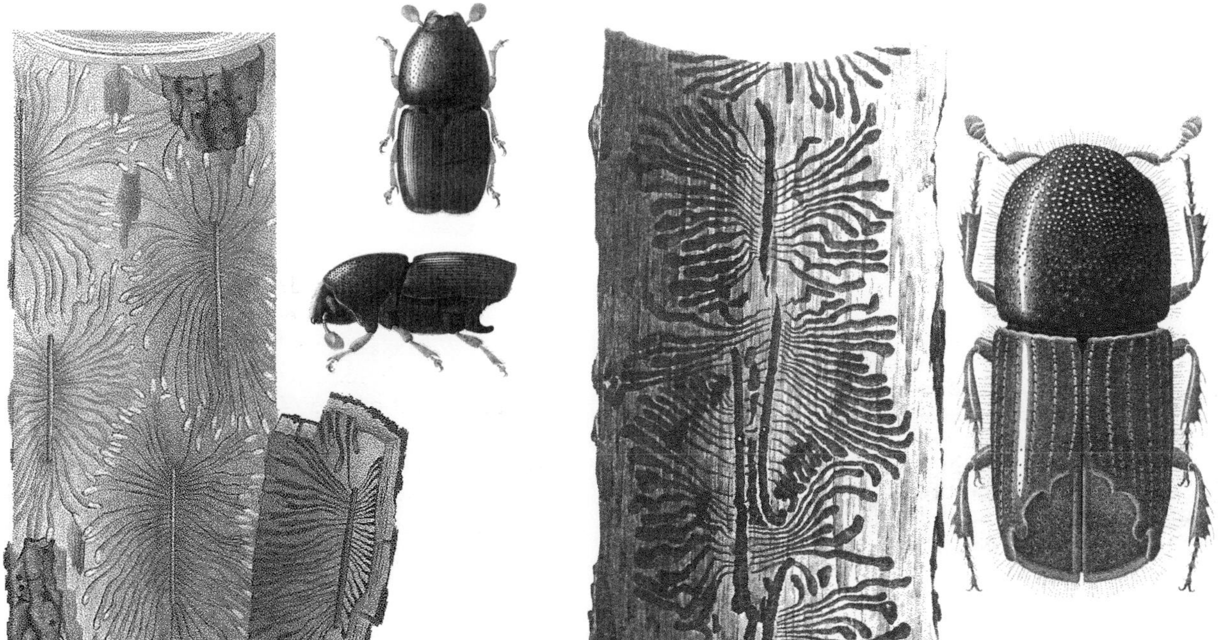

56. Les scolytes et leurs larves causent des dégâts considérables dans les forêts de conifères. Ce sont surtout les arbres affaiblis par le gel ou la sécheresse qui sont les premiers attaqués. Les deux espèces représentées, *Scolytus multistriatus* et *Ips typographus* sont parmi les plus nuisibles. Extrait de V. Novak *et al.*, 1986, *Atlas schädlicher Forstinsekten*, Stuttgart, F. Enke.

femelle a creusé sa galerie, les différents signaux chimiques déclenchent des comportements spécifiques. Au niveau de l'arbre, le rapport entre phéromone grégaire et produits inhibant l'attraction détermine la réponse des nouveaux arrivants.

• Grégarisme et défense du groupe

Constituant en apparence des proies idéales pour les prédateurs, certains insectes grégaires ont élaboré, indépendamment des sécrétions défensives, plusieurs stratégies : rassemblements aposématiques (d'avertissement), rassemblements défensifs, dispersion du groupe provoquée par l'émission d'une phéromone d'alarme.

On retrouve ces comportements chez des insectes où l'existence d'une phéromone grégaire n'est pas démontrée. Néanmoins, l'organisation d'une défense collective montre que les différents individus sont «conscients» d'appartenir à un groupe. Certains insectes stockent des produits toxiques, synthétisés *de novo* ou puisés dans leur alimentation, qui les rendent impropres à la consommation par les prédateurs. Ces insectes ont souvent des couleurs vives (jaune, rouge, vert) formant des taches ou des rayures que le prédateur associe à leur non consommabilité. Il évitera ces couleurs ou signaux d'avertissement (aposématisme). Pour augmenter l'efficacité de ce type de protection, certaines espèces forment des groupes aposématiques : l'association des signaux colorés augmente leur pouvoir dissuasif vis-à-vis du prédateur, comme c'est le cas chez de nombreuses larves de punaises.

Cartoblatta pulchra est une petite blatte du Kenya qui vit en groupes de 100 à 200 individus sur les troncs d'acacias. Quand survient un prédateur, une phéromone d'alarme rassemble les différents individus qui forment des cercles concentriques, la tête tournée vers le centre du cercle. Tous les individus dévaginent simultanément leurs glandes tergales défensives et émettent leurs sécrétions défensives. Le pouvoir défensif est ainsi multiplié par autant de fois qu'il y a d'individus dans le groupe.

Dans les deux principaux ordres de punaises (homoptères et hétéroptères), la communication chimique s'articule autour du grégarisme et surtout du comportement défensif.

De nombreuses études ont été consacrées aux pucerons chez qui le grégarisme est facilement observable. Pour certains auteurs, il n'y a pas de véritable grégarisme, les larves restant simplement au voisinage de leur mère ou autour d'un vaisseau transportant la sève. Chez plusieurs espèces, l'existence de phéromones grégaires a pu être prouvée.

Après dispersion du groupe, les larves d'*Aphis fabae* se regroupent, même en l'absence de la plante hôte; celles de *Chaitophorus populicala* sont capables de se regrouper dans l'obscurité. Les ailés de *Drepanosiphum platanoïdes* peuvent voler quelques mètres puis se regrouper. Chez les homoptères, un petit nombre d'espèces produisent des sécrétions

57. Chez de nombreuses espèces de punaises, ici *Pyrrhocoris apterus*, les larves qui possèdent des glandes défensives dorso-abdominales forment des groupes aposématiques : l'association de signaux colorés à leur mode de défense chimique augmente leur pouvoir défensif vis-à-vis des prédateurs. Cliché J.-P. Farine.

58. (A) Dans l'île de Trinidad, la blatte *Eublaberus distanti* vit surtout dans les grottes. Les adultes qui forment des groupes d'une vingtaine d'individus sont attaqués par des chauve-souris. L'individu attaqué émet une phéromone d'alarme qui provoque la fuite des congénères. Cliché R. Brossut.
(B) Les adultes de la blatte indienne *Therea petiveriana* prennent une posture de défense très caractéristique lorsqu'ils sont attaqués : ils relèvent alors leurs ailes et dévaginent des sacs glandulaires situés de chaque côté des deux premiers segments abdominaux. La posture de défense laisse apparaître deux masses noires avec des taches blanches (les ailes) tranchant sur l'abdomen orange. L'émission de la sécrétion composée de crésol, de phénol, d'iso-amyl acétamide et d'iso-amyl propanamide, repousse les petits prédateurs. Cliché J.-P. Farine.
(C) *Cartoblatta pulchra* est une petite blatte du Kenya qui vit en groupe sur les troncs d'acacias. En cas de danger, une phéromone d'alarme rassemble les individus qui forment des cercles concentriques, la tête tournée vers le centre. Les glandes tergales défensives sont simultanément dévaginées et leur pouvoir défensif est ainsi multiplié par autant de fois qu'il y a d'individus dans le groupe. Cliché M. Boulard.

défensives. Ces sécrétions (triglycérides dont le rôle n'est pas très bien connu) sont émises par les cornicules qui sont des expansions tubulaires de la paroi des tergites 5 à 6. C'est également par les cornicules que les pucerons émettent leur phéromone d'alarme.

Le E-ß-farnésène (EBF) provoque l'alarme chez dix-neuf genres appartenant à trois sous-familles différentes. D'autres composés présents en très faibles quantités constituent avec I'EBF des mélanges spécifiques : il est alors possible de parler de phéromone d'alarme. Dès qu'un individu est attaqué, il émet la phéromone d'alarme et les autres insectes du groupe se dispersent, s'éloignent, tombent ou s'envolent.

Les pucerons et les membracides éliminent l'excès de sève qu'ils absorbent sous forme d'excréments liquides très riches en sucre, le miellat, qui attire les fourmis qui viennent le lécher, ou le traire directement à l'anus. Chez de nombreuses espèces, les fourmis vont jusqu'à assurer la protection de leur «troupeau».

Chez les espèces de pucerons vivant en groupes assez lâches, une dose très faible (0,02 ng) de phéromone d'alarme suffit à provoquer la fuite des différents individus, alors que chez les espèces vivant en groupes très denses ou en association avec des fourmis, le seuil de réponse est 5 000 fois plus élevé (100 ng). Les pucerons, au lieu de fuir, s'en remettent aux fourmis pour assurer leur défense. La phéromone d'alarme ne provoque plus la dispersion du groupe mais alerte les fourmis : elle agit comme synomone, une phéromone qui, émise par les individus d'une espèce, provoque chez les individus d'une autre espèce une réponse comportementale qui, d'un point de vue adaptatif, est favorable aux deux espèces.

Chez *Publilia concava* (membracide), les larves vivent groupées avec les femelles sous la protection des fourmis. En l'absence des fourmis, le groupe sera très vite décimé par les prédateurs. Par ailleurs, si on retire les femelles, les larves ne sont plus défendues par les fourmis : dans ces groupes, seules les femelles produisent une quantité appréciable de miellat.

Chez les hétéroptères, il existe un système exocrine bien développé et de nombreux produits de sécrétion de ces glandes ont été identifiés. L'existence d'une phéromone grégaire a été démontrée chez la punaise des lits *Cimex lectularius*, chez le genre *Dysdercus* (gendarmes) et chez plusieurs Pentatomidés des genres *Nezara* (punaises vertes) et *Eurydema*. Jean-Pierre Farine a réalisé une étude exhaustive des glandes exocrines et des produits émis chez *Dysdercus cingulatus* (Pyrrhocoridé ravageur du cotonnier en Asie) : chez les larves, il existe trois glandes dorso-abdominales (GL1, GL2, GL3). GL1 et GL2 produisent une phéromone grégaire; GL3, plus volumineuse, produit des sécrétions défensives. Chez les adultes des deux sexes, il existe de plus des glandes défensives métathoraciques qui jouent le même rôle que les GL3 des larves chez qui elles sont toujours présentes, mais qui ne sont plus fonctionnelles. Chez les femelles, GL1 et GL2 produisent une phéromone sexuelle. Les mâles possèdent des glandes sternales qui produisent des aphrodisiaques. Actuellement, 75 produits (dont 14 terpènes et plus de 20 aldéhydes) ont été identifiés dans les sécrétions exocrines des hétéroptères.

Chez les hémiptères, on constate que ce sont les mêmes terpènes qui, selon les espèces, agissent comme sécrétions défensives ou comme phéromone d'alarme. On peut imaginer qu'à l'origine, ces produits agissaient tous comme des sécrétions défensives, mais que les prédateurs s'y étant adaptés, l'insecte qui les émettait a progressivement changé sa stratégie défensive et les utilise maintenant comme phéromone d'alarme. Les comportements d'alarme sont en effet généralement plus efficaces que ceux de défense en termes de survie globale de l'espèce.

• Quelques avantages du grégarisme

Pour de nombreuses espèces d'insectes, le grégarisme permet une meilleure exploitation des ressources alimentaires. Chez certains hémiptères phytophages, un effet cumulatif de l'activité lytique des enzymes salivaires facilite l'absorption de la sève. Chez *Breivicoryne brassicae*, insecte peu mobile qui répugne à se déplacer, on a constaté en utilisant du sucrose marqué au ^{14}C que les groupes sont capables de détourner les sucres présents dans des feuilles éloignées de celles où ils vivent.

Dans de nombreux cas, le grégarisme est une nécessité. Chez les chenilles de *Mechanitis isthtnia,* où la prise de nourriture s'effectue en groupe, les chenilles commencent par enlever ensemble les trichomcs défensifs des feuilles, alors qu'une chenille seule en est incapable. Les conifères attaqués par les scolytes se défendent en fabriquant des oléorésines (mélanges de terpènes) toxiques pour les insectes. Il semble que ce soit l'inoculation de champignons parasites par les scolytes qui, en ralentissant ou en interrompant la circulation de l'eau dans le tronc, ralentit ou inhibe la formation des oléorésines. Seule une attaque en masse permet de dominer les défenses de l'arbre qui va alors produire des molécules (pinène, myrcène, éthanol) agissant comme des kairomones pour l'insecte.

Densité de population et effets de groupe

• Le domaine vital

Tous les organismes vivants ont besoin d'un espace vital et utilisent différentes stratégies pour le conquérir puis le conserver. Ces phénomènes sont en général très discrets et échappent souvent à l'observation. Les signaux chimiques y jouent cependant un rôle important. Le plus souvent, ce sont des substances répulsives ou toxiques qui vont empêcher d'autres organismes de venir s'installer sur le domaine de celui qui émet ces substances.

Chez les plantes, c'est l'univers des substances allélochimiques. Citons un seul cas, celui du noyer, dont les feuilles émettent dans l'air et les racines dans le sol une naphtoquinone toxique, la juglone, qui empêche la croissance d'autres arbres ou arbustes dans son périmètre immédiat.

Chez les invertébrés marins, les récifs coralliens sont en permanence le théâtre de luttes mortelles pour l'espace vital. Dans ce biotope où la concurrence est rude, peu de niches offrent en effet les conditions de développement optimum (profondeur, lumière, oxygène, température). Les différentes espèces d'éponges, de coraux sécrètent une multitude de produits répulsifs pour éloigner les autres espèces concurrentes.

Les larves d'insectes ne peuvent se développer que si, à l'éclosion, elles trouvent une source de nourriture et si elles ne sont pas en compétition avec un trop grand nombre de larves. Cela suppose une certaine dispersion des pontes ou un contrôle de la taille du groupe pour les insectes qui vivent en groupes très denses. Nous savons maintenant que des signaux chimiques spécifiques interviennent, pour lesquels plusieurs termes ont été proposés, notamment par les Américains dans les années soixante : *dispersion pheromones, oviposition deterring pheromones, spacing pheromones*. Actuellement, le terme de phéromone «épidéictique» (phéromone d'espacement) est utilisé pour désigner les phéromones qui contrôlent la densité optimum en insectes d'une même espèce sur un site donné.

Rhagoletis pomonella, un diptère Téphritidé chez qui la femelle pond ses œufs dans des fruits a été plus particulièrement étudié; les larves ne pouvant pas changer de fruit, la femelle doit pondre un nombre d'œufs en rapport avec la taille du fruit, qui va de la pomme au fruit de l'aubépine; elle doit par ailleurs empêcher que d'autres femelles ne viennent le parasiter. Pour cela, la femelle frotte son ovipositeur à la surface du fruit et dépose une phéromone qui a un effet répulsif sur les autres femelles. La phéromone, de nature protéique, n'est pas volatile et son activité dure plusieurs jours. Elle est perçue par les autres femelles par chimioréception de contact grâce à des récepteurs tarsaux.

Ce comportement est également très répandu chez les papillons. La femelle de la piéride du chou dépose la phéromone sur ses œufs, sur la feuille qui les porte et sur les feuilles voisines. Mais toute médaille a son revers : les trichogrammes sont de minuscules hyménoptères qui parasitent les œufs des papillons qu'ils repèrent par olfaction, en particulier grâce à la phéromone épidéictique déposée par la femelle du papillon sur ses œufs.

Chez les scolytes, ces phéromones vont contribuer à créer de petits territoires correspondant à l'espace nécessaire pour que les larves issues de la ponte d'une femelle puissent creuser leurs galeries. Chez *Dendroctonus frontalis*, après l'arrivée d'un mâle, la femelle produit la verbénone qui repousse les autres mâles. Le mâle ayant été attiré par une femelle sécrète l'endobrévicomine qui contribue à repousser les autres individus. Chez *Dendroctonus pseudosugae*, la femelle émet la 3,2-méthyl-cyclohexénone (MCH), et le mâle un mélange de 3,2 et de 3,3 MCH : ces produits repoussent les nouveaux arrivants qui, à ce moment de l'attaque de l'arbre, trouveront encore des sites disponibles sur celui-ci.

Chez certains coléoptères des denrées alimentaires, ce sont les phéromones grégaires qui jouent le rôle de phéromone épidéictique. Chez les genres *Rhizoperta*, *Cryptolestes*, *Oryzophilus*, les tas de graines infestés acquièrent une odeur douceâtre due aux phéromones

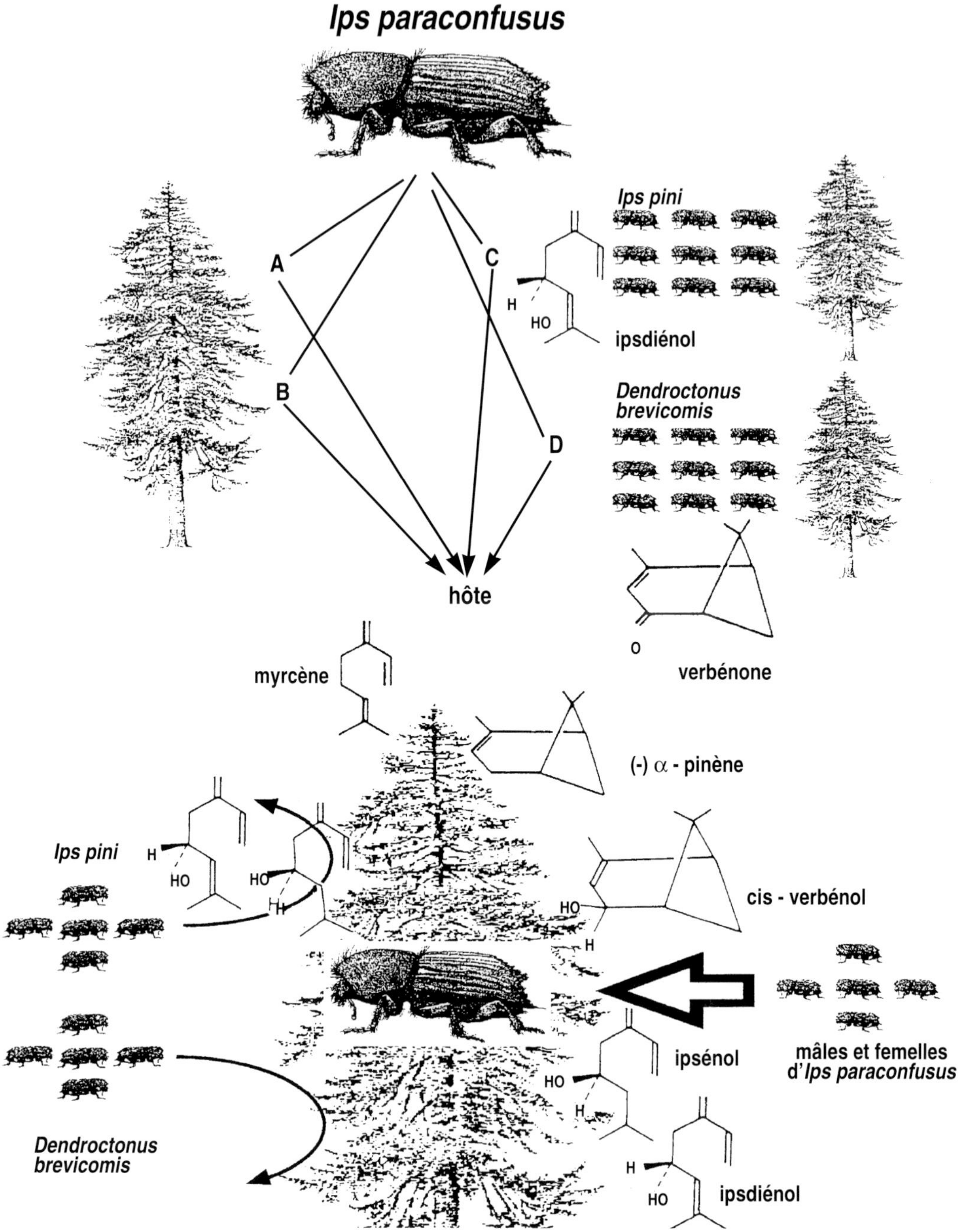

59. Colonisation et autorégulation des populations chez différentes espèces de scolytes parasites des conifères.
A gauche : les mâles d'*Ips paraconfusus* recherchant un arbre hôte utilisent les signaux chimiques émanant des arbres explorés. Ils sont repoussés par les espèces qui ne sont pas les hôtes habituels de cette espèce (A); mais également par les arbres intacts capables de résister à leur attaque (B); enfin, par les hôtes déjà colonisés par d'autres espèces de scolytes telles *Ips pini* (C) ou *Dendroctonus brevicomis* (D). Le myrcène et le (–)α-pinène signalent un hôte propice à la colonisation. L'insecte émet alors sa phéromone, un mélange de (+)-Ipsdiénol, de (–)-ipsénol et de cis-verbénol qui, avec les deux terpènes émis par l'arbre, fonctionne comme une phéromone grégaire attirant d'autres mâles et des femelles. Les autres espèces perçoivent que l'arbre est colonisé par *Ips paraconfusus* : *Dendroctonus brevicomis* est repoussé par le mélange phéromonal; *Ips pini* est repoussé par le mélange d'ipsdiénol et d'ipsénol.

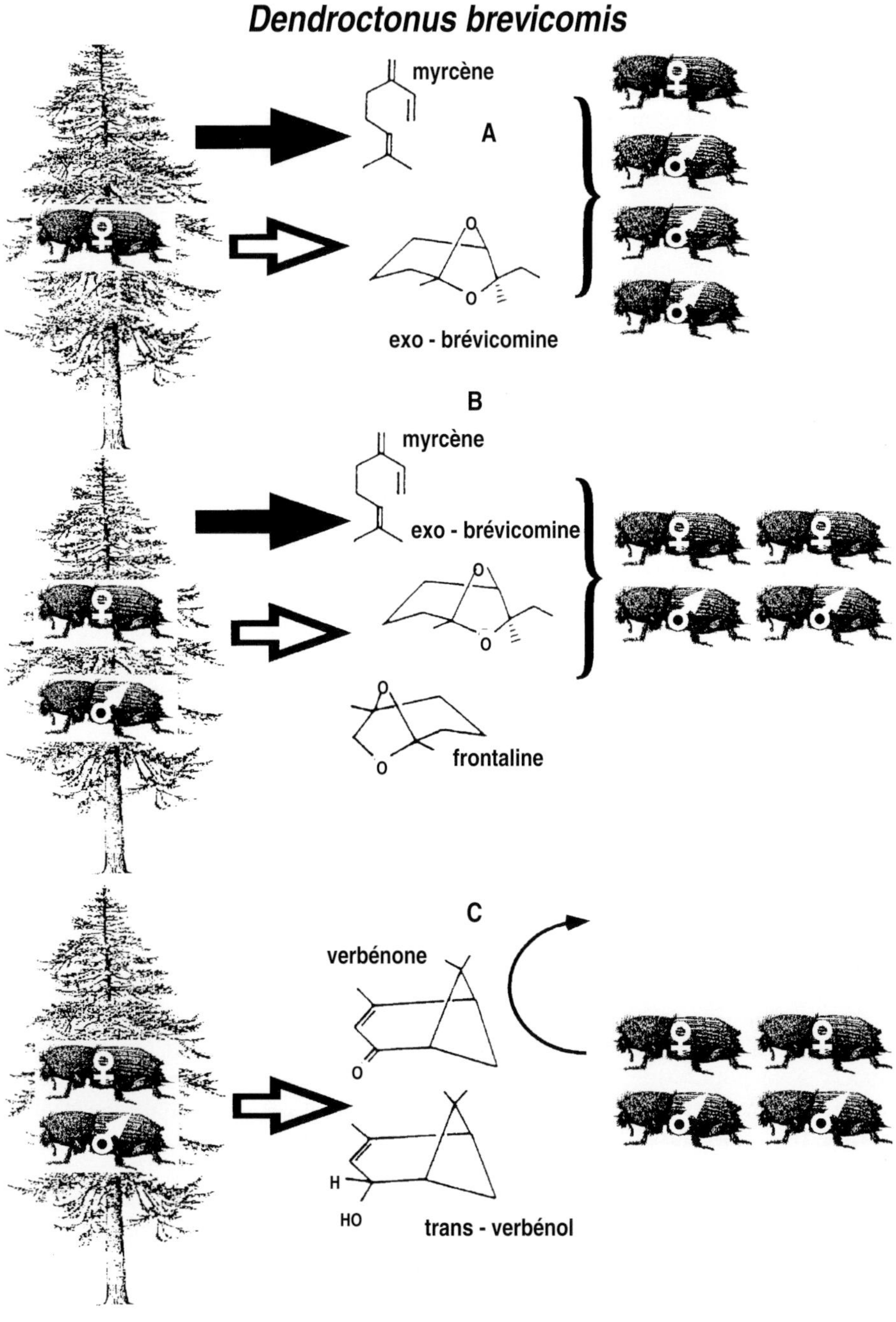

A droite : les femelles de *Dendroctonus brevicomis*, attirées par le myrcène émanant de l'hôte (un conifère du genre *Ponderosa*), commencent à forer une galerie (A). Elles émettent de l'exobrévicomine qui, associée avec le myrcène, fonctionne comme une phéromone et attire les mâles. En (B), les mâles attirés sur le tronc émettent de la frontaline. Le mélange de myrcène, d'exo-brévicomine et de frontaline agit comme une phéromone grégaire, attirant aussi bien les mâles que les femelles. Après l'accouplement (C), les insectes émettent de la verbérone et du transverbénol qui repoussent les autres mâles et les femelles de *Dendroctonus* cherchant à coloniser l'arbre : ces processus assurent une autorégulation de la densité de population. Dessin R. Brossut et C. Everaerts.

grégaires. Tant que la densité de population reste faible, ces phéromones sont attractives mais à partir d'un certain seuil, elles deviennent répulsives pour les individus cherchant un site pour se reproduire.

Les différentes espèces de *Tribolium* possèdent des glandes thoraciques et abdominales qui produisent des quinones. Normalement, ces sécrétions ont un rôle défensif contre les prédateurs et sont également émises dans le milieu pour inhiber le développement des bactéries et des champignons. La farine infestée a une teinte rose et dégage une odeur particulière due aux quinones en mélange avec la phéromone grégaire et elle est fortement attractive. Au-delà d'une certaine densité de population, la farine infestée n'est plus attractive et il semble que la phéromone grégaire soit inactivée par les quinones.

Chez le petit papillon *Ephestia kuhniella*, ou teigne de la farine, lorsque les larves sont élevées dans des récipients contenant environ 30 cm^3 de farine, les femelles sont normalement fécondes si le nombre des larves par récipient est supérieur à 5 et inférieur à 20; au-dessus et au-dessous de ces valeurs, le taux de fécondité diminue. Les glandes mandibulaires des larves sécrètent une phéromone qui, en fonction de la densité de population, attire ou repousse les femelles désirant pondre sur les sites qu'elles occupent.

• Autorégulation de la densité de population

Chez le scolyte *Dendroctonus pseudosugae*, la densité optimum de population est de 8 à 10 femelles pour 1000 cm^2 d'écorce. En dessous de ce nombre, les insectes meurent avant d'avoir pu se reproduire. A l'inverse, lorsqu'il y a surpopulation, les insectes réagissent différemment selon les espèces.

Chez les scolytes, il y a abandon progressif de l'arbre. Chez *Dendroctonus frontalis*, à proximité de l'arbre, l'équilibre qui existait entre la phéromone grégaire attractive (frontaline et transverbénol) et les produits inhibiteurs de cette attraction (verbénone des femelles, endobrévicomine des mâles) est rompu quand il y a surpopulation : quelques insectes seulement viennent encore s'y installer. Au tout dernier stade de l'infestation, les femelles cessent de produire la frontaline et l'arbre pratiquement mort cesse de produire des kairomones (voir figure 59).

Chez les coléoptères des produits stockés, quand il y a surpopulation, la plupart des jeunes adultes quittent le groupe après la mue imaginale. Les individus restant peuvent se reproduire mais leurs descendants vont subir des modifications physiologiques importantes. Chez *Tribolium*, la taille des individus diminue, le développement est plus lent, la fécondité baisse, la mortalité augmente et les adultes présentent de nombreuses malformations. La toxicité des quinones est en grande partie responsable de ces altérations.

• Effets de groupe et phéromones modificatrices

L'autorégulation de la densité des populations s'apparente à ce que l'on appelle les effets de groupe : sous l'action de stimuli intraspécifiques (visuels, tactiles, olfactifs) dont l'intensité est proportionnelle à la densité de population, on observe des modifications du comportement, mais également de la morphologie et de la physiologie des individus composant les groupes. Ces modifications peuvent aboutir à un véritable polyphénisme avec des individus qui bien qu'appartenant à la même espèce sont morphologiquement différents.

Grassé faisait une distinction entre effets de masse, lorsqu'il n'y a pas de communication entre les individus, et effets de groupe, lorsqu'il y a échange de stimuli sensoriels, l'effet de groupe étant selon cet auteur spécifiquement provoqué par le groupement. Les phénomènes décrits précédemment chez *Anagasta*, *Dendroctonus* et *Tribolium* sont des exemples d'effets de masse selon Grassé alors que l'effet de groupe peut au contraire se manifester même lorsqu'un petit nombre d'individus est réuni, et il est induit par des stimuli sensoriels.

Les effets de groupe, qui agissent sur le comportement, la physiologie et la morphologie des insectes peuvent aboutir au polyphénisme. Les changements du milieu environnant peuvent jouer un rôle important mais ne peuvent à eux seuls induire ces phénomènes.

L'importance relative des différents stimuli sensoriels varie suivant les espèces. Chez les criquets, les stimuli tactiles et chimiques jouent en parallèle alors que chez les insectes sociaux, les stimuli chimiques ont un rôle prédominant. Les stimuli chimiques sont des phéromones modificatrices. Selon les espèces, ces phéromones peuvent être produites par tous les individus (criquets), par certains individus (phéromones des soldats de termites) ou par un seul individu du groupe (phéromone de la reine d'abeille).

A ce jour, malgré les recherches effectuées depuis une trentaine d'années, une seule phéromone modificatrice a été identifiée : c'est l'acide (E)-9-oxo-2-décénoïque, sécrété par les glandes mandibulaires de la reine d'abeille, qui inhibe l'ovogenèse des ouvrières et la construction des cellules royales. Chez les criquets, l'existence d'une telle phéromone est largement admise, bien que les données actuelles soient contradictoires. Chez les termites et les hyménoptères sociaux, l'existence de phéromones modificatrices semble très générale.

Un exemple typique d'effet de groupe s'observe chez les criquets migrateurs. A la suite de modifications de l'environnement, le polyphénisme se traduit par l'existence de deux types d'individus, des solitaires et des grégaires. Les scientifiques distinguent une phase grégaire et une phase solitaire. Une dizaine d'espèces présentant ce polyphénisme sont de redoutables ravageurs sous leur forme grégaire. Les plus importantes du point de vue économique sont *Locusta migratoria* (Afrique et sud de l'Asie), *Schistocerca gregaria* (Afrique du Nord) et *Nomadacris septemfasciata* (Afrique du Sud).

Chez *Locusta*, les larves solitaire sont beiges, teintées de vert pâle, alors que les larves grégaires sont noires et jaunes. Les adultes solitaires sont verts, les grégaires brun rose et jaune pâle.

Cinq phéromones différentes ont été décrites chez *Locusta :* phéromone de grégarisation, de solitarisation, de maturation, sexuelle, d'oviposition, les trois premières étant des phéromones modificatrices. L'existence d'une phéromone de grégarisation a été démontrée : un composé, l'éthyl-5 guaïacol a été isolé à partir d'excréments et baptisé locustol. Son activité en tant que phéromone modificatrice n'a cependant jamais été établie de façon très nette, sans pour autant que l'existence d'une telle phéromone ait été remise en cause. Les expériences tendant à prouver l'existence d'une phéromone de solitarisation sont très controversées. La phéromone de maturation synchroniserait la maturation des adultes et indirectement l'accouplement et la ponte, favorisant ainsi le grégarisme. Les phéromones sexuelles et la phéromone d'oviposition, rassemblant sur un même site les femelles fécondées et favorisant le grégarisme larvaire, restent très mal connues.

60. Les criquets migrateurs, ici des larves du criquet rouge *Nomadacris septemfasciata*, causent des dégâts considérables sous leur forme grégaire. La nature chimique de la phéromone de grégarisation qui favoriserait le passage de la phase solitaire à la phase grégaire reste inconnue. Le passage du phénotype solitaire (en haut) au phénotype grégaire (en bas) s'accompagne de modifications importantes du comportement : apparition du grégarisme et disparition du comportement sédentaire au profit du comportement migrateur.
Source : P. P. Grasset, Larousse, *La Vie des animaux*, 1969. Cliché J. Six. Droits réservés.

Les sociétés d'insectes

Les sociétés d'insectes sont parmi les plus évoluées et les plus organisées des sociétés animales. Chez les termites, il n'existe pas d'espèces solitaires alors que chez les hyménoptères, les espèces solitaires sont les plus nombreuses. Chez les termites, la société est dominée par une reine et un roi, et les deux sexes participent à la formation des castes. Chez les hyménoptères, la société est dominée par la reine et les membres de la colonie sont des femelles.

• Les phéromones modificatrices

Chez les termites

Chez les termites, des milliers d'individus dépourvus d'ailes et sexuellement inhibés (ouvriers, soldats) gravitent autour du couple royal qui assure la reproduction. Pendant presque toute l'année, le couple royal inhibe la formation des sexués mais une fois par an, l'inhibition royale est levée et il apparaît une autre caste d'individus, les sexués. Ces sexués vont se transformer en ailés qui quitteront la société pour s'accoupler et former d'autres colonies. Le devenir des individus n'est pas déterminé à la naissance mais au cours des mues successives, il existe des étapes décisives où s'opèrent des choix dans l'expression génétique. Si le couple royal est enlevé, il y a formation de sexués de remplacement. La phéromone modificatrice de la reine n'est pas volatile; elle est transmise aux ouvriers par léchage ou par trophallaxie anale.

Les soldats qui défendent la colonie sont, comme nous le verrons plus loin, des individus hautement spécialisés, issus de ce que l'on appelle les petits ouvriers blancs. Le pourcentage de soldats dans la termitière varie d'une espèce à l'autre, mais il est fixe pour une espèce donnée. Ceci suggère l'existence de mécanismes régulateurs puisque le déterminisme des castes chez les termites n'est pas d'ordre génétique. Ce sont les soldats eux-mêmes qui déterminent le pourcentage de petits ouvriers blancs qui vont se transformer en soldats grâce à une phéromone modificatrice qui peut inhiber la formation de nouveaux soldats.

Chez *Schedorhinotermes lamanianus*, des extraits de glande frontale ou de tétradécénone (principal produit sécrété par cette glande) diminuent le taux de production des soldats. Chez *Nasutitermes lujae*, les soldats possèdent une glande frontale qui sécrète un monoterpène, le terpinolène et cinq diterpènes dérivés du trinervitane et du sécotrinervitane. La sécrétion des glandes frontales n'étant pas toxique, des petits ouvriers peuvent être élevés sur du bois imprégné par cette sécrétion mais la production de soldats est alors fortement ralentie : les soldats exercent donc bien une inhibition chimique en sécrétant une phéromone de caste (phéromone modificatrice) par la glande frontale.

Ce résultat ne peut cependant pas être généralisé puisque cette inhibition existe également chez des

61, 62. Construites avec un ciment à base de salive et de terre, les termitières peuvent atteindre de très grandes tailles, comme ici chez *Macrotermes carbonarius* au Viêt-nam. Le cœur de ces très grands nids est constitué par la cellule royale qui est au niveau du sol ou juste au-dessus. Les structures les plus externes sont progressivement abandonnées et servent de protection mécanique et thermique. La cellule royale, ici chez *Pseudacanthotermes spiniger* au Gabon, est le siège d'une intense activité. Sans cesse, les ouvriers viennent nourrir le roi (premier plan à gauche) et la reine par trophallaxie et emporter les œufs pondus par la reine. Clichés C. Bordereau et A. Robert.

espèces dont les soldats sont dépourvus de glandes frontales. Quoi qu'il en soit, dans tous les cas, la phéromone, non volatile, est perçue par des chimiorécepteurs de contact.

Chez les fourmis

L'ordre des hyménoptères, qui comprend les fourmis, les guêpes et les abeilles, regroupe une multitude d'espèces dont la biologie est très variée. Chez les espèces sociales, toutes les ouvrières sont des femelles. Les mâles sont issus d'œufs non fécondés haploïdes. Les travaux de J. Pain et M. Barbier qui, dans les années 60, ont isolé puis identifié la phéromone royale des reines d'abeille ont eu une influence déterminante sur ces recherches.

Chez de nombreuses espèces de fourmis, c'est une phéromone royale qui inhibe la ponte des ouvrières, mais ce n'est pas une règle générale : chez plusieurs genres, les ouvrières sont stériles et ne pondent pas, même en l'absence de la reine. Chez *Plagiolepis pygmea*, les sociétés adultes possèdent des milliers d'ouvrières et la censure royale est très forte : les larves du troisième stade peuvent donner des reines ou des ouvrières mais dès que la reine est enlevée, elles se transforment toutes en sexuées. Des reines vivantes mais isolées de leurs ouvrières par une simple grille permettant les contacts gardent leur pouvoir, alors qu'elles le perdent si la grille est double; des reines suspendues par un fil à plus d'un millimètre des ouvrières ne peuvent plus exercer leur inhibition. La phéromone n'agit donc pas par la voie olfactive.

Lorsqu'une reine est immobilisée dans un tube de verre fermé par une grille de nylon, en engageant plus ou moins la reine dans le tube à travers les mailles de la grille, on peut progressivement faire dépasser la tête, la tête plus le thorax, l'abdomen, l'abdomen plus le thorax... Plus la surface léchée par l'ouvrière est faible, plus on obtient de larves sexuées; la phéromone inhibitrice est donc répandue sur le corps de la reine où les ouvrières viennent la lécher. Cela tend à prouver que les sécrétions des glandes mandibulaires ou pharyngiennes, de même que la trophallaxie (transmission d'aliment de bouche à bouche entre deux individus) ne jouent aucun rôle puisque lorsque les larves ne peuvent lécher que la tête, l'inhibition est quasiment nulle.

Chez *Pheidole pallidula*, un polyphénisme important existe entre les ouvrières de petite taille et les soldats qui ont une tête énorme. C'est au cours du dernier stade larvaire, où les larves sont encore bipotentielles, que se produit la différenciation : ou bien elles achèvent rapidement leur développement et se nymphosent en ouvrières, ou bien elles se mettent à grossir très rapidement (leur poids est multiplié par 6 ou 7) et se nymphosent en soldat. Cette différenciation dépend surtout du nombre des soldats présents qui exercent une action inhibitrice comparable à celle qui a été décrite plus haut chez les termites. Ce sont des facteurs sociaux qui amènent les ouvrières à choisir, pour les larves, le programme alimentaire adapté à la caste retenue. Ce déterminisme, contrôlé par les phéromones et qualifié de trophogénique, se retrouve également chez les abeilles.

Chez la fourmi de feu *Solenopsis invicta*, la phéromone inhibitrice ne bloque pas la formation des sexués mais inhibe leur maturation. Les femelles vierges (jeunes reines) conservent leurs ailes et restent immatures. Si la vieille reine est enlevée, il y a suppression des ailes par histolyse des muscles alaires et démarrage de l'ovogenèse. La levée de l'inhibition royale stimulerait la production d'hormone juvénile (JH) par les corps allates (des glandes endocrines situées à l'arrière du cerveau), qui déclencherait à son tour la chute des ailes et la vitellogenèse.

Une des actions de la phéromone royale serait donc de bloquer la sécrétion de JH mais des expériences plus récentes suggèrent que la phéromone royale ne la bloque pas complètement mais qu'elle ralentit considérablement sa production. Ce ralentissement permettrait une vitellogenèse lente mais continue, un taux plus élevé étant nécessaire pour induire l'histolyse des muscles.

Ces exemples montrent l'impact des phéromones modificatrices sur le système endocrinien ainsi que la complexité et la variabilité du déterminisme des castes qui peut s'exercer dès le stade de l'œuf ou au contraire à la fin de la vie larvaire.

Chez les abeilles

Pendant la majeure partie de l'année, l'inhibition royale est totale chez l'abeille. Le développement des ovaires des ouvrières est bloqué. Celles-ci ne construisent pas de cellules royales mais dès que la reine est écartée, leur comportement est modifié : trente minutes après, une ou plusieurs cellules d'ouvrières commencent à être transformées en cellules

63. Reine physogastre de *Solenopsis invicta* et les ouvrières de sa cour. La physogastrie est la conséquence de l'énorme développement des ovaires. Elle est plus rare chez les fourmis que chez les termites. Cliché Murray S. Blum.

64 (page ci-contre). Un essaim d'abeilles s'assemble sur la branche d'un arbre. L'essaim typique se compose d'une reine et de quelques milliers d'ouvrières. Elles représentent à peu près la moitié de la population d'une ruche, qu'elles ont quittée subitement vers la fin du printemps pour former une nouvelle colonie. B. Heinrich, *Pour la Science*, n° 46, 1981.

royales. Quelques jours plus tard, l'ovogenèse de certaines ouvrières redémarre. Cette inhibition de nature phéromonale est le fait de deux composés dont un seul est connu, l'acide 9-oxo-(E)-2- décénoïque identifié par J. Pain et M. Barbier en 1960.

Ce n'est que très récemment qu'on a pu prouver que la phéromone royale était répandue sur tout le corps de la reine et que c'était par léchage que les ouvrières «recevaient» la phéromone alors que l'hypothèse la plus généralement admise était que la phéromone circulait dans le nid par trophallaxie.

Chez l'abeille, les cellules contenant les œufs, puis les larves, restent ouvertes pendant cinq jours durant lesquels les larves sont sélectivement nourries par les ouvrières, selon qu'elles se trouvent dans des cellules banales ou dans des cellules royales. Pendant trois jours à trois jours et demi, les larves sont bipotentielles : une larve prélevée dans une cellule d'ouvrière puis placée dans une cellule royale deviendra une reine. La période critique est courte et le cinquième jour, la cellule est operculée.

C'est en réponse à la levée de l'inhibition royale qu'apparaissent des larves sexuées recevant une alimentation particulière : la gelée royale. Ce déterminisme trophogénique a été et reste très controversé. Pour certains auteurs, il existe un facteur déterminant, de nature inconnue, transmis en même temps que la nourriture, qui agit directement sur les corps allates. Pour les tenants de la trophogenèse *stricto sensu*, ce sont les sucres qui, qualitativement et quantitativement, sont responsables du déterminisme. En nourrissant des larves d'ouvrières avec du fructose et du glucose, il serait possible d'obtenir des larves de reine. Les sucres perçus par les chimiorécepteurs des pièces buccales déclencheraient l'activation des corps allates par l'intermédiaire du système nerveux central.

Les ouvrières présentent également un polyphénisme lié à leur âge. Pendant les deux premières semaines qui suivent la mue imaginale permettant le passage au stade adulte, les ouvrières restent dans la ruche pour le nettoyage des alvéoles, l'élevage et l'alimentation du couvain. Pendant cette période, les glandes pharyngiennes, dont la sécrétion sert de nourriture aux très jeunes larves, sont hypertrophiées. Ensuite, les ouvrières prennent en charge la construction des cellules, le déchargement de la nourriture, l'évacuation des détritus, la garde de la ruche. Les glandes pharyngiennes régressent alors que les glandes cirières sont très développées. A la fin de leur vie, les ouvrières travaillent à l'extérieur du nid et récoltent le pollen et le nectar; les glandes pharyngiennes et cirières sont atrophiées. Chez la plupart

des insectes sociaux, après l'essaimage, les sexués s'accouplent et fondent de nouvelles colonies, les premiers ouvriers provenant des premiers œufs pondus par la nouvelle reine. Chez l'abeille, l'essaimage a une toute autre signification : quelques milliers de jeunes ouvrières écloses depuis moins de quinze jours et la vieille reine abandonnent la ruche et fondent une nouvelle colonie.

Les mâles, les faux bourdons, éclosent au début du mois de mai, au moment où les ouvrières commencent à aménager de grandes cellules royales où seront élevées les larves de reines. Généralement, après l'éclosion de la première reine, les autres cellules royales sont détruites avec leur contenu. Quinze jours après l'éclosion et une semaine après l'essaimage de la vieille reine, la jeune reine est fécondée au cours du vol nuptial. Dans certaines conditions, les autres jeunes reines éclosent mais restent dans leurs alvéoles où elles sont nourries. Si la nouvelle reine décide d'essaimer à son tour, l'une d'entre elles sera fécondée, les autres massacrées. Après le vol nuptial, les mâles ne sont plus nourris et sont rejetés de la ruche.

Il est certain que pendant cette période, les phéromones jouent un rôle déterminant dans les échanges d'informations entre les jeunes ouvrières qui vont essaimer, la vieille reine, la jeune reine, les reines potentielles qui ne quittent pas leurs alvéoles, et les mâles. Les phéromones participent à la synchronisation de ces phénomènes dont dépendront la multiplication et la survie de la colonie.

L'exemple des différents insectes sociaux passés en revue montre qu'il reste très difficile d'isoler et d'identifier les phéromones agissant comme facteurs sociaux, que ce soient les phéromones grégaires chez les insectes vivant en groupe ou les phéromones modificatrices chez les insectes sub-sociaux ou sociaux. La vie en groupe ou en société modifie la physiologie des individus. Chez les insectes sub-sociaux, il est possible d'établir des liens de cause à effet : la population est contrôlée par une phéromone modificatrice qui agit sur les hormones et provoque des modifications physiologiques. Au cours des quinze dernières années, les recherches se sont focalisées sur l'étude des hormones et leurs effets. Leur rôle dans le développement et la morphogenèse est maintenant assez bien établi. Mais en ce qui concerne leur impact sur les phénomènes complexes comme les effets de groupe ou le déterminisme du polyphénisme, seuls quelques points particuliers ont été analysés. Actuellement, la biologie s'oriente vers l'analyse des mécanismes au niveau moléculaire et les problèmes étudiés précédemment sont formulés de façon différente : chez une espèce donnée, les différentes expressions du polyphénisme sont codées par le génome de chaque individu. Les phéromones modificatrices et le milieu hormonal vont moduler l'expression de ce génome.

Dans les années soixante, V. B. Wigglesworth avait émis l'hypothèse que les différentes formes par lesquelles passe un insecte durant son développement sont dues à l'action successive de différents gènes. Avec nos connaissances actuelles, il est possible de formuler autrement cette hypothèse : chez l'insecte, le programme général de développement est composé de programmes successifs correspondant aux stades successifs. Chaque programme partiel est déterminé par le milieu hormonal.

Dans le cas du polymorphisme, le problème est compliqué par la possibilité d'activation de deux ou plusieurs programmes incompatibles (ouvriers-reines; ouvriers-soldats). Les hormones, et en amont les phéromones modificatrices agissant pendant des périodes critiques, déclenchent un programme tout en en réprimant un autre. Des observations faites sur différentes familles de termites montrent que plus une espèce est évoluée, plus la succession des programmes est rigide. Les changements ne peuvent intervenir qu'à des moments critiques de plus en plus brefs et situés de plus en plus tôt dans le développement.

• Les phéromones contrôlant les activités communes

Chez les termites

L'organisation sociale des termites est un univers fascinant qui laisse entrevoir l'existence d'une communication chimique complexe dont on ne connaît que peu d'éléments (85 % des 2 000 espèces connues sont tropicales). Pour ces immenses colonies, la récolte de nourriture est une activité majeure. L'ouvrier qui part explorer ou qui revient au nid dépose une phéromone de piste qui est produite par ses glandes sternales. Les comportements de récolte ont fait l'objet de nombreuses études mais on n'avait jusqu'il y a peu jamais pu identifier la phéromone produite par les glandes sternales. En extrayant une seule glande sternale par un solvant organique, il est possible, avec l'extrait obtenu, de tracer une piste que suivront des ouvriers. Par contre, même en utilisant des extraits de plusieurs milliers de glandes il n'y a pas assez de matériel pour identifier la phéromone. Le problème est compliqué par le fait qu'au laboratoire, les ouvriers ont tendance à suivre n'importe quelle piste, y compris par exemple un trait de stylo bille!

Après de nombreuses recherches, il s'est avéré que le dodécatriénol devait être la phéromone de piste du termite *Reticulitermes virginicus*. Cet alcool insaturé, également présent dans le bois dont se nourrit le termite, a été retrouvé plus récemment chez une autre espèce de *Reticulitermes* et chez *Coptotermes formosanus*. Ces résultats sont basés sur l'analyse d'extraits bruts de milliers d'individus. Le dodécatriénol est actif à des concentrations infimes compatibles avec celles déterminées en utilisant des extraits de glandes sternales.

Ce n'est qu'en 1992 que le biologiste Christian Bordereau, en tentant d'identifier la phéromone sexuelle femelle de *Pseudocanthotermes spiniger,* a pu prouver que le (Z,Z,E)-3,6,8-dodécatrien-1-ol était la phéromone de piste de cette espèce et qu'elle était présente dans les glandes sternales. Les ouvriers sont capables de détecter cette substance à des doses de l'ordre de 1/10e de picogramme par centimètre de piste.

Dans les colonies de termites, les sexués apparaissent à un moment précis de l'année. Après l'essaimage, la femelle adopte une position d'appel correspondant à l'émission d'une phéromone sexuelle qui attire le mâle. Le mâle suit la femelle en restant en contact avec son abdomen et en particulier avec les glandes sternales. Chez *Pseudacanthotermes*, les glandes sternales des femelles sont relativement grosses et à partir d'extraits de plusieurs milliers de ces glandes, Christian Bordereau et Alain Robert ont pu en analyser le contenu. Le seul produit présent en quantité notable s'est avéré être le (Z,Z,E)-3,6,8-dodécatrien-1-ol. Chez cette espèce, c'est donc le même produit qui agit comme phéromone sexuelle et comme phéromone de piste. Les tests réalisés ultérieurement ont montré que pour les ouvriers, le dodécatriénol manifestait une très grande activité en tant que phéromone de piste dans une gamme étroite de concentration : entre 10^{-4} et 10^{-1} nanogrammes par centimètre. Si on utilise une concentration plus élevée, la piste n'est plus suivie.

Les mâles et les femelles sont 10 à 100 fois moins sensibles au dodécatriénol que les ouvriers et suivent des pistes tracées avec des doses supérieures au nanogramme par centimètre. Les glandes sternales des femelles qui attirent et excitent les mâles en produisent des doses élevées. Le même phénomène a été observé chez une espèce très voisine, *Pseudacanthotermes militaris.*

Le dodécatriénol peut être reconnu en tant que phéromone de piste par un grand nombre d'espèces de termites inférieurs (*Reticulitermes* et *Coptotermes*) et supérieurs (*Pseudacanthotermes* et *Nasutitermes*). Mais du fait que le dodécatriénol peut être assimilé à un signal anonyme, le problème de la spécificité des pistes est posé. Nous pouvons en effet imaginer un mélange phéromonal dont cet alcool ne serait que le principal composant et dont la spécificité serait due à des composés minoritaires.

Au Gabon, deux espèces de *Pseudacanthotermes* (*P. spiniger* et *P. militaris*) occupent le même biotope et on a observé que les déplacements les plus longs se faisaient à l'intérieur d'un réseau de galeries souterraines et en surface, sur des pistes qui sont le plus souvent recouvertes de terre et donc isolées du milieu environnant. La recherche de nourriture ne s'effectue que temporairement à l'air libre et si des ouvriers et/ou soldats d'espèces différentes se trouvent confrontés, la reconnaissance interspécifique déclenche aussitôt des comportements agressifs. En fait, bien que ces deux espèces utilisent le dodécatriénal comme phéromone de piste, tout mélange de population est impossible.

Les termitières, constructions extrêmement sophistiquées procurant des conditions de vie optimum à leurs occupants, sont également des forteresses quasiment inexpugnables. Si tamanoirs et fourmiliers peuvent éventrer des termitières, les pires ennemis des termites restent cependant les fourmis, que les soldats de termites affrontent régulièrement. Les soldats, qui forment une caste d'individus stériles, aveugles, mous et incapables de se nourrir, se révèlent malgré tout de redoutables défenseurs.

L'armement des soldats peut être de type mécanique ou chimique, avec tous les intermédiaires entre ces deux systèmes. La défense mécanique repose essentiellement sur de redoutables mandibules mais chez *Cryptotermes*, la tête est devenue une espèce de

65, 66. Les termites déposent une phéromone de piste pour marquer les chemins empruntés lors de la récolte de nourriture. Cette phéromone sert également à recruter les congénères. Sur la photographie du haut, prise en laboratoire, on observe que les soldats de *Nasutitermes lujae* sont disposés de chaque côté de la piste, prêts à intervenir contre un ennemi. Dans les conditions naturelles, les ouvriers, très lucifuges, bâtissent très vite des galeries couvertes qui assurent également leur protection (en bas). Clichés A.-P. Lefeuvre et B.-C. Bordereau.

67, 68. Chez *Pseudacanthotermes spiniger*, juste après l'essaimage, la femelle se perche sur une brindille (en haut) et émet une phéromone sexuelle (produite par les glandes sternales) qui attire les mâles. Après la réunion des sexes a lieu une promenade en «tandem», le mâle essayant de garder ses pièces buccales en contact avec la glande sternale de la femelle (en bas). Clichés C. Bordereau.

bouchon dont la cuticule est très dure et qui ferme hermétiquement les galeries (ill. 71); à l'opposé, chez les espèces qui utilisent la défense chimique, *Globulitermes* ne présente plus de système spécialisé pour l'éjection des sécrétions défensives : c'est l'abdomen tout entier qui explose, projetant la sécrétion sur l'ennemi. Il existe plusieurs catégories de glandes défensives, la plus commune étant la glande frontale qui s'ouvre par un pore au milieu du «front». Cette glande peut être entièrement logée dans la tête ou occuper presque tout le corps. On distingue trois catégories parmi les soldats utilisant la défense chimique (ill. 69 à 74) :

– ceux qui mordent en déposant sur la blessure la sécrétion de leur glande frontale qui s'écoule dans une gouttière du labre pour parvenir au niveau des mandibules et de la blessure;

– ceux qui enduisent ou «peignent» l'ennemi avec l'extrémité du labre qui est transformée en un pinceau imprégné de la sécrétion toxique de la glande frontale;

– ceux qui projettent sur l'ennemi la sécrétion de la glande frontale, une glu souvent irritante ou toxique.

Chaque cas présente de multiples variantes tant dans la morphologie des glandes que dans la chimie des produits utilisés. Dans le premier cas, chez le genre *Macrotermes* par exemple, la sécrétion déposée sur la blessure peut être un mélange d'hydrocarbures linéaires avec 21 à 35 atomes de carbone, proche d'une huile minérale, qui empêche la coagulation de l'hémolymphe et la cicatrisation. Chez le genre *Cubitermes*, c'est souvent un mélange de terpènes toxiques, dont des diterpènes. Dans le deuxième cas, les produits déposés traversent la cuticule et sont très hautement toxiques (vinyl-cétones, céto-aldéhydes). Les glus utilisées dans le troisième cas sont proches de la résine des conifères.

Des monoterpènes servent de solvant à d'autres terpènes de poids moléculaire élevé; une fois les monoterpènes évaporés, les diterpènes se solidifient et forment une glu. Beaucoup de ces diterpènes cycliques sont inconnus ailleurs que chez les termites. Les soldats de cette catégorie ont une tête très caractéristique, en poire à lavement : la sécrétion est éjectée par le *nasus*, espèce de «nez» qui a donné son nom au genre *Nasutitermes*. Chez beaucoup d'espèces, l'émission d'une phéromone d'alarme accompagne celle des sécrétions défensives, provoquant l'attraction d'autres soldats et ouvriers.

Chez les fourmis

Les 14 000 espèces de fourmis décrites appartiennent toutes à la famille des *Formicidae* qui comprend une dizaine de sous-familles. Les fourmis ont un système glandulaire compliqué qui produit des signaux chimiques multiples et complexes. La tête renferme de nombreuses glandes exocrines mais seules les glandes mandibulaires participent à la communication chimique, à l'alarme et à la défense en particulier. Sur le thorax, on trouve les glandes métapleu-

69. Défense chimique chez les soldats de termite. Chez le genre *Nasutitermes*, la tête est transformée en véritable poire à lavement contenant une énorme glande dont la sécrétion est brutalement projetée sur l'ennemi. Il s'agit le plus souvent de glu qui polymérise à l'air libre. Cliché B. P. Moore.

70. Chez *Pseudacanthotermes spiniger*, le soldat mord l'ennemi avec ses mandibules tandis que la sécrétion de la glande frontale coule dans une gouttière vers la blessure. Cliché C. Bordereaux.

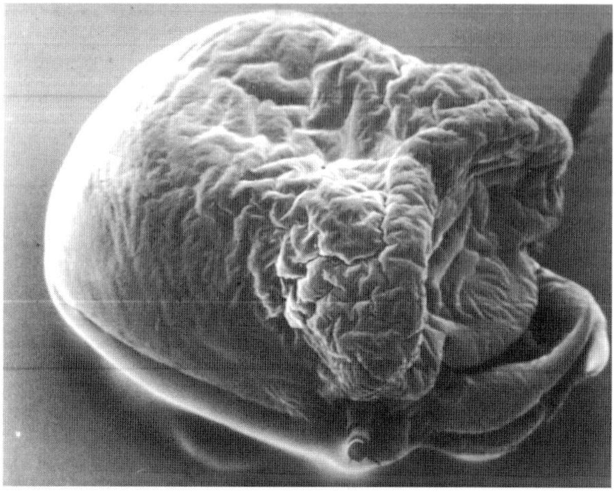

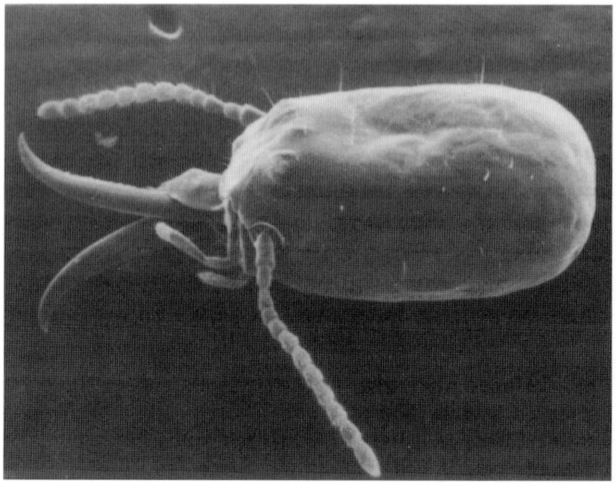

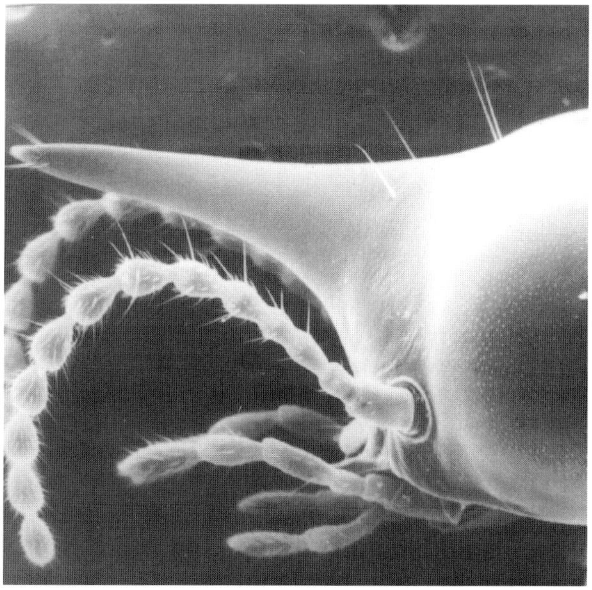

71 à 74. Défense chimique chez les soldats de termite (suite).
On observe tous les intermédiaires entre une défense purement mécanique et une défense purement chimique, avec des formes associant les deux types de défense. Chez *Cryptotermes* (en haut à gauche), la tête très sclérifiée forme un bouchon qui peut fermer les galeries. De nombreuses espèces utilisent leurs mandibules comme des cisailles ou au contraire comme des ressorts qui se détendent brutalement (en haut à droite).
Chez *Coptotermes* (en bas à gauche), le soldat mord l'ennemi avec ses mandibules tandis que la sécrétion de la glande frontale coule dans une gouttière vers la blessure.
Chez *Nasutitermes* (en bas à droite), la tête renferme une glande à glu dont la sécrétion est projetée sur l'ennemi.

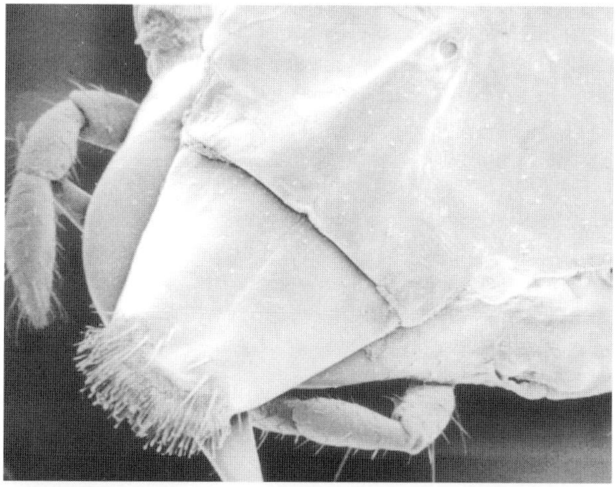

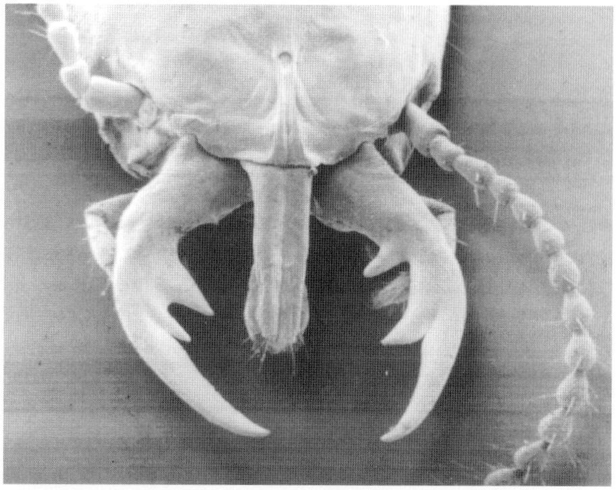

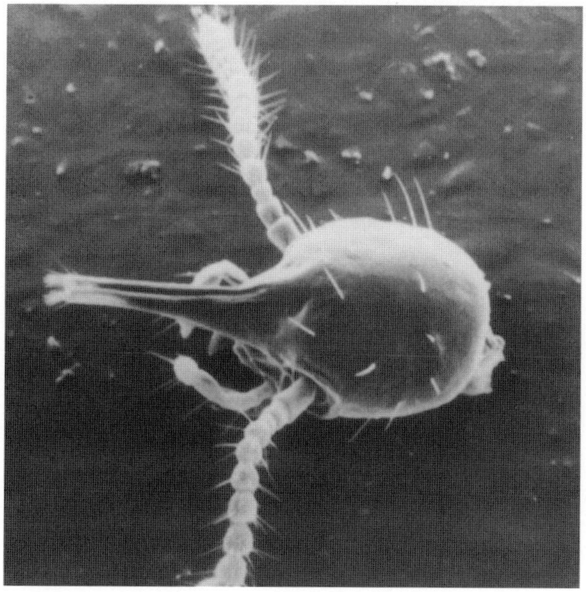

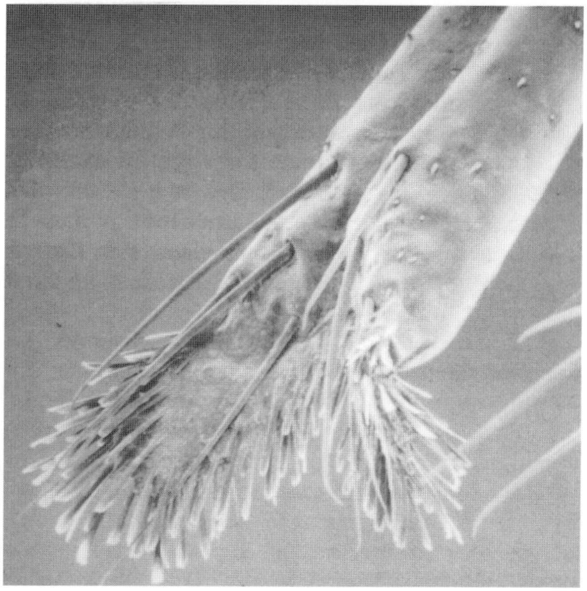

75 à 78. Défense chimique chez les soldats de termite (suite et fin).
Chez les genres *Schedorhinotermes* (en haut à gauche) et *Dolichorhinotermes* (en haut à droite), la sécrétion est déposée sur la blessure grâce à une brosse située à l'extrémité du labre.

Chez le genre *Rhinotermes* (en bas à gauche et à droite), les mandibules ont disparu et la sécrétion déposée par la brosse du labre traverse la cuticule de l'ennemi grâce à des composés de la sécrétion qui agissent comme des solvants et agents de pénétration.
Clichés P. Lefeuvre et A. Quennedey.

rales ou métathoraciques dont le rôle n'est connu que chez quelques espèces où elles ont des fonctions multiples. C'est à l'extrémité postérieure de l'abdomen que sont concentrées les glandes à venin, celles intervenant dans le marquage du territoire, le marquage des pistes et le recrutement. Les glandes à venin sont associées aux glandes de Dufour dont les sécrétions s'écoulent par l'aiguillon.

Chez certaines espèces, l'aiguillon a progressivement régressé pour disparaître totalement au cours de l'évolution; il est alors remplacé par un canal court, l'acidopore. Les glandes appelées glandes pygidiales ou glandes anales sont des modifications de la membrane reliant les tergites 6 et 7. Il existe plusieurs glandes ventrales provenant de modifications de la membrane reliant les derniers sternites : c'est le cas de la glande de Pavan qui chez plusieurs espèces sécrète la phéromone de piste mais le rectum peut également être la source de signaux chimiques.

Chez beaucoup d'espèces, les glandes à venin ne produisent pas un venin protéique mais des mélanges de composés organiques plus simples qui souvent, outre leurs propriétés toxiques, jouent le rôle de phéromone d'alarme. Chez les *Formicinae,* qui n'ont pas d'aiguillon, les glandes ne produisent que de l'acide formique qui, avec la sécrétion des glandes de Dufour, est vaporisé ou déposé sur la plaie entaillée par les mandibules. L'acide formique est extrêmement toxique; les hydrocarbures et les esters des glandes de Dufour facilitent sa pénétration dans le corps des insectes ennemis. Les glandes de Dufour peuvent elles aussi produire des substances toxiques comme la 2-tridécanone.

L'alarme a été très étudiée chez les fourmis. Le comportement d'alarme que nous observons et qui varie d'une espèce à l'autre est provoqué par l'émission d'une phéromone d'alarme, systématiquement constituée par un mélange de plusieurs composés dont le rôle individuel est difficile à déterminer. Chez les fourmis champignonnistes du genre *Atta*, ce sont les glandes mandibulaires qui la produisent. Bien que leur sécrétion soit complexe et variable d'une espèce à l'autre, c'est toujours la 4-méthyl-3-heptanone qui déclenche l'alarme. La quantité de phéromone émise a une incidence sur le comportement des congénères. Dans le cas d'une petite alerte, la quantité émise est faible et attire quelques ouvrières. Une alerte plus sérieuse entraîne l'émission d'une quantité plus importante qui va déclencher l'agressivité d'un grand nombres d'ouvrières, qui à leur tour vont émettre leur phéromone d'alarme; l'alarme se propage ainsi rapidement dans la colonie.

Chez *Myrmicaria*, la gouttelette visible au bout de l'aiguillon est un mélange de trois monoterpènes (β myrcène, β pinène et limonène) qui provoque l'alarme chez les congénères tout en les attirant. Le β pinène est le composé qui diffuse le plus vite et le plus loin. Lorsqu'on dépose du limonène seul, il est perçu par les autres fourmis qui se mettent à tourner en rond autour de la source à un ou deux centimètres.

Face à un gros prédateur, un lézard par exemple, tout le contenu de la glande est vidé en une seule fois (5 gouttelettes), provoquant l'attraction des autres fourmis à grande distance. Mais arrivées près de la source, elles sont plutôt repoussées, restent dans le voisinage, recrutent d'autres ouvrières puis finissent par attaquer.

Nous avons également évoqué (chapitre 2) le cas des ouvrières d'*Oecophylla longinoda* où la volatilité différentielle des composés de la phéromone d'alarme induit une succession de comportements (ill. 36).

Comme nous venons de le voir, les phéromones d'alarme incitent d'autres individus à participer à la défense : on dit qu'ils sont «recrutés». Ce terme de recrutement a été longtemps réservé aux activités liées à la récolte de nourriture et donc indirectement à l'activité des phéromones de pistes. Selon les espèces, les stratégies de récolte et de recrutement sont très différentes. Chez beaucoup d'entre elles, l'ouvrière qui a trouvé une source de nourriture revient aux

79. De nombreuses espèces de fourmis possèdent un aiguillon qui permet d'inoculer au prédateur le contenu des glandes à venin. Chez les fourmis du genre *Formica sp.*, l'aiguillon a disparu. Elles se défendent en projetant de l'acide formique sur l'ennemi. Cliché Murray S. Blum.

alentours du nid chercher une autre ouvrière et les deux repartent en tandem. Même si cela est moins évident que dans d'autres cas, les signaux chimiques jouent ici un rôle déterminant.

Tout à fait à l'opposé, on trouve le cas de *Novomessor*, espèce chez laquelle l'éclaireuse ayant trouvé de la nourriture émet dans l'air la sécrétion de sa glande à poison qui attire les autres ouvrières dans un rayon de un mètre. Chez *Camponotus socius*, les ouvrières tracent une piste avec le contenu du rectum; de retour au nid, elles présentent un «frétillement» particulier qui alerte un certain nombre de congénères qui quittent le nid et la suivent sur la piste.

Chez *Myrmica rubra*, une piste tracée avec la glande à poison indique l'orientation; en déposant sur la piste précédente la sécrétion des glandes de Dufour, elle induit le recrutement. Face à un intrus ou à une proie, l'ouvrière tourne autour en déposant la sécrétion de sa glande de Dufour puis pique la proie. Elle retourne au nid en déposant une piste avec sa glande à poison, alerte quelques ouvrières et retourne vers la proie en déposant la sécrétion de sa glande de Dufour sur la trace précédente.

Les composés utilisés comme phéromone de piste sont déposés en quantités infimes. Un petit nombre d'entre eux ont été identifiés avec certitude : la 3-éthyl-2,5-diméthylpyrazine chez le genre *Atta*, la 2,5-diméthylpyrazine ainsi que les dérivés du 6-méthylsalicylate chez le genre *Tetramorium*. Le produit actif est le plus souvent très dilué dans la glande, «noyé» au milieu de très nombreux autres composés dont la fonction reste le plus souvent inconnue.

Il existe une littérature considérable sur les phéromones d'alarme et de piste chez les fourmis, mais très peu en revanche sur les phéromones sexuelles, dont aucune n'a été identifiée avec certitude à ce jour. L'essaimage des sexués, les «fourmis volantes», est très bref. Chez quelques espèces, *Formica montana* par exemple, la femelle se perche et adopte une position d'appel. Chez *Pogonomyrmex*, l'accouplement a lieu sur des sites particuliers et il se forme des *leks*. Le premier mâle qui arrive décharge la sécrétion de ses glandes mandibulaires ce qui attire d'autres mâles et des femelles. Lorsqu'une femelle a atterri, la sécrétion de sa glande à poison attire les mâles. Chez plusieurs espèces de *Lasius*, des terpènes et des indoles produits par les glandes mandibulaires attireraient les femelles pendant le vol nuptial.

Chez les abeilles

Il existe onze familles d'abeilles représentant environ 20 000 espèces solitaires ou sociales. L'abeille domestique *Apis mellifera* est certainement l'insecte dont la biologie est la mieux connue. Ses produits, la cire et le miel, sont utilisés depuis l'aube de l'humanité et elle joue un rôle considérable dans la pollinisation. Des générations d'apiculteurs et de biologistes ont étudié ces sociétés élaborées. Mais de nombreuses autres espèces contribuent

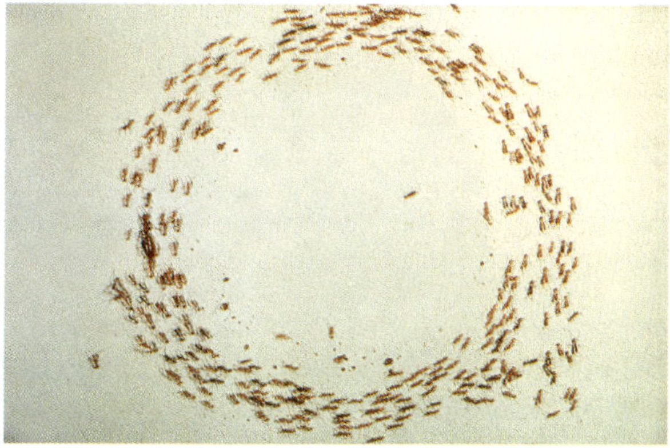

80. Un cercle a été tracé avec un extrait de la phéromone de piste de la fourmi *Neivamyrmex nigrescens*. Pendant plusieurs heures, les fourmis peuvent tourner en rond en suivant la phéromone. Cliché Murray S. Blum.

81. Piqûre d'abeille domestique *(Apis mellifera)*. L'aiguillon, la glande à poison et son réservoir restent fichés dans la peau. L'ouvrière ne survit pas à la piqûre. Cliché Murray S. Blum.

à la pollinisation, que l'homme a toujours essayé d'utiliser. Actuellement, les phéromones identifiées chez l'abeille de l'alfa *Nomia melanderi* sont testées pour l'inciter à construire ses nids près des plantations d'alfa, afin d'en favoriser la pollinisation.

Il n'existe de sociétés élaborées que chez trois familles d'abeilles : les *Apidae*, les *Anthophoridae* et les *Halictidae*, ce qui ne signifie pas que la communication chimique n'existe pas chez les autres espèces; les abeilles solitaires utilisent en effet une multitude de signaux chimiques.

Les glandes exocrines céphaliques, hypopharyngiennes, mandibulaires et post-génales ainsi que les glandes labiales (dont une partie est située dans la tête et l'autre dans le thorax) débouchent entre les pièces buccales. Le thorax est dépourvu de glandes mais il en existe dans le tarse des pattes. L'abdomen renferme de nombreuses glandes exocrines : les glandes à venin comme les glandes de Dufour déchargent leur sécrétion dans la base de l'aiguillon. Les glandes de Koshenikov sont associées au dard. Sur la face dorsale de l'abdomen, on trouve les glandes de Nasanov cachées par le tergite 6 qui les recouvre et ventralement, sous les sternites, les glandes cirières sont très développées (ill. 82).

Chez l'abeille, la sécrétion des glandes hypopharyngiennes sert à nourrir les larves. Les glandes labiales thoraciques produisent des enzymes digestives. La sécrétion des glandes labiales est très complexe chez les mâles des bourdons (45 substances identifiées parmi lesquelles de très nombreux hydrocarbures) et leur mélange a pour chaque espèce une composition très spécifique. Chez les bourdons, cette sécrétion est utilisée pour marquer différents objets tout au long de leur trajet pour rechercher de la nourriture. D'autres individus sont attirés et peuvent suivre ce marquage. La fonction primitive des glandes mandibulaires est certainement défensive et chez les ouvrières d'abeille, la 2-heptanone agit comme phéromone d'alarme conjointement avec la sécrétion des glandes de l'aiguillon.

Chez d'autres espèces, ces glandes ont des rôles très différents : phéromone grégaire chez *Colletes* dont les nids sont groupés, phéromones de marquage de territoire ou indiquant la présence d'une nourriture abondante chez les mélipones. Chez les ouvrières d'abeille, ces glandes produisent surtout l'acide 10-hydroxy-E-2-décénoïque qui fait partie de l'alimentation des larves et chez la reine, elles produisent la phéromone royale, l'acide 9-oxo-(E)-2-décénoïque. Chez l'abeille domestique du Cap *(Apis mellifera capensis)*, les ouvrières produisent également la phéromone royale dont on ne connaît pas le rôle exact, ces abeilles semblant pourtant avoir une biologie identique à celle des autres espèces.

Les tarses des pattes contiennent de grosses glandes, les glandes tarsales ou glandes d'Arnhart qui, chez l'abeille, produisent une sécrétion huileuse dont le rôle en tant que phéromone a été démontré. Chez les reines qui en produisent 13 fois plus que les ouvrières, elle renforcerait l'action de la phéromone royale. Les ouvrières reconnaîtraient l'entrée de leur ruche grâce à cette phéromone laissée par les pattes des autres ouvrières.

La taille de la glande de Dufour est très variable. Chez *Apis mellifera*, elle est beaucoup plus petite que la glande à venin et son rôle est mal connu mais chez plusieurs familles d'abeilles, *Colletidae* et *Andrenidae* en particulier, elles occupent une part importante de l'abdomen, pouvant représenter 10 % du poids de l'insecte et produisent des mélanges très complexes de lactones macrocycliques associées ou non à des esters; une quinzaine de lactones et une trentaine d'esters ont été identifiés chez différentes espèces. La sécrétion liquide, déposée comme un revêtement sur la paroi des cellules, prend selon l'espèce l'aspect du cellophane ou forme une couche cireuse. On a attribué à ce revêtement des propriétés très diverses : maintien de l'humidité, protection contre les micro-organismes, source de nourriture complémentaire pour les larves, phéromone grégaire incitant d'autres femelles à venir construire un nid, attraction des mâles, reconnaissance du nid...

Chez *Apis mellifera*, les glandes de Koshenikov débouchent latéralement sur l'aiguillon. La sécrétion qui est émise dès que l'ouvrière sort son aiguillon a une fonction d'alarme. Elle contient surtout de l'acétate d'iso-amyl, une série d'esters et d'alcools. Testé seul, l'acétate d'iso-amyl attire d'autres ouvrières. Le mélange (Z)-11-éicosen-1-ol, acétate d'iso-amyl, acétate d'isopentyl déclenche le comportement de piqûre chez toutes les ouvrières attirées.

Chez l'abeille domestique, les glandes de Nasanov sécrètent un mélange de citral, de géranial, de nérol, de (E-E)-farnésol, d'acide géranique et nérique. Cette sécrétion est émise quand l'ouvrière étend son abdomen et découvre ses glandes cachées par le tergite 6. En même temps, elle bat des ailes pour diffuser les produits émis et attirer ainsi ses congénères vers une source de nourriture, d'eau ou dans l'essaim. Chez la reine, leur action est complémentaire de celle des glandes mandibulaires : elles attirent les jeunes ouvrières et maintiennent la cohésion de la cour. Pendant le vol nuptial, elles stimulent l'accouplement des mâles arrivés à faible distance (après des siècles de controverse, les techniques de la biologie moléculaire ont permis de savoir combien de fois s'accouplait la reine pendant le vol nuptial : 17 fois en moyenne).

Les abeilles au sens large constituent un groupe fascinant pour l'écologie chimique. Ainsi, on pourrait croire que ce groupe est très bien connu à cet égard, mais il n'en est rien. De nombreuses sous-familles n'ont jamais été étudiées et même pour les espèces les plus étudiées, nos connaissances concernant le comportement sont fragmentaires. La plupart des produits

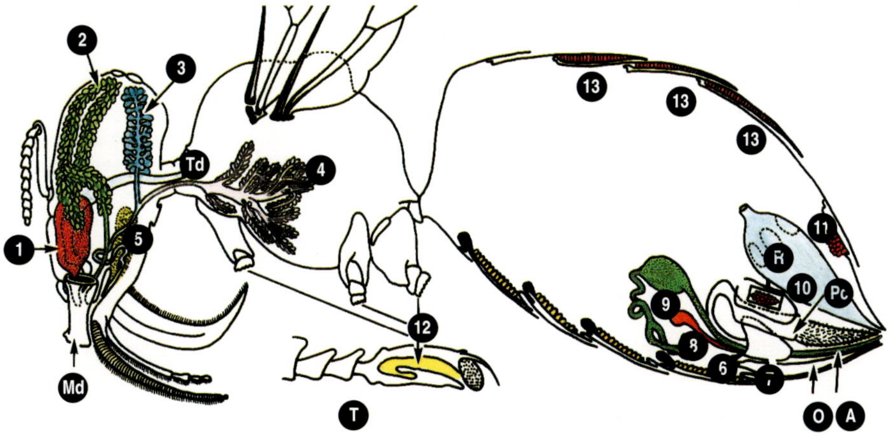

82. Anatomie et fonction du système glandulaire exocrine de l'abeille domestique *Apis mellifera*. A : Aiguillon; Md : Mandibule; O : Oviducte; R : Rectum; T : Tarse; Td : Tube digestif; ? : sécrétion ou fonction inconnue. Dessin R. Brossut.

GLANDES	SÉCRÉTIONS	FONCTION / COMPORTEMENT
1 : glande mandibulaire	2-heptanone	ouvrière : alarme
	acide 9-oxo-(E)-2-décénoïque	reine : phéromone modificatrice
	acide 10-hydroxy-(E)-2-décénoïque	ouvrière : aliment pour les larves
2 : glande hypopharyngienne	gelée royale	aliment pour les larves
3 : glande labiale céphalique	?	enzymes digestives + ?
4 : glande labiale thoracique	?	enzymes digestives + ?
5 : glande post-génale	?	?
6 : glande cirière	cire	construction des rayons
7 : glande à poison	venin	défense
8 : réservoir de la glande à poison	venin	défense
9 : glande de Dufour	?	?
10 : glande de Koschenikov	acétate d'isoamyl	ouvrières : alarme
	esters, alcools	reine : attraction des ouvrières pour l'essaimage
11 : glande de Nasanov	géranial-citral	
	farnésol, nérol	
	acide nérolique	
12 : glande d'Arnhart	?	ouvrières : marquage de l'entrée du nid
13 : glandes tergales	?	jeune reine : attraction des mâles

identifiés n'existent pas dans le commerce et les chimistes ne synthétisent que les quelques milligrammes nécessaires pour confirmer leur identification, quantités insuffisantes pour réaliser des tests biologiques approfondis. Le test de ces molécules en pleine nature est par ailleurs très difficile du fait de leur volatilité et les travaux réalisés en Suède sur des bourdons marqués et suivis par l'équipe de Kullenberg restent un modèle du genre.

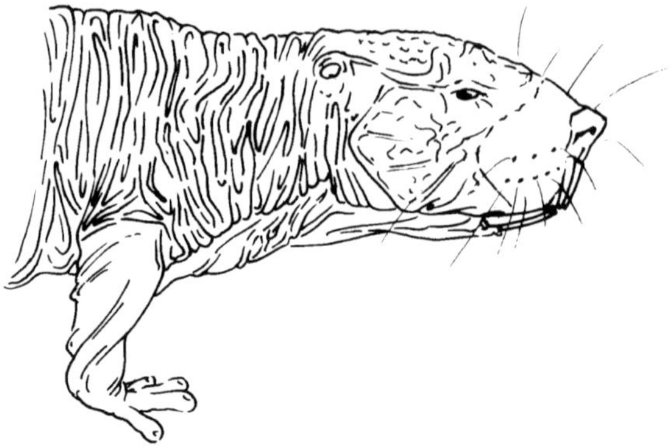

83. Le rat-taupe *Heterocephalus glaber* est le seul mammifère vivant dont les sociétés peuvent être comparées avec celles des insectes. Menant une vie complètement souterraine, il est dépourvu de poils, a la peau rosâtre, est aveugle, se déplace les yeux fermés et s'oriente grâce à ses vibrisses. Dessin original de C. Everaerts.

Les sociétés du rat-taupe *Heterocephalus glaber*

Le rat-taupe *Heterocephalus glaber* est un rongeur de la famille des *Bathyergidae* qui vit dans les régions chaudes et arides du sud de la Somalie et de l'Éthiopie et du nord du Kenya. C'est le seul mammifère vivant dont les sociétés peuvent être comparées avec celles des insectes sociaux. Menant une vie complètement souterraine, ce mammifère dépourvu de poils, à la peau rosâtre, est aveugle, se déplace les yeux fermés et s'oriente grâce à des vibrisses. Cet animal fouisseur possède en outre des incisives démesurées. De la taille d'une grosse souris, les adultes pèsent une trentaine de grammes et se nourrissent de bulbes et de tubercules qu'ils recherchent en creusant des galeries superficielles.

L'importance des colonies varie avec leur âge : elles comptent en général entre 30 et 100 individus des deux sexes. Un nid peut comporter jusqu'à trois kilomètres de galeries réparties sous une aire grossièrement circulaire de 200 à 300 mètres de diamètre. Les galeries superficielles utilisées pour rechercher la nourriture sont situées entre 5 et 20 centimètres sous le sol. Des galeries descendantes de 4 à 5 centimètres de diamètre les connectent avec les galeries principales situées à 50 centimètres de profondeur. Les chambres sont encore plus profondes; elles forment un réseau complexe avec des «toilettes» de 5 centimètres de diamètre sur 10 de profondeur.

En raison de leur mode de vie souterrain, on savait peu de chose de la biologie du rat-taupe. Ce n'est qu'en 1991 que les premières observations ont été publiées, montrant l'originalité de ces sociétés qui réside dans le fait qu'une seule femelle est féconde (elle donne naissance à tous les autres individus) et qu'il existe une division du travail. Dans une colonie de taille moyenne, on trouve une femelle reproductrice et un à trois mâles ayant acquis un statut leur permettant de s'accoupler. Si dans un nid on retire la femelle et les mâles reproducteurs, on assiste à une série de combats entre les femelles, entre les mâles et parfois entre mâles et femelles. Ces combats sont violents : quatre mâles et cinq femelles sont morts dans la colonie observée. On retrouve ainsi la situation de départ et très vite, les mamelles de la femelle victorieuse se développent. Dans le nid, en dehors des reproducteurs, on distingue trois catégories : les jeunes, les sub-adultes et les adultes non reproducteurs.

Dix jours après avoir donné naissance à une portée (douze jeunes en moyenne), la femelle s'accouple de nouveau. La femelle féconde, la seule à allaiter, vit au milieu des autres adultes qui dorment avec les jeunes, leur apportent des soins et les transportent en cas de danger. Vers l'âge de un mois, les jeunes sont presque sevrés et quémandent de la nourriture et des excréments aux autres individus. Ils atteignent la taille adulte en une année.

Ce sont les plus jeunes qui creusent les galeries, en particulier les plus superficielles destinées à la recherche les tubercules; ils transportent également la nourriture. Les sub-adultes élargissent les galeries et participent à la défense mais ils sont moins actifs que les jeunes. Les adultes sont inactifs la plupart du temps mais assurent la défense du nid contre les serpents qui, en s'introduisant dans les galeries, sont les principaux prédateurs. Les adultes font face à l'ennemi grâce à leurs incisives acérées tout en obstruant la galerie. Une autre stratégie consiste à murer le serpent dans une galerie.

En permanence, les différents individus communiquent en émettant des petits cris. La communication chimique joue toutefois un rôle non négligeable même s'il reste mal connu. Dans la partie profonde du nid, près des chambres, une cavité spécifique est consacrée à la défécation des rats-taupes. Ces derniers se roulent régulièrement dans les excréments et acquièrent ainsi une odeur caractéristique (odeur de la colonie ?).

A tous les stades, les individus pratiquent la coprophagie. Les femelles et les mâles non reproducteurs ne sont pas stériles; séparés de la colonie mère, ils peuvent se reproduire. Selon les biologistes ayant étudié ces animaux, il est clair que la femelle reproductrice exerce une inhibition sur la maturation sexuelle des autres adultes et tous suggèrent l'existence d'une phéromone modificatrice mêlée aux excréments et/ou à l'urine mais les analyses réalisées jusqu'à présent n'ont pas permis de l'identifier.

Le rat-taupe est souvent comparé aux insectes sociaux chez lesquels il est également très difficile d'identifier la reine, ce qui lui assure une meilleure protection.

On compare aussi souvent *Heterocephalus* aux termites : diploïdes, les ouvriers sont des deux sexes, les jeunes participent au travail, des individus sont capables de devenir des reproducteurs quand ceux-ci sont enlevés, une phéromone contrôle le déterminisme des castes et les jeunes sont en partie nourris par coprophagie.

4

PHÉROMONES ET COMPORTEMENT SEXUEL

La vie s'étant d'abord développée en milieu aquatique, les premières formes de phéromones, émises dans l'eau, n'ont pas dû être des molécules volatiles à l'origine. La production de signaux chimiques était probablement avant tout destinée à provoquer la rencontre des gamètes. Puis, une forme de communication chimique a dû permettre aux organismes de s'attirer mutuellement, et, une fois ceux-ci rapprochés, de provoquer la libération de leurs gamètes. Les pseudo-accouplements où le mâle étreint la femelle et féconde les œufs libérés constituent une étape intermédiaire. Mais c'est surtout l'accouplement où intervient une fécondation interne qui assure véritablement le succès de la reproduction.

Dès 1883, Rauwenhoff, en observant la fécondation chez les algues vertes, suggérait l'existence de substances stimulantes émises par les spermatozoïdes. L'attraction chimique des gamètes est un phénomène très général chez les organismes inférieurs, et qui subsiste même chez l'homme. Elle a été bien étudiée chez les algues brunes ou plusieurs dizaines de phéromones émises par les gamètes femelles ont été identifiées. Ce sont le plus souvent des hydrocarbures insaturés avec 8 à 11 atomes de carbone pour lesquels on a établi une nomenclature (sirénine, homosirène, ectocarpène, dictyotène, multifidène...).

Les phéromones chez les organismes primitifs

Pour quelques rares organismes seulement, nous pouvons prétendre connaître le fonctionnement de la communication chimique au niveau moléculaire. Assez paradoxalement, c'est chez les levures que ce type de communication est le mieux connu. Au cours des trois dernières années, la biologie moléculaire a permis d'identifier les gènes qui codent pour les phéromones, ceux qui codent pour les récepteurs de ces phéromones, et d'analyser la série complexe de réactions qu'entraîne leur perception chez ce groupe. Dans un tout autre domaine, bien qu'il soit indissociable de la communication chimique puisqu'il s'agit des mécanismes de reconnaissance au niveau moléculaire, ce sont les ciliés qui ont permis de comprendre comment a pu apparaître, puis se développer la reconnaissance du soi. Quant à l'universalité de la communication chimique, il est intéressant de constater que chez les bactéries, qui sont probablement les premiers organismes apparus sur Terre, et les seuls qui soient restés identiques à eux-mêmes depuis plusieurs milliards d'années, on trouve déjà des phéromones peptidiques.

Depuis des milliers d'années, les levures sont utilisées pour fabriquer la bière et le vin, en utilisant la fermentation transformant les sucres en alcool éthylique. Les responsables de cette fermentation sont des champignons ascomycètes dont l'espèce la plus étudiée est *Saccharomyces cerevisiae*. Les colonies sont composées de deux types de cellules (a et α) haploïdes qui vont fusionner pour former un zygote diploïde (a/α) qui, après méiose, donne des ascospores d'où vont bourgeonner d'autres cellules. Les cellules a et α produisent des phéromones peptidiques a et α qui vont contrôler les différentes étapes du cycle. De nombreux gènes sont impliqués dans ces mécanismes et leur activité est induite par des phéromones qui sont de petits peptides avec une séquence caractéristique de 13 acides aminés.

Chez plusieurs autres champignons, on a trouvé des phéromones peptidiques et des gènes codant pour leurs précurseurs lipopeptidiques ont été clonés, suggérant le caractère fréquent de ce type de phéromones dans ce groupe. Les récepteurs de ces phéromones, comme chez les autres organismes, sont des récepteurs à sept domaines transmembranaires associés à des protéines G. L'étude des gènes codant pour les sous-unités des protéines G associés à ces récepteurs a montré que leur fonctionnement diffère de celui des mammifères. *Saccharomyces* a d'abord été utilisé pour décrypter les mécanismes de la transduction du «signal–phéromone» pour devenir ensuite un modèle pour l'étude au niveau moléculaire du rôle des différentes kinases dans la régulation des cycles cellulaires.

Les ciliés sont les plus complexes des protozoaires et nous commençons tout juste de comprendre certains aspects de leur reproduction. Ils se multiplient par simple division (mitose) pendant la plus grande partie de leur cycle. Cette prolifération s'interrompt lorsqu'apparaît une certaine forme de sexualité. Des couples se forment alors par association de deux individus, qui se fixent l'un contre l'autre. Contrairement à tous les autres organismes, cet accouplement, appelé conjugaison, s'effectue sans multiplication des individus. C'est un processus complexe pendant lequel il y a échange de matériel génétique. Après la conjugaison, les deux individus se séparent, reprennent leur cycle normal et continuent de se multiplier par simple division. Des phéromones induisent la conjugaison, qui ont été identifiées chez plusieurs genres, d'abord *Blepharisma* puis *Euplotes* et *Dileptus*. Ce sont toujours des molécules protéiques à une exception près, chez *Blepharisma japoncum*, où une des phéromones est une molécule apparentée au tryptophane.

P. Luporini et ses collaborateurs ont étudié une espèce marine de cilié, *Euplotes raikovi*, chez laquelle les individus qui s'accouplent présentent un extraordinaire polymorphisme et où il semble exister autant de phéromones qu'il y a de types d'individus. La synthèse de la phéromone est contrôlée par une série de gènes poly-alléliques exprimés au *locus* mat (de *mating-type* en anglais). Par son degré de polymorphisme, ce *locus* n'a pas d'équivalent chez les eucaryotes unicellulaires, alors qu'il est possible de le comparer aux complexes de gènes contrôlant la reconnaissance du soi et du non-soi chez les champignons, les plantes et les animaux.

Les séquences d'ADN correspondant aux phéromones ont été caractérisées pour cette espèce. Constituées de 1100 paires de bases, elles codent pour les 75 acides aminés des précurseurs ou préprophéromone. Le segment pré, le peptide signal, est identique dans tous les précurseurs et comporte 19 acides aminés; le segment pro, plus variable, en comporte 16 à 18. La séquence sécrétée, qui comporte 37 à 40 acides aminés, est très diversifiée. Seule une séquence de 7 acides aminés est commune aux différentes phéromones.

Le rôle de ces phéromones est beaucoup plus complexe qu'on ne le pensait encore récemment. Alors qu'on supposait que leur principale fonction était de diffuser dans l'eau pour aller induire la conjugaison chez d'autres individus, il s'avère qu'elles agissent également comme des signaux de reconnaissance individuelle. Elles se fixent à des récepteurs de la cellule qui les émet et se comportent comme des facteurs de croissance autocrine. Un cilié dont on change le milieu de façon répétée et de ce fait privé de contact avec la phéromone qu'il émet, présente une croissance ralentie. La croissance est restaurée dès qu'on rajoute la phéromone au milieu.

Chez *Euplotes raikovi*, on a pu prouver qu'un gène amplifié jusqu'à 20 000 copies dans le noyau contient l'information pour deux ARN messagers, l'un pour la phéromone sous une forme libre qui va diffuser dans le milieu, l'autre pour la phéromone sous une forme liée à la membrane cellulaire. Ce phénomène est comparable à ce qui a été décrit dans des cellules de mammifères où l'épissure post-transcriptionnelle de l'ARN conduit à la synthèse de facteurs de croissance et d'immunoglobulines sous des formes liées à la membrane cellulaire et/ou sous des formes libres sécrétées.

Il est apparu que les hormones peptidiques et les cytokines, qui contrôlent la prolifération cellulaire et la différenciation chez les mammifères, une fois introduits dans des cultures d'*Euplotes*, entrent en compétition avec la phéromone pour se fixer sur les récepteurs membranaires spécifiques de la phéromone. De la même façon, la phéromone d'*Euplotes* peut, *in vitro*, avoir la même activité biologique que le facteur de croissance/*cytokine-like* sur des cultures de cellules et de lymphocytes. Chez *Euplotes*, la phéromone et son récepteur représentent le premier exemple où le ligand extracellulaire et son récepteur dérivent du même gène. Il semble que les molécules responsables de la reconnaissance du soi/non-soi chez les animaux plus évolués, de même que les hormones peptidiques et les cytokines des mammifères, présentent de grandes analogies avec le système décrit chez les ciliés au niveau des relations structure–fonction.

Chez des organismes encore plus primitifs comme les bactéries, nous trouvons déjà des mécanismes voisins. Chez le bacille *Bacillus subtilis*, il existe des phéromones peptiques (9 à 10 acides aminés) qu'il a été possible d'identifier car elles s'accumulent dans le milieu de culture au fur et à mesure que les bacilles prolifèrent. Ces phéromones sont des messagers entre les cellules, qui initient et coordonnent la différenciation. Elles sont nécessaires au développement de la compétence génétique préalable au transfert d'ADN entre les cellules et servent de signal pour initier la sporulation quand les conditions de vie deviennent défavorables. Un ou plusieurs gènes contrôlent la production de la phéromone et celle d'un ensemble transmembranaire dont on ne sait s'il permet l'entrée de la phéromone dans la cellule ou sert de récepteur, envoyant ensuite un signal qui va activer les mécanismes de transcription de l'ADN.

Des phéromones peptidiques ont été retrouvées partout dans le monde des bactéries, où elles sont impliquées dans des phénomènes très divers comme la bioluminescence chez *Vibrio*, le développement de la compétence chez *Streptococcus pneumoniae*, la biosynthèse de la streptomycine et la sporulation chez *Streptomyces*.

Les phéromones sexuelles des invertébrés

La durée de vie des gamètes libres est limitée et il est donc vital que la fécondation intervienne rapidement après leur libération. Chez les invertébrés marins et les vertébrés inférieurs, nous trouvons tous les intermédiaires entre une simple attraction chimique (le plus souvent, c'est l'ovule qui attire le spermatozoïde) et des mécanismes plus sophistiqués assimilables à un comportement sexuel. Chez des organismes très différents, la ponte des ovules s'accompagne de la libération de substances qui vont attirer les spermatozoïdes et/ou le mâle. C'est le cas chez les annélides polychètes comme les néréis dont beaucoup d'espèces changent de forme au moment de la reproduction et prennent la forme dite «épitoque». Les produits génitaux mûrissent, gonflent la cavité générale et l'abdomen se modifie tandis que les yeux, les palpes et les antennes deviennent énormes. Ces vers, qui habituellement restent cachés dans les algues, sortent alors et viennent nager en pleine eau vers la surface. A Roscoff, ce phénomène est observable chez *Nereis succinea*, *Platynereis dumerilii* et *Leptonereis glauca*, de juin à septembre, au premier et au dernier quartier de lune. Vers dix heures du soir apparaissent des dizaines de milliers de mâles; ensuite les femelles. Chaque femelle est très vite entourée de dizaines de mâles qui tournent frénétiquement autour d'elle. Pendant cette danse nuptiale, la femelle expulse ses œufs à grandes giclées tandis que les mâles éjaculent tous ensemble. La danse s'arrête vers minuit et il faut attendre quinze jours, quand la lune redevient favorable, pour observer de nouveau cette danse nuptiale. Le rythme lunaire est strictement observé.

Chez d'autres espèces de néréis, seule la partie postérieure des vers, bourrée de produits génitaux, monte à la surface. Dans les îles Samoa, la récolte de ce *palolo,* qui est consommé, donne lieu à de grandes fêtes liées au cycle lunaire. Les ovules de la femelle émettent ce qu'on appelait la «fertilisine» qui provoque l'émission du sperme par le mâle. La fertilisine a récemment été identifiée chez deux espèces : chez *Nereis succinea*, c'est la 5-méthyl-heptanone et chez *Platynereis dumerilii*, le 5-méthyl-décane. A l'inverse, chez certaines huîtres comme *Crassostrea virginica* et chez les étoiles de mer, ce sont des molécules diffusées par le sperme qui provoquent la libération des ovules par les femelles.

Nous constatons que chez ces animaux marins, les phéromones ont souvent une double ou même une triple fonction : rassemblement des individus, synchronisation de l'émission puis attraction des gamètes. Une multitude de molécules ont été identifiées mais très souvent, leur rôle en tant que phéromone n'est pas clairement établi.

Chez les gastéropodes de l'espèce *Crepidula fornicata*, on connaît l'existence et le rôle d'une phéromone femelle mais pas sa composition chimique. Les adultes vivent fixés aux rochers en colonies ou chaînes. Une chaîne est constituée d'une première femelle fixée au rocher sur laquelle sont fixées d'autres femelles puis des individus hermaphrodites puis des mâles. Au cours du temps, les femelles meurent, sont remplacées par les hermaphrodites qui deviennent femelles, les mâles devenant hermaphrodites, puis femelles plus tard. Seules les larves nagent librement. La première femelle les attire, les induit à se fixer sur la chaîne et détermine leur transformation ultérieure en mâle.

Chez la limnée *Lymnaea stagnalis*, mollusque gastéropode pulmoné, le «prépuce» du mâle produit une phéromone sexuelle et pendant les préludes au comportement sexuel chez la limace *Limax pseudoflavus*, les deux partenaires utilisent des messagers chimiques volatils pour se retrouver. Chez les escargots, qui sont hermaphrodites, l'accouplement est complexe. Ils trouvent leur partenaire sexuel grâce à une phéromone de piste. Un dard calcaire *(love dart)* enduit de mucus est ensuite enfoncé dans les tissus du conjoint. Certains des produits du mucus passent dans le système circulatoire du partenaire et le stimulent. Des substances qui jouent le rôle de messagers ont pu être isolées mais pas encore identifiées.

Dès la fin des années soixante, Ryan a montré qu'il existait des phéromones sexuelles chez les crabes, les homards et d'autres espèces de crustacés. Contrairement aux insectes qui ne subissent plus de mue une fois qu'ils sont adultes, les crustacés muent toute leur vie. La carapace est une cuticule calcifiée qui constitue un obstacle à l'accouplement. Celui-ci a lieu après la mue de la femelle, quand sa cuticule est encore molle. Chez plusieurs espèces, c'est l'hormone de mue, la crustecdysone, qui joue le rôle de phéromone sexuelle et attire le mâle. Le plus souvent, la sécrétion des glandes antennaires des femelles agit simultanément avec la crustecdysone pour déclencher la parade des mâles.

Certains crustacés comme les balanes et les barnacles qui vivent fixés à différents supports sont hermaphrodites mais ne s'autofécondent pas; il y a pseudo-copulation avec un voisin. Un messager chimique synchronise le rejet des larves avec la prolifération du plancton au printemps.

Les femelles de crabe expulsent les œufs ou les jeunes larves grâce à des mouvement de pompage de l'abdomen déclenchés par une phéromone peptidique. Ce peptide a été isolé chez *Neopanope sayi*; ajouté à l'eau des bacs où vivent d'autres femelles, il provoque le rejet des larves. Il est peu spécifique et agit sur les espèces voisines. Un dérivé de l'acide éicosapentanoïque, proche des prostaglandines, est produit par les vésicules séminales des mâles du crabe *Rhithoropanopeus harrisii*. Il induit la dissociation de la masse d'œufs que porte la femelle sous son abdomen et l'éclosion de ces œufs.

Les phéromones sexuelles des insectes

Parmi tous les groupes d'animaux, c'est chez les insectes que le comportement sexuel est le mieux connu : des phéromones sexuelles ont été identifiées chez plus de 300 espèces. En raison des enjeux économiques, ce sont les espèces les plus nuisibles aux activités humaines qui ont été les mieux étudiées et sur lesquelles nous disposons des données les plus précises. Citons les lépidoptères ravageurs des cultures, les coléoptères parasites des arbres (exploitations industrielles de conifères ou arbres d'ornement), les coléoptères des denrées stockées, les diptères (mouches et moustiques, vecteurs de nombreuses maladies dans les pays tropicaux), les blattes (cafards ou cancrelats), également vecteurs occasionnels de maladies dans les pays où le niveau d'hygiène est très bas.

Les termites, xylophages stricts, jouent dans les pays africains un rôle écologique fondamental en recyclant le bois mort et les autres débris végétaux qu'ils sont les seuls à consommer. En contrepartie, ils s'attaquent également aux habitations ou aux constructions et ouvrages d'art utilisant des armatures en bois : les inondations catastrophiques qui ont récemment ravagé le Viêt-nam sont dues à la rupture en chaîne de digues minées par la présence d'un trop grand nombre de nids. Dans les États du sud des États-Unis, les bâtiments historiques bâtis en bois et non traités sont menacés, de même qu'au Viêt-nam, où l'UNESCO vient de lancer un programme pour le traitement de la cité impériale de Hué. En France, la seule espèce nuisible *Reticulitermes saintonensis*, jusqu'à présent très localisée, progresse rapidement dans de nombreuses régions; une association des villes «termitées» a été créée en 1992.

Plusieurs ouvrages spécialisés donnent la liste des phéromones identifiées chez les insectes. Nous nous limiterons ici aux phéromones sexuelles connues chez les lépidoptères, les diptères et les blattes. Pour les coléoptères et les insectes sociaux, on se reportera au chapitre précédent.

• Les phéromones sexuelles des lépidoptères

Les biologistes s'intéressent depuis longtemps au comportement sexuel des papillons, mais ce sont surtout des papillons de jour, les rhopalocères qui ont été étudiés. Depuis les travaux de Butenandt sur *Bombyx mori* et ceux réalisés sur les ravageurs des cultures qui sont en majorité des hétérocères nocturnes, des données nouvelles ont été acquises sur l'ensemble des lépidoptères. Quelle que soit l'espèce étudiée ou le sexe du partenaire qui attire l'autre, il y a toujours deux étapes distinctes : l'attraction à distance puis le comportement précopulatoire qui comprend une succession de séquences.

Il existe une littérature pléthorique sur les phéromones sexuelles des lépidoptères et nous n'avons retenu ici que quelques cas caractéristiques : un papillon diurne, la zygène, chez laquelle la vision joue encore un rôle important; une pyrale, *Eldana sccharina* où ce sont les mâles qui attirent les femelles; une tordeuse, *Grapholita molesta* chez laquelle il y a d'abord attraction du mâle par la femelle, puis attraction de celle-ci par le mâle; enfin, deux noctuelles, *Pseudaletia unipuncta* et *Mamestra brassicae* dont les femelles, en utilisant les mêmes composés pour attirer les mâles à distance, illustrent la notion de mélange phéromonal spécifique. Chez cette dernière espèce, les différents constituants de la phéromone sexuelle femelle ont des effets distincts sur le comportement sexuel du mâle : les composés majoritaires permettent l'orientation des mâles vers la source attractive à de grandes distances, alors que les composés minoritaires sont indispensables pour provoquer l'atterrissage du mâle puis son orientation vers la femelle; les aphrodisiaques produits par le mâle jouent alors un rôle important dans les séquences qui conduisent à l'accouplement.

La zygène, *Zygaena filipendulae* est un papillon diurne assez commun en France, noir avec des taches rouges sur les ailes. La phéromone sexuelle émise par la femelle est un mélange de trois acétates à longue chaîne ((Z)-7 et (Z)-5-dodécényl acétate; (Z)-9-tétradécényl acétate) qui attire le mâle à distance. Arrivé à une cinquantaine de centimètres de la femelle, le mâle la localise grâce à la vue. Si *Zygaena filipendulae* est l'espèce la plus commune, on rencontre d'autres espèces du même genre (*Z. loti*, *Z. transalpina*, etc.) qui volent fréquemment ensemble et sont très difficiles à distinguer les unes des autres. D'après P. Zagatti et M. Renou, la vision seule ne permet pas aux mâles de faire la différence entre les femelles des différentes espèces et l'isolement reproducteur est de nature chimique.

Eldana sccharina est une pyrale africaine parasite de la canne à sucre, chez qui P. Zagatti a montré que c'est le mâle qui attire la femelle en montant au sommet d'une tige de canne où il adopte une position d'appel : il écarte ses ailes, relève l'extrémité de son

84. Des mâles de zygène *(Zygaena filipendula)* sont attirés par la phéromone sexuelle émise par une femelle enfermée dans une cage grillagée. Cliché P. Zagatti.

85, 86, 87. Comportement de cour de la noctuelle *Mamestra brassicae*. Le mâle, attiré par la phéromone sexuelle de la femelle, atterrit près d'elle et dévagine ses pinceaux androconiaux dont la sécrétion, qui a une odeur perceptible pour l'homme, incite les femelles à accepter l'accouplement. Clichés B. Frérot.

abdomen et fait vibrer ses ailes tout en dévaginant progressivement deux structures en forme de touffes, les corema, qui portent les pinceaux androconiaux. Une forte odeur de vanille, due à un mélange de vanilline et de composés minoritaires, dont l'hydroxy-4-benzaldéhyde, se dégage des pinceaux androconiaux (ill. 26).

La femelle quant à elle grimpe le long d'une tige et explore le sommet. Si elle ne trouve pas de mâle, elle s'envole pour retomber sur le sol puis se dirige jusqu'à la tige suivante, recommence l'ascension etc., jusqu'à ce qu'elle rencontre un mâle en appel. Comme la position d'appel du mâle se fait la tête en haut, les antennes de la femelle touchent en premier les pinceaux androconiaux situés à l'extrémité de l'abdomen. Instantanément, la femelle vibre des ailes et étend son abdomen. Le mâle se retourne alors, fait face à la femelle puis la contourne pour la chevaucher par l'arrière. Il n'y a donc pas de vol de recherche de la femelle en réponse à l'appel du mâle.

La tordeuse orientale du pêcher, *Grapholita molesta*, est un ravageur des vergers dont les chenilles s'attaquent surtout aux pommiers et aux pêchers. Les mâles sont attirés à distance par la phéromone sexuelle femelle, un mélange des isomères (Z) et (E) du dodécényl acétate, de (Z)-8-dodécénol et de dodécanol. Chez cette espèce, le mâle ayant été attiré par la femelle et atterri à sa proximité va à son tour attirer la femelle. Il place son abdomen en direction de la tête de la femelle puis sort et rentre rythmiquement ses pinceaux androconiaux tout en faisant vibrer ses ailes pour diffuser les produits émis. La femelle se dirige rapidement vers le mâle et touche son abdomen de ses antennes. Ce contact stimule le mâle qui essaye alors de s'accoupler. L'odeur des pinceaux androconiaux est agréable, à mi-chemin entre celle de l'herbe et celle de fleurs. Le mélange émis est surtout constitué de quatre produits : éthyl-(E)-cinnamate, mélléine et deux isomères du méthyl-jasmonate.

Pseudaletia unipuncta est une noctuelle cosmopolite dont les chenilles causent des dégâts importants aux cultures (avoine, blé, riz, maïs). En France, elle est surtout commune dans le Sud-Ouest où le rythme de reproduction de l'espèce atteint trois générations par an. Occasionnellement, on observe des pullulations; lorsque les chenilles ont dévoré leurs plantes hôtes, elles se groupent sur un front de plusieurs kilomètres de large et se mettent en marche dévorant tout sur leur passage, d'où leur surnom américain d'*army worms*. Un tel phénomène a été observé en 1961 dans le département des Landes.

La glande qui produit la phéromone sexuelle femelle occupe la membrane reliant les segments abdominaux 8 et 9. Pendant le comportement d'appel, cette glande est dévaginée. Les mâles possèdent des organes glandulaires, les pinceaux androconiaux, normalement repliés le long du corps et cachés par un repli des sternites, et éversiles grâce à une espèce de levier. Les poils de ces pinceaux ont de 2 à 5 millimètres de long, sont creux et présentent une structure alvéolaire en «nid d'abeilles» qui favorise l'évaporation des sécrétions mâles, surtout composées de benzaldéhyde et d'alcool benzylique.

Le comportement sexuel observé est assez simple. La femelle, pour émettre sa phéromone sexuelle, s'accroche à un support vertical, dévagine ses glandes et vibre des ailes pour en accélérer la diffusion. Le mâle attiré sort ses pinceaux androconiaux et se pose sous la femelle avec ses antennes presque au contact de l'extrémité abdominale puis tente de s'accoupler.

Jean-Pierre Farine a identifié et quantifié les principaux constituants produits par les glandes des femelles. Ce sont : l'hexadécanyl acétate (HDA; 10%), le (Z)-9-hexadécényl acétate (Z9HDA; 1 %), le (Z)-11-hexadécanyl acétate (Z11HDA; 87 %) et le (Z)-11-hexadécénol (Z11HDOL; 2 %). Les tests au laboratoire montrent que le Z11HDA seul n'attire que la moitié des mâles qui sont d'ailleurs incapables de localiser la source. Un mélange de Z11HDA / HDA dans les proportions 90/10 attire les mâles. Ceux-ci ne peuvent toujours pas localiser la source mais ils sortent leurs pièces génitales. Un mélange de Z11HDA / HDA et Z11HDOL dans les proportions 87/10/2 permet une localisation plus précise de la phéromone femelle. Seul le mélange Z11HDA, HDA, Z11HDOL et Z9HDA dans les proportions 87/10/2/1 est aussi attractif qu'un extrait de glandes femelles. En plein champ, le mélange qui a attiré le plus de mâles était composé de Z11HDA, HDA, Z11HDOL dans les proportions 88/10/2.

Brigitte Frérot a montré que la phéromone sexuelle des femelles de *Mamestra brassicae* a la même composition chimique que celle des femelles de *Pseudaletia unipuncta*, sauf que le Z11HDOL est absent alors qu'il représente 2 % de la phéromone de *Pseudaletia*. Les mâles de *Pseudaletia* sont attirés par les femelles de *Mamestra*, mais le Z11HDOL n'est pas indispensable à leur attraction. Par contre, le Z11HDOL à plus de 0,1 % est fortement inhibiteur pour les mâles de *Mamestra brassicae*, ce qui explique la non attraction des mâles de cette espèce par les femelles de *Pseudaletia unipuncta*. Le Z11HDOL agit donc comme facteur d'isolement chimique entre les deux espèces.

Chez *Mamestra brassicae*, le mâle attiré par la phéromone sexuelle femelle atterrit à 20 cm de celle-ci. Il dévagine alors ses pinceaux androconiaux situés dans des poches abdominales glandulaires, les glandes de Stobbe. Les pinceaux sont imbibés de sécrétion aphrodisiaque composée de benzaldéhyde, d'acide 2-méthylpropanoïque et 2-méthylbutanoïque, d'alcool benzylique, de 2-phényl-éthanol et de phénol. L'émission de ces substances participe à la reconnaissance et au choix du partenaire. Chez cette espèce, les produits émis par les mâles (qualifiés d'aphrodisiaques ou de phéromones mâles selon les auteurs) participent à la sélection sexuelle et à la spécificité de la communication chimique (ill. 85 à 87).

Les papillons constituent un modèle très favorable à l'étude électrophysiologique de la réception des phéromones. Michel Renou a, grâce à des enregistrements unitaires, déterminé les réponses des différents types de sensilles de l'antenne de *Mamestra brassicae* aux molécules ou assemblages de molécules du mélange phéromonal. Une première catégorie de sensilles comporte deux cellules sœurs dont l'une ne répond qu'au composant majoritaire de la phéromone, le Z11-HDA, alors que l'autre répond de façon comparable au Z9-TDA et au Z11-HDOL, deux composés connus pour atténuer la réponse des mâles aux phéromones.

Une deuxième catégorie de sensilles répond au Z9-TDA et au Z11-HDAL, un composé minoritaire de la sécrétion. Le Z9-HDA est un composant minoritaire du mélange phéromonal pour lequel aucune cellule sensorielle spécifique n'a pu être identifiée.

• Les phéromones sexuelles des diptères

Chez les diptères, la communication chimique est caractérisée par le fait que les signaux chimiques utilisés sont peu ou pas volatils et sont perçus à très faible distance ou par contact. Le comportement sexuel est complexe car la vision, l'audition et la communication chimique interviennent simultanément. Toutes les molécules utilisées pour communiquer sont des hydrocarbures : chez la drosophile, *Drosophila melanogaster*, les femelles produisent un mélange de (Z,Z)-7,11-heptacosadiène, de 7-tricosène et de 7-pentacosène, ces deux derniers hydrocarbures se retrouvant chez les mâles; la phéromone sexuelle femelle de la mouche domestique, *Musca domestica,* est le Z9-tricosène; chez *Glossina morsitans*, la phéromone est un mélange de trois dérivés de l'heptatriacontane (15,19-diméthyl H; 15,19,23-triméthyl H et 17,21-H). Ces hydrocarbures sont retenus à la surface du corps, adsorbés dans les cires cuticulaires. Les diptères n'ayant pas de système glandulaire exocrine bien différencié, on ne connaît pas l'origine de ces hydrocarbures. Les travaux récents de l'équipe de Jean-Marc Jallon sur la droso-

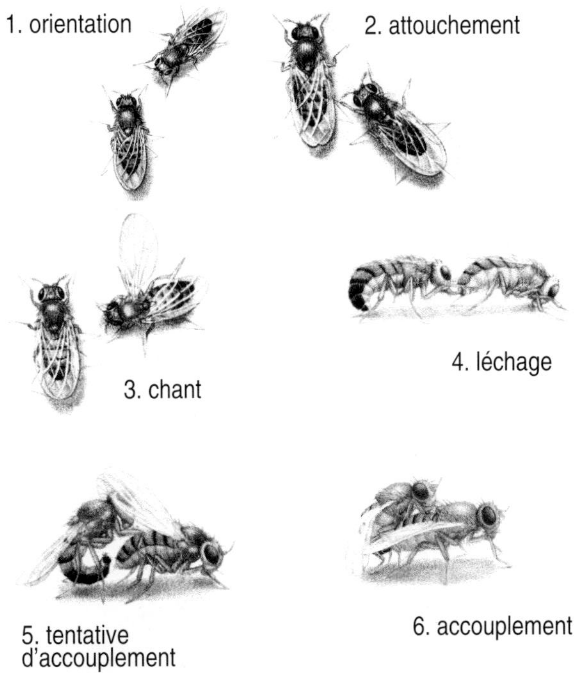

88. Comportement sexuel de la drosophile. La vision, l'audition et la communication chimique interviennent simultanément. Toutes les molécules utilisées pour communiquer sont des hydrocarbures peu volatils agissant à très faible distance ou par contact. La femelle produit du (Z,Z)-7,11-heptacosadiène, alors que le mâle produit surtout du 7-tricosène et du 7-pentacosène. R. Greenspan, *Pour la Science, n° 212,* 1995.

A
D
B
E
C
F

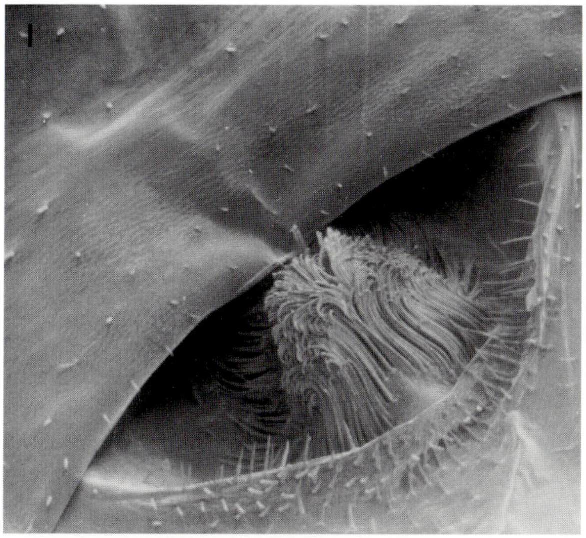

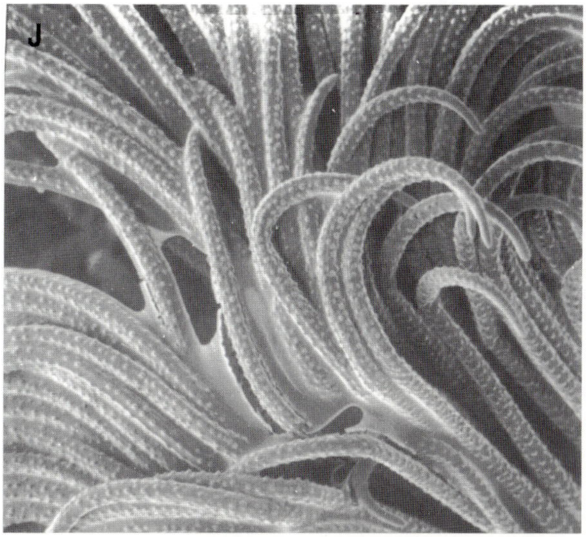

89. Comportement sexuel des blattes (voir p. 110). Une phéromone sexuelle volatile attire le partenaire sexuel à distance. Cette phéromone est émise par la femelle chez *Periplaneta americana* (A), par le mâle chez *Eurycotis floridana* (D) et *Nauphoeta cinerea* (G). L'insecte qui émet sa phéromone sexuelle adopte une position d'appel qui permet une diffusion optimale des molécules volatiles. La femelle de *Periplaneta* ouvre largement son atrium génital et dévagine les glandes atriales qui produisent la périplanone (A). Le mâle d'*Eurycotis floridana* étend son abdomen et découvre la région antérieure des tergites 7 et 8 qui produisent la phéromone mâle (D). En réponse à cette phéromone, la femelle adopte à son tour une position d'appel comparable à celle des femelles de *Periplaneta*. On peut observer ses glandes atriales blanchâtres (E). Le mâle de *Nauphoeta cinerea* adopte une position qui expose au maximum la partie ventrale de son abdomen où sont localisées les glandes produisant la phéromone. Chez la plupart des espèces, le mâle reconnaît la femelle grâce à une phéromone sexuelle femelle de contact qu'il perçoit en la touchant avec ses antennes. Cela déclenche la parade du mâle qui relève ses ailes, découvrant ses glandes tergales qui produisent des aphrodisiaques que la femelle vient lécher sur son dos, adoptant ainsi une position propice à l'accouplement (B, C, F). La phéromone sexuelle femelle de contact chez *Blattella germanica* est un dérivé de la nonacosanone. Une antenne d'une autre espèce imprégnée de cette phéromone déclenche immédiatement la parade une fois en contact avec les antennes du mâle (H). Bien que morphologiquement variables d'une espèce à l'autre, les glandes tergales du mâle sont souvent constituées d'une touffe de soies engluées par la sécrétion des cellules glandulaires qui s'ouvrent à leur base comme chez *Ectobius laponicus* (I, J). Le léchage de ces glandes par la femelle augmente l'excitation du mâle. Clichés A à H : J.-P. Farine. I et J : R. Brossut.

phile montrent qu'à l'intérieur de l'abdomen, la phéromone mâle est liée à une lipophorine, une grosse protéine de transport, ce qui suggère que la phéromone n'est pas synthétisée par les cellules de l'épiderme; elle pourrait être synthétisée par de grosses cellules dont le rôle reste mal connu, les œnocytes.

• Les phéromones sexuelles des blattes

Il existe environ 4000 espèces de blattes dont plus de 80 % sont tropicales. Ce n'est que récemment que les blattes sont devenues un véritable fléau urbain à l'échelle mondiale. Quatre espèces originaires d'Afrique se retrouvent dans la plupart des villes de la planète, *Periplaneta americana*, *Blatta orientalis*, *Blattella germanica* et *Supella longipalpa*. En Europe, les espèces indigènes sont de petite taille, vivent dans la litière des sous-bois et ne pénètrent qu'accidentellement dans les maisons où elles ne causent aucun dégât. Ces insectes nocturnes ont développé une véritable communication chimique. Leur comportement sexuel est régi par une succession de séquences déclenchées par différentes phéromones. Tout d'abord, un individu de l'un des deux sexes émet une phéromone volatile qui attire le partenaire sexuel à distance : c'est la phéromone sexuelle au sens propre du terme. L'individu qui émet sa phéromone sexuelle adopte un comportement d'appel destiné à exposer au maximum les glandes qui produisent la phéromone et à faciliter sa diffusion. Lorsque les partenaires sont presque au contact l'un de l'autre, le mâle caresse la femelle de ses antennes et perçoit ainsi une phéromone sexuelle femelle qui est adsorbée dans les cires cuticulaires qui recouvrent l'ensemble du corps. Immédiatement, le mâle adopte le comportement de parade, relève ses ailes à 90 degrés, découvrant son dos et en particulier les glandes tergales (dorsales) qui produisent des «aphrodisiaques», mélanges de protéines et de produits plus volatils, dont les femelles sont friandes. La femelle monte alors sur le dos du mâle pour lécher ces sécrétions tergales et se trouve ainsi dans une position propice à l'accouplement. Profitant de l'immobilité de la femelle, le mâle étend son abdomen sous celui de la femelle et agrippe ses genitalia; l'accouplement est ainsi réalisé.

Blattella germanica, la blatte germanique, actuellement la plus courante dans les appartements en France, est l'espèce qui suit le plus fidèlement cet enchaînement de séquences. Nous avons montré que la phéromone sexuelle femelle volatile qui attire le mâle à distance est produite par les glandes pygidiales situées à l'extrémité de l'abdomen. Arrivé au contact de la femelle, le mâle perçoit en la touchant de ses antennes la phéromone sexuelle femelle de contact dont le composé majoritaire est la 3,11-diméthyl-2-nonacosanone. Le mâle relève ses ailes et découvre ses glandes tergales situées sur les tergites 7 et 8.

Ces deux segments forment de profondes dépressions où s'accumulent les aphrodisiaques. La phéromone sexuelle femelle volatile de *Blattella germanica* n'a pas encore été identifiée, mais chez *Supella longipalpa,* une espèce très proche, elle vient d'être identifiée et baptisée supellapyrone.

Chez *Periplaneta americana*, c'est également la femelle qui émet la phéromone sexuelle volatile. Très tôt, cette phéromone a attiré l'attention car il est facile d'en obtenir des extraits très actifs sur les mâles. En fait, tout objet se trouvant dans une enceinte renfermant des femelles vierges acquiert la propriété de déclencher des comportements sexuels chez les mâles.

En ce qui concerne l'éradication des blattes, nous ne disposons toujours pas d'insecticide susceptible d'éliminer durablement les populations. Les produits les plus efficaces doivent être appliqués par des professionnels mais ils n'assurent qu'un sursis de quelques mois.

L'urbanisation croissante favorise le développement de populations considérables. A New York, le rejet massif d'eau très chaude dans les égouts a permis à *Periplaneta*, une blatte tropicale, de coloniser une ville où les hivers sont pourtant longs et rigoureux.

Si la présence de *Blattella*, qui est de taille modeste, est difficile à supporter, il est impossible de cohabiter avec *Periplaneta* qui est une blatte de grande taille. Cet aparté souligne l'enjeu économique que représente cette espèce.

En 1974, deux chercheurs hollandais, C. J. Persoons et F. Ritter, ont réussi à identifier le composé le plus actif du mélange phéromonal constituant la phéromone sexuelle femelle qu'ils baptisèrent périplanone B. Paradoxalement, alors que *Periplaneta* est un insecte de laboratoire, son comportement sexuel était très mal connu, on ignorait tout de l'origine de la phéromone et, dans ce contexte, les tests réalisés avec la périplanone B n'ont donné que des résultats ambigus.

Nous avons montré que la femelle qui émet sa phéromone sexuelle adopte une position d'appel très caractéristique qui fait saillir des glandes produisant la phéromone. La suite du comportement sexuel est identique à ce que nous avons décrit plus haut. Chez beaucoup d'espèces, ce sont les mâles qui produisent la phéromone sexuelle attractive à distance. C'est le cas chez deux espèces très voisines *Nauphoeta cinerea* et *Leucophaea maderae*. Les mâles présentent un comportement d'appel très caractéristique : les pattes avant sont fléchies, l'abdomen est relevé au maximum, exposant la face ventrale sur laquelle débouchent des milliers d'orifices glandulaires par où la phéromone sexuelle est émise.

Chez *Nauphoeta*, la phéromone sexuelle est un mélange de trois composés : la méthyl-2-thiazolidine et le 4-éthylguaïacol qui, ensemble, attirent la femelle à distance, et l'hydroxy-3-butanone-2 qui fonctionne comme un *arrestant,* maintenant la femelle à proximité du mâle une fois qu'elle a été attirée.

Chez *Leucophaea*, c'est l'hydroxy-3-butanone-2 qui est la phéromone sexuelle attractive à distance. Trois autres produits jouent le rôle d'*arrestant.* La suite du comportement sexuel est identique à celui des autres espèces.

Chez *Eurycotis floridana*, le comportement sexuel est encore plus complexe. Le mâle adopte un comportement d'appel qui expose la partie antérieure des tergites 7 et 8. Il se dégage alors une très forte odeur de caramel qui attire la femelle. Jean-Pierre Farine a montré que l'odeur de caramel était due à la présence de plusieurs dérivés de la furanone mais qu'un seul de ces dérivés, la 5-méthyl-1-hydroxy-3(2H)-furanone, entrait dans la composition du mélange phéromonal constitué par ailleurs de 2R,3R-butanédiol, de benzyl-2-hydroxybenzoate et de dodécanol. La femelle attirée adopte a son tour une position d'appel et fait saillir à l'extrémité de son abdomen des glandes qui sont normalement cachées; les produits émis n'ont pas été identifiés mais ils augmentent l'excitation du mâle. Comme chez les autres espèces, la femelle monte sur le dos du mâle pour lécher les aphrodisiaques protéiques produits par les glandes tergales qui chez *Eurycotis* débouchent au milieu d'une touffe de soies. Ces soies articulées sont des organes sensoriels tactiles, des mécanorécepteurs. En léchant cette touffe de soies, la femelle accroît encore l'excitation du mâle.

Depuis sa découverte, *Cryptocercus punctulatus* a été considérée comme une espèce proche de l'ancêtre commun aux blattes et aux termites. Morphologiquement c'est une blatte, mais comme les termites, elle est exclusivement xylophage et les flagellés symbiotiques qui lui permettent de digérer le bois sont très proches de ceux trouvés chez le termite australien *Mastotermes darwiniensis.* Cette espèce ne vit que dans quelques collines boisées de Virginie et dans certaines localités du nord de l'Oregon. Sa biologie n'est connue qu'à travers les travaux de Christine Nalepa.

Le mâle et la femelle creusent une chambre nuptiale dans un tronc mort ou une grosse branche tombée au sol puis s'accouplent. Pendant la première année, les jeunes larves ne se nourrissent que d'excréments liquides produits par la femelle. Chez les insectes, la cuticule qui recouvre la partie antérieure et postérieure du tube digestif est éliminée à chaque mue et il y a une vidange totale du tube digestif. Après chaque mue, les larves doivent reconstituer leur faune intestinale (flagellés symbiotiques) en absorbant les excréments liquides, riches en flagellés, des adultes.

Les larves ne muent qu'une fois par an et si la femelle meurt au cours des premières années, toute la colonie meurt. Les mâles vivent environ deux ans, les femelles cinq. Le développement complet des larves dure sept ans et les jeunes adultes quittent le réseau de galeries de la colonie à la fin de l'été. Les adultes des différentes colonies se dispersent dans le sous-bois mais très vite, les femelles vont attirer les mâles en émettant une phéromone sexuelle que nous avons identifiée : c'est le 4,6,8-triméthyl-7,9-undécadien-5-ol.

Il faut souligner que chez les différentes espèces de blattes, les phéromones sexuelles identifiées n'ont aucun point commun quant à leur nature chimique, ce qui suggère que les différentes familles ont divergé très tôt au cours de l'évolution.

Chez les blattes, les aphrodisiaques des glandes tergales des mâles sont à plus de 80 % composés de protéines. Il est possible qu'en dehors du fait que leur léchage provoque l'immobilisation de la femelle dans une position propice à l'accouplement, ils représentent un apport nutritif pour la maturation des œufs par la femelle.

• Les phéromones sexuelles des orthoptères

Chez les orthoptères (sauterelles, criquets, grillons) qui sont morphologiquement très proches des blattes, ce ne sont pas des phéromones qui permettent aux deux sexes de se rencontrer mais des sons; en particulier le chant du mâle. En revanche, le comportement de cour est assez proche de celui des blattes : le mâle reconnaît la femelle en la touchant de ses antennes et après un long rituel, relève ses ailes. La femelle monte alors sur son dos pour manger les sécrétions produites par des glandes du thorax situées près de la base des ailes. La nature chimique de cette sécrétion n'est pas connue mais ce comportement a été bien étudié par David Funk chez la sauterelle des arbres *Œcanthus latipennis,* chez qui la femelle continue de lécher les sécrétions thoraciques pendant plus de vingt minutes après l'accouplement.

Chez presque tous les insectes, les spermatozoïdes ne sont pas libres, mais rassemblés dans une sorte de sac mou plus ou moins gélatineux appelé spermatophore qui est introduit dans les voies génitales de la femelle. Les spermatozoïdes quittent alors le spermatophore pour être stockés dans un organe spécialisé de la femelle, la spermathèque. Quand la femelle pond, les spermatozoïdes quittent la spermathèque et fécondent les œufs à leur passage dans l'oviducte. La paroi du spermatophore, en grande partie protéique, est très appréciée des femelles qui en sont très friandes. Des expériences ont montré que le spermatophore représente un apport nutritif important pour la production des œufs. Selon Funk, les sécrétions thoraciques du mâle détourneraient l'attention de la femelle du spermatophore pendant que les spermatozoïdes passent dans la spermathèque. Ensuite, dès que l'accouplement est terminé, la femelle mange le spermatophore.

Chez une espèce voisine de sauterelle, *Orocharis saltator* où les glandes thoraciques sont réduites, le mâle a mis au point une autre stratégie pour assurer la transmission de ses spermatozoïdes. En effet, au premier accouplement, dès que le mâle a introduit son spermatophore, la femelle se dégage puis, en frottant son abdomen sur une feuille, déloge le spermatophore et commence à le manger. Le mâle produit alors un autre spermatophore, s'accouple de nouveau et, pendant que la femelle est sur son dos et finit de manger le premier spermatophore, il en introduit un second. La femelle se dégage de nouveau et commence de manger le second spermatophore. Ce scénario peut se reproduire plus de vingt fois de suite et durer plus de trois heures. Chaque spermatophore contient une petite quantité de spermatozoïdes et comme la femelle met environ neuf minutes pour manger un spermatophore alors qu'il ne faut que quatre minutes aux spermatozoïdes pour passer dans la spermathèque, la production de spermatophores successifs est aussi efficace que les sécrétions thoraciques pour «distraire» la femelle.

Ces comportements peuvent être rattachés à la sélection sexuelle telle que Charles Darwin l'avait définie en 1859 dans son célèbre ouvrage sur l'origine des espèces et dans lequel, schématiquement, la sélection sexuelle résulterait de la compétition constante entre les mâles pour la possession des femelles, compétition qui favorise l'apparition de caractères rendant les mâles plus attractifs pour les femelles, et qui leur permet ainsi d'assurer leur descendance. A cette notion s'ajoute aujourd'hui celle de l'«investissement» respectif de chaque parent : le mâle optimise son potentiel reproducteur en s'accouplant à de nombreuses femelles; la femelle, pour qui les œufs représentent un gros investissement, optimise son potentiel reproducteur en s'accouplant sélectivement au «meilleur» mâle.

Cette notion d'«investissement» s'applique également à d'autres groupes que les insectes : il existe en fait une multitude de stratégies dont les deux extrêmes sont le cas où, après un comportement sexuel très ritualisé, le mâle quitte la femelle immédiatement après l'accouplement pour en chercher une autre; et le cas contraire où, avant et après l'accouplement, le mâle lutte pour acquérir un statut qui lui permet de fournir à la femelle un territoire, un site pour sa reproduction, de la nourriture, et de contribuer ainsi au succès reproductif de la femelle autrement que par la simple transmission de son patrimoine génétique.

Dans le cas de nos sauterelles, pourquoi le mâle continue-t-il de «nourrir» la femelle au lieu d'en rechercher une autre ? En fournissant à la femelle un complément nutritif, c'est sa propre descendance qu'il sauvegarde.

Chez certaines mantes religieuses, ce comportement est spectaculaire : le mâle produit un énorme spermatophore qui représente 40 % de son propre poids et dont la plus grande partie est nutritive.

• Les bases olfactives du choix du mâle par la femelle

Chez beaucoup d'espèces, quel que soit le sexe responsable de l'attraction de l'autre, c'est la femelle qui choisit le mâle avec lequel elle s'accouple. Il y a en fait sélection sexuelle et la femelle choisit le mâle en fonction de «qualités» qu'elle estime être avantageuses pour sa descendance. Dans tous les cas étudiés, ce choix s'opère *via* les phéromones sexuelles ou d'autres signaux chimiques.

Nous avons déjà décrit le comportement sexuel de la blatte *Nauphoeta cinerea*, chez qui les mâles sont très agressifs entre eux et où il s'établit des hiérarchies au sein des groupes, avec des mâles dominants ayant accès aux femelles et des mâles dominés qui ne s'accouplent jamais. *Nauphoeta cinerea* est la seule espèce d'insecte chez laquelle il existe des phénomènes de dominance comparables à ceux que l'on observe chez les mammifères.

Daniel Sirugue et Florence Fenaux-Benderitter ont montré qu'une femelle qui a le choix entre plusieurs mâles optera pour un mâle dominant et que ses descendants seront des mâles dominants; ce qui, dans le contexte expérimental utilisé, implique une reconnaissance olfactive du statut des mâles. En provoquant l'affrontement des mâles dominants d'une première génération, puis des fils issus de ces mâles pendant deux générations, Florence Fenaux-Benderitter a obtenu des lignées de mâles super-dominants et des lignées de mâles super-dominés. En analysant la composition de la phéromone chez des centaines de mâles, elle a montré qu'après une expérience sociale, le statut dominant d'un mâle est caractérisé par une quantité élevée d'hydroxy-3-butanone-2 et par de faibles quantités de méthyl-2-thiazolidine et de 4-éthylguaïacol. Ce mélange spécifique permet à la femelle de reconnaître à distance un mâle dominant. Il existe donc une composante héréditaire dans la capacité à dominer.

Les relations entre les mâles et les femelles des lépidoptères décrites par Thomas Eisner et Jerrold Meinwald sont beaucoup plus complexes. Ils observent que pendant le comportement sexuel, les mâles de *Lycorea ceres*, une très belle espèce de Trinidad, dévaginent des pinceaux androconiaux semblables à ceux des autres mâles de papillons et produisant des aphrodisiaques. L'analyse chimique de ces derniers a révélé la présence de deux esters et surtout celle d'une pyrrolizidine qui ne ressemble à aucune autre molécule identifiée chez des animaux, mais qui est proche de certains alcaloïdes végétaux. Cette molécule a été nommée danaïdone.

Soupçonnant que cette molécule pouvait provenir de la plante hôte servant de substrat nutritif aux chenilles, les deux chercheurs se sont procurés la plante hôte, une boraginacée contenant de la pyrrolizidine. Cette molécule toxique, présente chez les chenilles et les adultes, fait que ceux-ci sont ignorés par les prédateurs habituels des lépidoptères, allergiques à cette plante. Après des études similaires sur une autre espèce, *Danaus gilipus*, dont les mâles possèdent des pinceaux androconiaux du même type et surtout renfermant de la danaïdone cristallisée, ils constatèrent que les deux esters sont absents de la sécrétion qui contient en revanche un alcool terpénique visqueux qui permet l'adhésion de la danaïdone sur les antennes des femelles, danaïdone qui va jouer le rôle de phéromone sexuelle mâle. Par hasard, ils observèrent que les mâles élevés au laboratoire avaient un comportement sexuel normal mais qu'ils ne s'accouplaient pas alors que les femelles s'accouplaient normalement avec des mâles «sauvages». En effet, les mâles élevés au laboratoire ne produisent pas de danaïdone dans leurs pinceaux androconiaux. Il apparaît ainsi que les femelles sélectionnent, *via* la présence de danaïdone, les mâles pourvus du meilleur potentiel défensif.

Nous avons vu (chapitre 1) que les mâles du monarque *Danaus plexippus* séquestrent des produits très voisins. Bien qu'ils aient un comportement sexuel analogue, ils ne produisent cependant pas de pyrrolizidines ayant une fonction phéromonale. Ces deux espèces voisines n'utilisent donc pas la même stratégie.

En étudiant une espèce très différente, un *Arctiidae* de l'espèce *Uthetheisa ornatrix*, ces auteurs ont pu proposer une interprétation approfondie de ce type de sélection sexuelle. Les chenilles de cet *Arctiidae* se nourrissent sur une légumineuse, *Crotalaria spectabilis*, qui contient la monocrotaline, un alcaloïde lié à une pyrrolizidine. La monocrotaline s'accumule chez les chenilles et se retrouve en grande quantité chez les adultes qui sont évités par les araignées et les oiseaux. A la tombée de la nuit, la femelle attire le mâle à distance grâce à une phéromone sexuelle composée de trois hydrocarbures insaturés, des polyènes à 21 atomes de carbone. Arrivé

SÉLECTION SEXUELLE CHEZ LES PAPILLONS

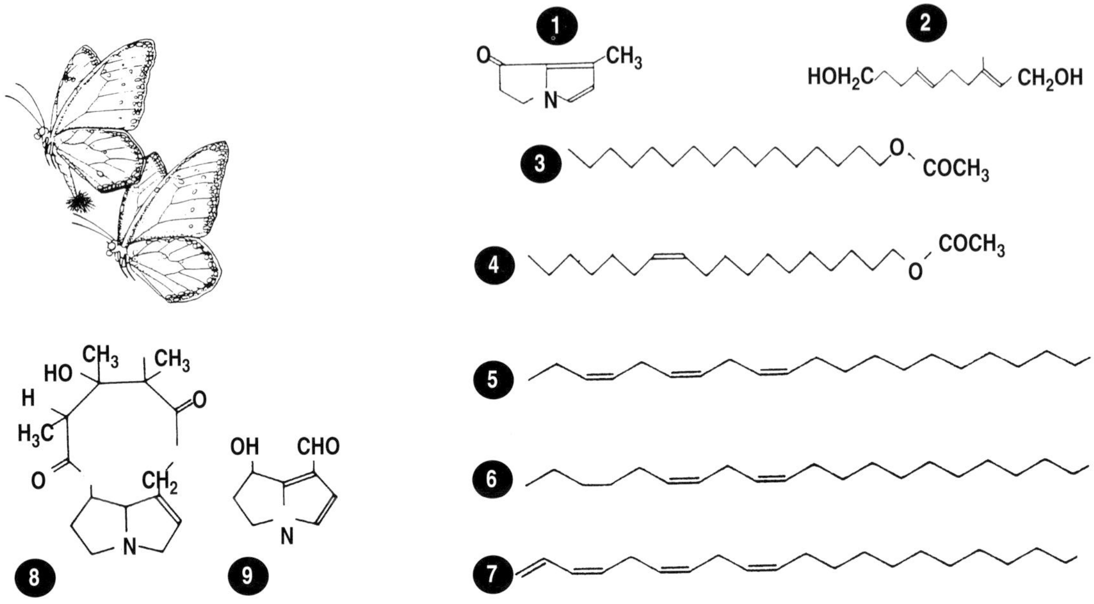

90. Le mâle de *Danaus gillipus* vole au-dessus de la femelle en dévaginant ses pinceaux androconiaux. Un alcool, le (E,E)-3,7-diméthyl-déca-2,6-dien-1-10-diol (2) sert de glu pour coller les androconies aux antennes de la femelle, tandis que la danaïdone des androconies incite la femelle à atterrir, ce qui permet aux mâles de s'accoupler.
Chez *Lycorea ceres*, on retrouve la danaïdone mais l'hexadécyl acétate (3) et le cis-vaccenyl acétate (4) remplacent l'alcool.
Chez *Uthethesia ornatrix*, la femelle attire le mâle grâce à une phéromone sexuelle qui est un mélange de 3 polyènes à longue chaîne (5, 6, 7). Arrivé près de la femelle, le mâle dévagine ses corematas qui sont enduits d'hydroxydanaïdal (8) et on observe le même comportement que chez *Danaus* ou *Lycorea*.
L'hydroxydanaïdal (8) dérive d'un alcaloïde, la monocrotaline (9) qui provient de la légumineuse *Crotalaria spectabilis* dont les larves se nourrissent. Stocké par les chenilles, cet alcaloïde se retrouve surtout chez les mâles. Les œufs renferment aussi cet alcaloïde qui agit comme une substance défensive. Il est transmis aux femelles par le mâle pendant l'accouplement *via* le spermatophore.
Selon certains auteurs, d'après la quantité d'hydroxydanaïdal émise par le mâle lors de sa cour, la femelle pourrait évaluer la quantité de monocrotaline qu'il est susceptible de lui procurer à l'accouplement et c'est sur ce critère que s'effectuerait la sélection sexuelle.

près de la femelle, le mâle dévagine une paire de pinceaux, les corématas, qui sont enduits d'hydroxydanaïdal, une substance dérivant de la protocrotaline produite grâce à une structure glandulaire. On observe que les femelles refusent de s'accoupler avec des mâles dont on a coupé les corématas. L'hydroxydanaïdal n'est pas un simple signal marquant la présence du mâle, il est aussi un indicateur de la quantité d'alcaloïde présente chez un individu donné. Thomas Eisner et Jerrold Meinwald ont découvert que les œufs de *Uthetheisa ornatrix* contenaient cet alcaloïde, toxique pour les insectes qui mangent pourtant les œufs d'autres espèces, ceux des coccinelles par exemple.

Mais de manière plus étonnante, on constate que les femelles issues de chenilles nourries sur des plantes sans alcaloïde pondent malgré tout des œufs qui en renferment. L'alcaloïde serait transmis à la femelle *via* le spermatophore pendant l'accouplement. Selon ces deux auteurs, la femelle pourrait déterminer d'après la quantité d'hydroxydanaïdal émise par le mâle la quantité d'alcaloïde que ce dernier va lui transmettre; l'alcaloïde constituerait en quelque sorte un véritable cadeau nuptial dont la femelle serait capable d'évaluer le poids. Sans rentrer dans les détails d'expérimentations complexes, il s'avère que pour féconder ses œufs, la femelle utilise le sperme du mâle qui renferme le plus d'alcaloïde, et ceci même lorsqu'elle est fécondée par plusieurs mâles.

Les phéromones sexuelles des vertébrés

Pour répondre aux besoins alimentaires croissants de l'humanité, les industries agro-alimentaires connaissent un développement considérable. Cela se traduit par l'élevage extensif de nombreuses espèces que le milieu naturel ne peut plus nourrir en quantités suffisantes ou dont la survie est en danger. Ces nouveaux types d'élevage s'accompagnent de recherches sur des espèces communes mais dont la biologie du comportement est souvent mal connue au départ. Ainsi, dès que la pisciculture est devenue un enjeu économique important, les recherches sur la communication chimique des poissons se sont multipliées. C'est dans le même esprit qu'ont été entreprises les recherches sur les mammifères domestiques (voir chapitre 5). Les phéromones sexuelles sont au centre de ces recherches dont les méthodologies ont également été bénéfiques pour les études sur les vertébrés sans intérêt économique. Après deux décennies de tâtonnements, les publications sur la nature chimique des phéromones sexuelles des vertébrés se multiplient.

• Les phéromones sexuelles des poissons, des amphibiens et des reptiles

Chez les poissons, il est fréquent que la parade d'un mâle déclenche celle des autres mâles, par libération de mélanges phéromonaux. Il est tout aussi fréquent que la femelle qui va ou est en train de pondre libère des œstrogènes attractifs pour le mâle qui féconde ensuite les œufs pondus. Chez le poisson-chat africain *Clarias gariepinus*, la vésicule séminale des mâles produit une phéromone qui attire les femelles. Il s'agit d'une molécule complexe associant un stéroïde et un glucuronide : le 3α,17α-dihydroxy-5β-pregnan-20-one-3α-glucuronide. La phéromone mâle du *zebrafish*, *Brachydanio rerio*, a une structure très voisine.

Plusieurs espèces de cottidés que l'on nomme «chabots», et vivant au fond du lac Baïkal (le plus profond lac du globe, avec 1741 mètres) ont été récemment étudiées. La phéromone sexuelle mâle produite par les testicules est émise avec l'urine. Chez *Cottocomephorus gerwingki*, c'est la 11β-hydroxytestostérone.

Chez les amphibiens urodèles, des signaux chimiques contribuent à la rencontre des sexes, avec notamment la sécrétion des glandes du cloaque des mâles qui attire les femelles et non l'inverse comme on l'a cru longtemps. Cela avait été démontré chez le triton *Triturus vulgaris*, mais ce n'est qu'en 1995 qu'une équipe japonaise a pu identifier cette phéromone mâle chez le triton à ventre rouge, *Cynops pyrrhogaster* : il s'agit d'un décapeptide baptisé «sodéfrine», la première phéromone identifiée chez un amphibien. Il faut souligner que cette phéromone est spécifique et n'attire pas les femelles de l'espèce voisine *Cynops ensicauda*. Jusqu'alors, très peu d'expériences avaient été réalisées pour étudier la spécificité des phéromones chez les vertébrés inférieurs.

Chez les salamandres, il existe une reconnaissance inter et intraspécifique basée sur les signaux olfactifs et chez certaines espèces, un comportement de cour très particulier. Grâce à une dent prémaxillaire modifiée, le mâle injecte dans l'épiderme de la femelle une glycoprotéine qui, transportée par le système circulatoire superficiel, stimule son activité sexuelle.

Chez les reptiles, ce n'est que très récemment que l'importance du rôle de la communication chimique a été mise en évidence chez certains groupes.

La phéromone sexuelle du serpent jarretière *Thamnophis sirtalis* est un mélange de méthyl cétones de 29 à 37 atomes de carbone qui sont mélangées avec la sécrétion protéique laissée par la femelle lors de ses déplacements.

Le comportement sexuel du crotale *Crotalus adamanteus* a été étudié en détail en Floride. En dehors des périodes de reproduction, mâles et femelles vivent séparés et occupent des aires assez limitées

91. Le serpent jarretière *Thamnophis sirtalis* est surtout connu pour former des groupes très denses et très populeux pendant l'hiver. La phéromone sexuelle femelle est un mélange de méthyl cétones comprenant 29 à 37 atomes de carbone, déposé avec la sécrétion protéique laissée lors de ses déplacements. Droits réservés.

d'environ 150 m de diamètre. De la mi-août à septembre, pendant la période de reproduction, les femelles se déplacent dans une aire limitée à une vingtaine de mètres de diamètre alors que le mâle peut parcourir plusieurs kilomètres.

Les observateurs rapportent que lors de cette période, le mâle se déplace très vite et trouve facilement la femelle. Il est peut-être guidé par d'anciennes traces de la femelle qu'il recoupe et perçoit très certainement des signaux volatils.

Chez les iguanes, comme chez beaucoup de lézards, les glandes fémorales sont plus développées chez les mâles. Leur sécrétion sert au marquage du territoire et au moment de la reproduction, elles sont hypertrophiées chez le mâle et produisent un mélange de protéines et de lipides qui attire les femelles. Cette sécrétion est peu volatile chez l'iguane du désert *Dipsosaurus dorsalis*, très volatile chez l'iguane vert *Iguana iguana*.

Pour attirer les mâles passant à proximité, la femelle de la tortue *Gopherus polyphemus* enduit sa patte antérieure avec la sécrétion des glandes du «menton».

Chez la tortue à musc, *Aromachelys odoratus*, seules les femelles prêtes à s'accoupler produisent du musc par des glandes situées près de la queue. Les mâles les repèrent à leur odeur.

Alligator sinensis est une espèce en voie de disparition de la vallée du Yang-Tsê en Chine. Les analyses des sécrétions des glandes paracloaquales ont révélé que plusieurs diterpènes n'existent que dans la sécrétion des mâles et que ces produits sont détectés à faible distance par les femelles. Les femelles d'*Alligator mississippiensis* détectent les mêmes produits dans l'air à grande distance. Des produits voisins ont été retrouvés chez les genres *Crocodylus* et *Caïman*.

• Les phéromones sexuelles des mammifères

La physiologie de la reproduction est bien connue chez la plupart des groupes de mammifères. Il était généralement admis que les comportements observés étaient contrôlés par des cycles hormonaux. Les sécrétions «odorantes» étaient en général considérées comme des manifestations anecdotiques de la biologie du comportement et beaucoup d'auteurs pensaient que les phéromones n'étaient utilisées que par les animaux «inférieurs». Nous savons à présent que les interactions entre phéromones et hormones sont au centre du comportement sexuel des mammifères.

Les rongeurs, animaux de laboratoire par excellence, sont les mammifères les plus étudiés. Chez la plupart des espèces, les phéromones sexuelles femelles sont émises avec l'urine. Chez la femelle du hamster, c'est une protéine de 20 kDa issue des sécrétions vaginales, l'aphrodisine, qui joue le rôle de phéromone sexuelle alors que chez la souris *Mus musculus*, c'est un mélange de deux composés volatils présents dans l'urine : la 2-(sec-butyl)-thiazolidine et la 2,3-déhydro-exo-brévicomine.

Le rut chez les grands mammifères donne souvent lieu à des manifestations spectaculaires que l'homme a observées depuis fort longtemps. Le cerf d'Europe, *Cervus elaphus*, est bien connu pour émettre un cri puissant, le «brame», au moment du rut. Le brame est destiné à provoquer les autres mâles et exprime probablement aussi l'appropriation territoriale. Ce phénomène est observé avec quelques variantes chez la plupart des cervidés, du plus grand, le *wapiti* d'Amérique du Nord *Cervus canadensis*, au plus petit comme le *muntjack* d'Asie *Muntiacus muntjak* qui pèse à peine une dizaine de kilos.

Le comportement sexuel du *muntjack* a été étudié en détail par G. Dubost qui a montré que la présence de femelles en œstrus déclenche le brame du mâle, un aboiement rauque chez cette espèce. Arrivé près de la femelle, il produit avec sa langue un bruit de castagnettes. Si la femelle accepte l'accouplement, elle urine et repart avec la queue relevée. Le mâle renifle fortement l'urine et adopte alors le *flehmen*, une grimace caractéristique qui découvre la région du palais où s'ouvre l'organe voméronasal. Il repart ensuite en émettant son bruit de castagnettes et rejoint la femelle qui urine de nouveau la queue relevée. Il lèche ensuite le sexe et la croupe de la femelle et la suit. Après une longue promenade et de nombreux léchages, le mâle marque la femelle en frottant son front et ses glandes préorbitales contre la région ano-génitale, la croupe, les cuisses, les flancs et le garrot puis finalement s'accouple. C'est dans l'urine de la femelle qu'est contenue la phéromone qui déclenche et maintient le comportement de parade.

Chez l'antilope de Canna, *Taurotragus oryx*, comme chez l'élan de Derby, *Taurotragus derbianus*, la plus grande des antilopes avec un poids pouvant atteindre 900 kg, le mâle creuse une fosse allongée avec ses pattes antérieures au moment du rut. Il urine, tasse la terre et recommence cette manœuvre

92. Au moment du rut, les mâles du cerf d'Europe *Cervus elaphus* émettent un cri puissant, le brame, destiné à provoquer les autres mâles et à marquer l'appropriation du harem et du territoire. T. Clutton-Brock, *Pour la Science,* n° 90, 1985.

93. Mâle de *Cercocebus albigena* (Gabon) flairant les organes génitaux d'une femelle en œstrus. Cliché J.-M. Rollinson.

une dizaine de fois puis se roule dedans. Le mâle et la fosse sont attractifs pour les femelles qui viennent se rouler dans cette boue odorante; elles acceptent alors l'accouplement.

Nous avons vu que la sécrétion odorante des glandes temporales des mâles de l'éléphant *Elephas maximus*, appelée musth, indique leur état sexuel. Elle apparaît lors du rut chez les mâles âgés de vingt ans et plus. Le mâle frotte sa tête contre un arbre, enduisant le tronc de sécrétion, puis frotte son corps contre l'arbre et s'enduit de musth. Cette sécrétion déclenche le comportement de cour des femelles qui, elles-mêmes, produisent une phéromone sexuelle mélangée à l'urine qui vient d'être identifiée. Il est intéressant de noter que le composé le plus actif, le (Z)-7-dodécénylacétate, joue le rôle de phéromone sexuelle chez de nombreux insectes, en particulier chez les lépidoptères. Nous verrons au chapitre suivant que chez les mammifères domestiques, la phéromone sexuelle du verrat a été identifiée et que celle du bélier l'est en partie. Deux mammifères domestiques, le chat et le chien, sont des compagnons de l'homme depuis des millénaires et pourtant nous ne savons toujours rien sur la nature chimique de leurs phéromones sexuelles. Le comportement du lycaon ou loup peint, *Lycaon pictus*, a été étudié par Jane et Hugo van Lawick-Goodall. Au moment du rut, la femelle marque en urinant de nombreux repères comme des touffes d'herbe. Le mâle qui a choisi une femelle recouvre systématiquement toutes ses marques. Il n'attend pas que la femelle ait fini d'uriner pour faire de même à son tour au même endroit, se livrant à une gymnastique compliquée, dressé sur ses pattes de devant, les pattes arrières en l'air et le corps vertical. Souvent, le mâle tombe sur la femelle et l'entraîne dans sa chute.

La monogamie est plus fréquente chez les grands primates (chez 28 % des genres et 15 % des espèces) que chez les autres mammifères (15 % et 5 %). Le comportement sexuel des grands primates a été bien décrit mais nous ne savons pratiquement rien sur le rôle des phéromones. Les recherches sur les singes se multiplient mais restent limitées aux espèces de petite taille, plus faciles à élever dans des conditions semi-naturelles. Une des rares études concernant les phéromones a été réalisée très récemment chez le ouistiti *Callithrix jacchus* où la phéromone émise par la femelle dominante du groupe supprime la sécrétion de LH et l'ovulation chez les autres femelles. Les prélèvements de la phéromone (produite par des glandes situées autour dc l'orificc génital) déposés sur le nez ou sur le palais de femelles isolées qui ont un cycle normal inhibent l'ovulation. La plupart des travaux actuels concernent la physiologie de la reproduction, la nature chimique et le métabolisme des

94, 95. Le bonobo *Pan paniscus* fait preuve d'un comportement social très complexe où la sexualité des femelles joue un rôle important. Les comportements de flairage sont très fréquents dans l'expression des comportements maternels et lors des rapports sexuels. Il s'agit de l'une des rares espèces de primate chez laquelle existent des jeux sexuels sans pénétration (ci-dessus). A droite, une femelle jouant avec son petit.

hormones mâles et femelles chez ces «cousins» de l'homme. Des études très récentes ont par exemple montré que les voies de biosynthèse de la testostérone à partir de la prégnénolone sont très différentes chez l'homme de ce qu'elles sont chez les singes mâles, et que ceux-ci ne peuvent donc pas servir de modèles expérimentaux pour d'éventuelles extrapolations à l'homme.

Comme nous le verrons plus loin, les recherches sur les phéromones humaines s'orientent dans deux directions : les stéroïdes véhiculés par les squames de la peau et les molécules produites au niveau des aisselles. Chez l'homme, la région axillaire peut être assimilée à une structure glandulaire dont les sécrétions sont maintenant bien connues. Les glandes apocrines produisent une sécrétion aqueuse et sans odeur qui renferme des acides gras volatils avec 6 à 11 atomes de carbone, le plus abondant étant l'acide (E)-3-méthyl-2-hexanoïque. Ces acides et d'autres composés donnent l'odeur axillaire caractéristique, alors qu'ils arrivent à la surface de la peau liés à d'autres molécules, formant un complexe inodore. Les complexes sont dissociés par l'action des bactéries : des produits odorants, dont des acides, sont alors libérés. Au début de 1995, une équipe du Monell Chemical Senses Center a identifié dans la sécrétion apocrine deux protéines de transport (ASOB, *Apocrine Secretion Odor-Binding protein)* pouvant se lier aux acides gras et en particulier à l'acide (E)-3-méthyl-2-hexanoïque.

5

LA COMMUNICATION CHIMIQUE : BILAN ET PERSPECTIVES

Il s'est écoulé une trentaine d'années entre la création du terme de phéromone et son utilisation courante dans les dictionnaires et les manuels scolaires. Quel est le bilan de ces trente années de recherches ? Grâce aux techniques de la biologie moléculaire, de la génétique moléculaire et de l'immunologie, des avancées spectaculaires ont été faites dans des domaines très divers de la biologie, discipline qui s'est de ce fait trouvée en prise directe avec les grands problèmes de santé qui retiennent l'attention des médias : cancer, maladies génétiques, sida... Mais également, des applications nouvelles ont vu le jour, avec en particulier l'utilisation des phéromones en agriculture. Paradoxalement, cet aspect pourtant très concret reste mal connu. Les recherches récentes sont par ailleurs à l'origine d'un enrichissement considérable de nos connaissances sur la biologie et la physiologie des organismes. La notion de communication chimique a changé le regard que portent les biologistes sur certaines espèces. Les éthologistes n'ont pas été les seuls concernés par ces recherches : les physiologistes, souvent confrontés dans leurs travaux à l'influence de «facteurs sociaux», notion qui restait assez floue, disposent maintenant de données plus précises sur ces phénomènes. Par son caractère universel, la communication chimique motive des recherches où la biologie et la génétique moléculaires tiennent une place privilégiée.

Les bases moléculaires et génétiques de l'olfaction, du comportement et de la reconnaissance du soi

Il ne s'écoule pas un mois, pas une semaine sans qu'un journal ou une revue spécialisée n'annonce la découverte d'un nouveau gène lié à tel ou tel aspect de la biologie, du comportement ou d'une maladie. La communication chimique n'est pas restée en marge de ces grandes découvertes. Elle est au centre des recherches actuelles sur l'olfaction et sur la génétique du comportement.

Chez les organismes primitifs (bactéries, levures, ciliés) utilisés comme modèles pour étudier les mécanismes fondamentaux de la reconnaissance du soi et du non-soi, les phéromones et leurs récepteurs jouent un rôle déterminant et chez les mammifères, on retrouve ce phénomène à travers les liens entre les phéromones et le complexe majeur d'histocompatibilité.

• Récepteurs et protéines de transport

Nous avons évoqué au chapitre 2 les recherches actuelles sur la biologie moléculaire des récepteurs olfactifs. Simultanément, beaucoup d'études ont été consacrées aux protéines de transport qui permettent aux molécules odorantes de traverser la couche de mucus qui tapisse les fosses nasales pour atteindre les neurorécepteurs.

Chez la souris, on a proposé le nom de voméromoduline pour une nouvelle glycoprotéine de 70 kDa clonée à partir de tissus olfactifs et qu'on retrouve dans le mucus de l'organe de Jacobson (voméronasal). Cette protéine est très différente de l'*odorant binding protein* (OBP) de 20 kDa décrite par d'autres auteurs. On pouvait penser que la voméromoduline était une protéine de transport spécifique du mucus recouvrant le voméronasal, tandis que l'OBP était présente dans le mucus tapissant toute la cavité nasale. La réalité semble plus complexe et très récemment, une équipe japonaise a cloné, toujours chez la souris, les gènes codant pour deux protéines de transport de 20 kDa spécifiques du mucus du voméronasal qui sont nettement distinctes des OBP qu'ils ont également étudiées; ils ont baptisé ces protéines VNSP, pour *vomeronasal secretory protein*. Ces protéines appartiennent à la famille des lipocalines qui sont des protéines extracellulaires de 20 kDa caractérisées par leur faculté d'accrocher d'assez petites molécules hydrophobes.

Il est très intéressant de noter que chez le hamster, Alan Singer a isolé à partir des sécrétions vaginales de la femelle une lipocaline de 20 kDa qu'il considère comme la phéromone sexuelle du hamster et qu'il a baptisé «aphrodisine». L'urine de souris contient de grandes quantités de ces protéines (*major urinary proteins*, MUP) qui jouent un rôle dans la mesure où elles se lient aux deux phéromones sexuelles volatiles (2-(sec-butyl)thiazoline et 2,3-déhydro-exo-brévicomine). Testées seules, les MUP n'ont aucune activité biologique. Il n'est pas impossible que l'aphrodisine du hamster soit liée à une petite molécule. On a en effet isolé une protéine, la phéromaxéine, qui se lie aux deux stéroïdes constituant la phéromone sexuelle mâle du porc mais on ne sait pas encore s'il s'agit bien d'une lipocaline.

Chez la souris, les Japonais essayent grâce aux techniques de la biologie moléculaire de déterminer la nature chimique des ligands (phéromones) spécifiques des VNSP qu'ils ont isolés. Compte tenu du nombre d'équipes impliquées et de la variété des techniques utilisées, il est probable qu'à très court terme, nous disposerons d'une masse de données sur la nature et le fonctionnement des phéromones chez les mammifères et chez l'homme en particulier.

• Les bases génétiques de l'olfaction et du comportement

Nous assistons actuellement à une véritable explosion de la génétique moléculaire. Dans tous les domaines de la biologie, des chercheurs utilisent les techniques développées pour traquer les maladies génétiques chez l'homme. Les cas les plus fascinants sont ceux où un seul gène peut conduire à des troubles complexes du comportement comme dans la maladie de Huntington, ou danse de saint Guy. Le gène responsable, localisé il y a plus de dix ans sur le chromosome 4, a été identifié au début de 1993. Il semble que le plus souvent, l'expérience de l'individu interfère avec l'expression des gènes : les gènes contrôlent le développement du cerveau de l'embryon et lui donnent sa structure générale mais le réglage fin des connexions neuronales dépend des expériences du jeune enfant dans son environnement.

Les cas les plus intéressants pour nous sont ceux ou des médiateurs chimiques sont impliqués. Nous savons que chez la souris, dans certaines conditions sociales, des messagers chimiques présents dans l'urine déclenchent des modifications importantes de la physiologie et du comportement. René Hen de l'INSERM à Strasbourg a montré en novembre 1993 que si chez la souris on détruit le gène qui code pour les récepteurs de la sérotonine, qui est un neurotransmetteur, on observe une hyperagressivité. Peut-on étendre les résultats de Hen à l'homme qui possède un type de récepteur à la sérotonine et trouver là l'origine des conduites anormalement agressives de certains individus ?

Les souris perçoivent très bien l'odeur de l'alcool et une souche de mutant va même jusqu'à faire preuve d'un penchant certain pour les boissons alcoolisées : on a expliqué cette tendance par une mutation au niveau de certains récepteurs olfactifs. En 1990, Kenneth Blum et Ernest Noble décrivaient chez l'homme un gène de l'alcoolisme (allèle A1 du gène D2 sur le chromosome 11). Les études sur de nombreux alcooliques ont débouché sur une controverse qui remet en cause le rôle réel de ce gène que les deux auteurs on rebaptisé *«reward gene»*, le «gène récompense». Il faut noter que chez l'homme, la plupart des gènes décrits comme affectant le comportement sont localisés sur le onzième chromosome. C'est sur ce chromosome que Janice Egeland localisait le gène responsable des états maniaco-dépressifs.

Aujourd'hui, bien que l'origine génétique de ce syndrome soit généralement admise, on pense qu'il est peu probable que ce gène puisse à lui seul expliquer ce type de troubles.

La souris et la drosophile, deux animaux chez lesquels la communication chimique joue un rôle important, restent les modèles les plus utilisés par les généticiens.

La drosophile possède un système olfactif bien développé et très sensible qui lui permet de discriminer et de répondre à un large éventail de signaux chimiques. L'existence de nombreux mutants présentant des déficiences du système olfactif a fait de cet insecte un matériel de choix pour les études sur la génétique de l'olfaction au niveau moléculaire.

Le deuxième avantage est que son système olfactif est relativement simple, avec environ 10^3 neurones sensoriels contre 10^8 chez l'homme.

Enfin, il est possible d'étudier *in vivo* les réponses électrophysiologiques ou comportementales à différentes odeurs. Même chez les insectes, dont les antennes sont de simples appendices linéaires couverts de soies sensorielles, les différents types de sensilles ne sont pas répartis de façon uniforme et chez la drosophile, où ils sont regroupés sur le troisième article de l'antenne, il existe une distribution bien précise.

Les gènes responsables de mutations se traduisant par une absence de réponse à certaines odeurs (anosmie partielle) ont été clonés et on a pu déterminer si ils étaient exprimés dans des régions spécifiques du système olfactif. A l'inverse, les gènes qui sont exprimés dans les différentes régions du système olfactif ont été mutés pour déterminer les types d'odeurs pour la perception desquelles ils sont nécessaires.

Il a été possible de déterminer des gènes impliqués plus ou moins directement dans la communication chimique grâce à des mutants présentant des modifications du comportement précopulatoire : au niveau de l'olfaction, du chant des mâles, de l'apprentissage, de la mémoire, de la vision. Entre le gène responsable et la mutation observée, il existe une telle cascade de modifications qu'il est difficile de préciser l'origine génétique d'un seul phénomène ou d'un seul acte. La mutation *«fruitless»* peut être interprétée comme le résultat d'une modification de gènes responsable de la détermination sexuelle ou d'une modification de gènes contrôlant le comportement de cour. Le groupe de gène *fruitless* peut affecter le développement du muscle qui courbe l'extrémité abdominale au moment de l'accouplement, alors que d'autres expressions vont se traduire par des modifications ou la disparition du chant; ou par un effacement des caractères mâles; ou par un comportement homosexuel.

Chez la souris comme chez la drosophile, ces recherches évoluent très rapidement comme en témoigne le numéro spécial de la revue *Science*, «Genes and behavior» du 17 juin 1994.

Les biologistes ont recherché des animaux chez lesquels on puisse connaître simultanément tous les éléments de l'anatomie, de la physiologie et du comportement. Le nématode *Coenorhabditis elegans*, un petit ver d'un demi millimètre répond à ces critères. Étudié depuis plusieurs années, il constitue un bon modèle pour étudier la communication chimique. Son système nerveux est composé de 302 neurones répartis en 118 classes et on estime à 5000 le nombre des synapses.

Le rôle des différents neurones est étudié en les détruisant au laser; on connaît les comportements contrôlés par 40 classes de ces neurones. Plus d'une centaine de molécules odorantes ont été testées sur *Coenorhabditis* qui répond à plus de soixante. Il est capable de détecter une molécule bien précise dans un environnement saturé d'autres odeurs. On a identifié quinze classes de neurones sensoriels olfactifs. Grâce à l'étude des mutations qui perturbent la réception d'une ou de plusieurs odeurs, on a pu identifier vingt gènes. Certains modifient la morphologie des neurones sensoriels, d'autres toutes les réponses aux odeurs, d'autres encore la perception de certaines odeurs : l'un d'entre eux ne perturbe que la réponse au benzaldéhyde et à l'alcool iso-amylique.

Les phéromones étant le plus souvent des mélanges, leur biosynthèse est une succession d'étapes intermédiaires. Il est donc difficile de remonter jusqu'aux gènes qui codent pour les nombreuses enzymes impliquées. Chez les lépidoptères, c'est un neuropeptide, le PBAN *(pheromone biosynthesis activating neuropeptide)* qui contrôle la production des phéromones. Chez cinq espèces différentes, le PBAN a été identifié et séquencé. Les cinq peptides ont 33 acides aminés et présentent de nombreuses séquences identiques. Chez une de ces espèces *(Helicoverpa zea)*, le gène qui code pour le précurseur du PBAN (une protéine préprohormone) a été identifié.

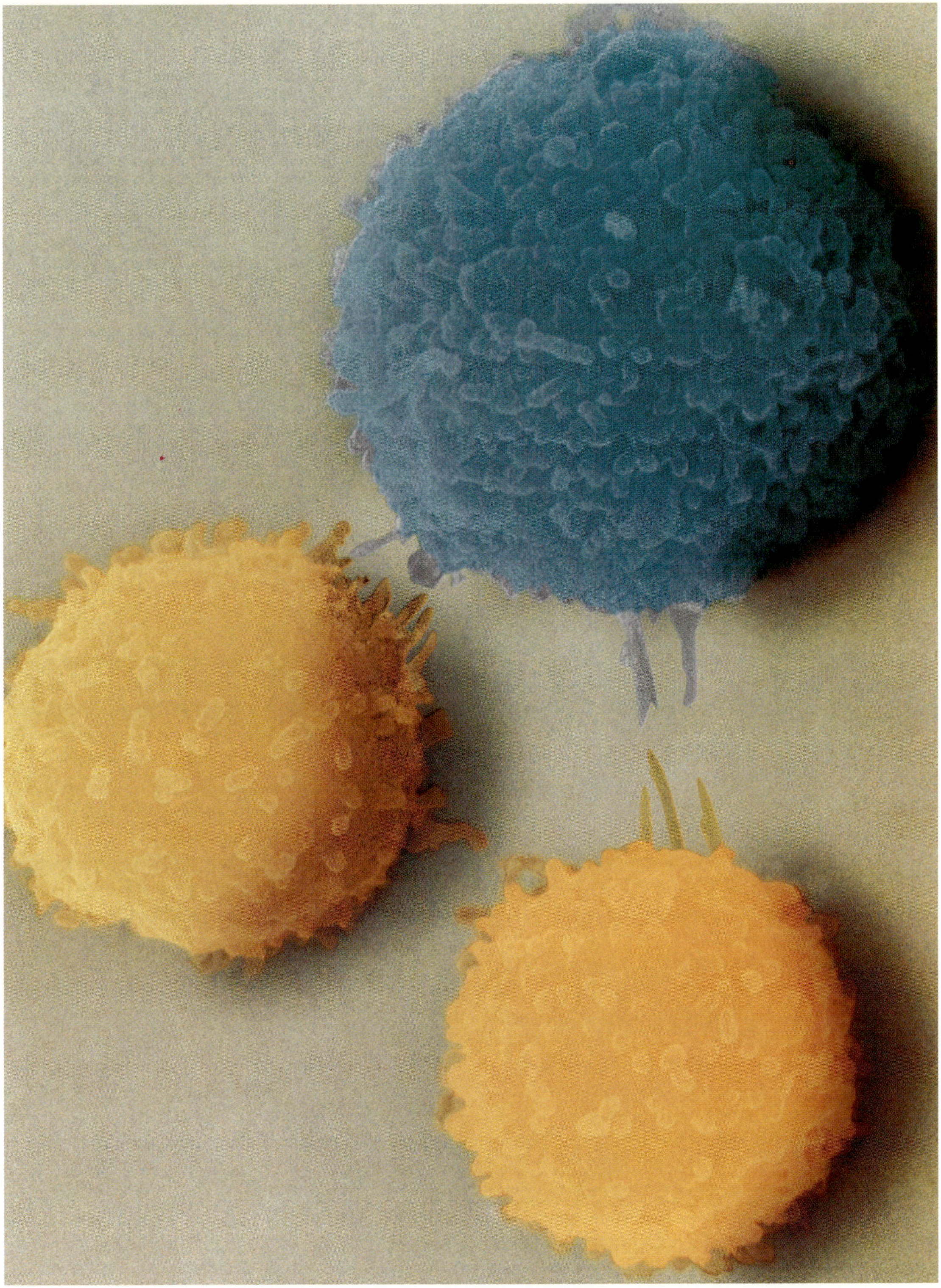

96. L'organisme humain dispose de plusieurs mécanismes immunitaires capables de concilier la lutte contre les micro-organismes étrangers et la sauvegarde du soi. Dans certaines cellules du système immunitaire, la recombinaison de fragments de gènes produit les séquences génétiques qui codent les millions de récepteurs nécessaires pour reconnaître les divers agents pathogènes rencontrés par l'organisme. Ici, les lymphocytes T (en jaune) détectent un macrophage infecté (en bleu) à l'aide de récepteurs spécifiques.

• La reconnaissance du soi et le complexe majeur d'histocompatibilité (CMH)

Les animaux choisissent-ils leur partenaire sexuel en fonction de leur patrimoine génétique, de leur génotype ? La question reste controversée. Nous avons vu plusieurs exemples chez les invertébrés et les vertébrés où la femelle choisit le mâle dominant dans différents types de performances. Dans certains cas, il a été prouvé que cette aptitude à dominer est inscrite dans le patrimoine génétique du mâle, mais qu'elle ne s'exprime que dans le contexte social. Le plus souvent, des odeurs, des messagers chimiques, sont les seuls marqueurs perceptibles de ces caractères génétiques.

L'odeur individuelle d'un animal est en partie déterminée par ses gènes; en particulier par des gènes d'une région des chromosomes nommée complexe majeur d'histocompatibilité ou CMH. Cette propriété a été découverte par hasard au Sloan-Kettering Cancer Center de New York à la fin des années soixante-dix en observant deux souches de souris ne s'accouplant pas entre elles alors qu'elles ne différaient que par une étroite région chromosomique, le CMH. Chez la souris, le CMH est appelé H-2.

Le CMH est un système de reconnaissance utilisé par le système immunitaire pour discriminer entre le soi et le non-soi, le non-soi étant principalement constitué par les organismes responsables des maladies. Presque toutes les cellules de l'organisme portent à leur surface des marqueurs de l'individualité qui sont des produits des gènes du CMH.

Rappelons que chez les organismes diploïdes, chaque gène figure en deux exemplaires situés dans les régions homologues des chromosomes homologues. Ces gènes homologues ne sont cependant pas nécessairement identiques, l'un d'entre eux ayant pu subir une mutation qui le distingue de l'autre. Deux gènes homologues mais non identiques sont des allèles. Un individu est dit homozygote pour un gène lorsque les deux gènes homologues sont identiques; il est hétérozygote pour un gène lorsque les deux gènes homologues sont des allèles. Un gène peut exister dans une population sous forme de plus de deux allèles différents, c'est-à-dire d'allèles multiples.

Bien que chaque espèce n'utilise qu'un petit nombre de gènes pour la reconnaissance cellulaire, le nombre des allèles est tel qu'il n'y a pas deux individus identiques dans leur génotype CMH, sauf dans le cas des jumeaux et dans les populations hautement consanguines. Chez la souris, les gènes H-2K et H-2D subissent de fréquentes mutations et il existe de très nombreux allèles de ces gènes. Il en résulte que deux individus non apparentés auront des CMH différents et que leurs cellules fabriqueront des produits différents en fonction des instructions données en amont par ces gènes. Ces produits sont des protéines parmi lesquelles on trouve les glycoprotéines insérées dans la membrane externe de la cellule. Les gènes du CMH établissent dans une large mesure l'individualité biochimique de la surface cellulaire, déterminant pour un individu son aspect «unique». Les souris du Sloan-Kettering Center provenaient d'élevages consanguins expérimentaux et ne différaient que par une région du gène 17 (les souris ont 20 paires de chromosomes) qui porte le groupe de gènes du CMH (H-2).

Dans des tests en olfactomètre, plus de 80 % des souris reconnaissent l'odeur de mâles ou de femelles consanguins ou un échantillon de leur urine.

On peut distinguer trois régions différentes dans le groupe de gènes du CMH (H-2) et il n'est pas exclu que chaque région participe à la composition du mélange odorant déterminé par le CMH. Les souris peuvent en effet reconnaître des congénères de la même souche ne différant que par une mutation du gène H-2K. Il est donc très probable que l'odeur individuelle de tout individu dépende du CMH. Tout à fait à l'inverse, nous pouvons imaginer que deux souris génétiquement différentes puissent percevoir de façon différente la même odeur, en particulier celle d'une autre souris.

Si elle en a le choix, la souris préférera un partenaire possédant un CMH (H-2) différent du sien; ce comportement évite la consanguinité néfaste à l'espèce.

Nous avons vu que les odeurs liées à l'urine et les sécrétions glandulaires perçues par le système olfactif peuvent agir sur la maturation sexuelle puis sur le cycle ovarien *via* le système neuro-endocrinien. L'effet de Bruce désigne l'avortement spontané d'une souris en gestation lorsqu'elle est mise en présence d'un mâle étranger pendant les six premiers jours de la gestation, avant l'implantation de l'embryon. Ce phénomène s'observe également avec le dépôt d'urine d'un mâle étranger ou de litière souillée par de l'urine. L'administration de prolactine ou de progestérone pouvant annihiler ce phénomène, il faut admettre que les signaux olfactifs perçus ont modifié l'environnement endocrinien, le rendant défavorable à l'implantation de l'embryon.

Deux types de signaux peuvent intervenir dans ce phénomène *via* la phéromone sexuelle et les signaux olfactifs codés par le CMH (H-2). Des expériences récentes ont montré que les messagers du CMH peuvent à eux seuls bloquer la gestation mais que ce blocage n'est complet qu'en présence de la phéromone sexuelle.

Des tests ont été réalisés pour déterminer si la préférence pour un «haplotype non-soi» est irrévocable ou résulte d'une empreinte familiale acquise au tout début de la vie. Des expériences complexes ont été effectuées sur plusieurs générations avec des mâles d'une souche B6 élevés par des parents B6-H2K et des mâles B6-H2K élevés par des parents B6. La préférence pour le type H-2 étranger subsiste dans la souche mais il y a également accouplement avec des partenaires du même type H-2 élevés par des parents étrangers, ce qui tend à minimiser l'aspect génétique au profit de l'empreinte familiale.

Pendant la gestation, la femelle acquiert le type d'odeur H-2 programmée par le type H-2 paternel porté par le fœtus. Plutôt que d'utiliser des souches ne différant que par le type H-2, des expériences ont été réalisées dans des conditions où il y a une ségrégation générale du génome. Quatre souches étrangères, avec quatre types H-2 différents, ont pu s'accoupler librement. Il s'avère qu'il y a une reconnaissance précise de l'urine des différents types H-2 et qu'un large brassage génétique ne masque pas et ne minimise pas le rôle du type H-2.

Des expériences à grande échelle ont été conduites dans des conditions semi-naturelles sur 1500 couples pour intégrer tous les facteurs sociaux (vie familiale et en groupe, dominance et territorialité) intervenant dans le comportement sexuel. Les mâles ne franchissent jamais les limites de leur territoire pour suivre une femelle réceptrice; pourtant, plus de 50 % des femelles s'accouplent avec des mâles étrangers. Il y a donc une véritable recherche du mâle étranger de la part des femelles, ce qui favorise la diversité génétique du CMH. Les avantages peuvent être de deux types: en favorisant l'accouplement entre des individus de souches différentes, le brassage génétique augmente et favorise la résistance aux maladies; par ailleurs, le CMH sert de marqueur dans un système d'incompatibilité génétique qui va s'opposer à une consanguinité qui appauvrirait tout le génome. Le choix d'un partenaire avec un type H-2 différent est important chez cette espèce où on observe de fréquentes explosions démographiques conduisant à la consanguinité, à partir de quelques ou même d'un seul couple. L'ensemble du génotype à l'exclusion du CMH peut programmer des types d'odeur variés et discernables. Ces odeurs ne résultent pas de la présence de molécules spécifiques mais des proportions relatives de différents composés qui sont des métabolites normaux. Les performances olfactives des individus et de chaque individu sont également pour une grande part génétiquement programmées.

• Apparition du CMH et évolution

Les mammifères constituant un groupe relativement homogène et d'apparition relativement récente au cours de l'évolution, il y a moins de cent millions d'années, on peut penser que ce qui est observé chez la souris existe également chez les autres espèces et que celles-ci peuvent percevoir le type CMH d'autres individus et que leur physiologie en est affectée.

Quels sont les messagers chimiques de la reconnaissance du CMH ? Le rat ne peut reconnaître ces molécules dans le sérum sanguin alors qu'il différencie différents types de CMH chez d'autres rats par l'odeur de leur urine. On peut donc supposer que les produits présents dans l'urine proviennent du métabolisme des glycoprotéines du CMH. Les micro-organismes peuvent, comme nous l'avons vu dans les chapitres précédents, modifier ces métabolites. Selon certains auteurs, la présence de la flore bactérienne de la peau de l'intestin et du tractus génito-urinaire serait elle-même contrôlée par des gènes de la réponse immunitaire associés au CMH. L'urine de rats élevés sans ces bactéries a une odeur différente reconnue par les rats de la même souche.

L'existence d'un gène ancestral à l'origine du CMH et des autres gènes de la superfamille des immunoglobulines est généralement admise. Le produit de ce gène avait probablement un rôle dans la communication intra- et/ou intercellulaire. Les molécules du CMH des vertébrés peuvent dériver des molécules d'adhésion cellulaire qui chez les organismes primitifs constituent l'ébauche d'un système immunitaire. Chez les tuniciers du genre *Botryllus*, où les colonies sont composées de clones, la fusion des colonies est

LE SYSTÈME DES ANTIGÈNES LEUCOCYTAIRES HUMAIN (HLA)

Chez l'homme, le CMH qui est plus couramment appelé système HLA (système des antigènes leucocytaires humain) joue un rôle décisif dans la reconnaissance immunologique et de ce fait détermine le destin des greffes de tissus ou d'organes. La principale fonction du système immunitaire étant de lutter contre les maladies, il est normal de penser que celles-ci sont un facteur important dans l'apparition de nombreux allèles du CMH. Selon une théorie controversée mais qu'appuie la découverte des allèles de classe I et III qui confèrent une certaine résistance à la malaria chez les enfants d'Afrique occidentale, la diversité des gènes du CMH peut refléter la diversité des maladies auxquelles une population a été soumise durant son histoire récente. Chez l'homme, l'étude du polymorphisme du système HLA apporte de nombreuses données épidémiologiques et anthropologiques sur les migrations des populations et leurs relations.

contrôlée par une seule région très polymorphique d'un gène. Comme chez les échinodermes, qui sont très proches des ancêtres des vertébrés, la reconnaissance allogénique et la fertilisation sont contrôlées par un gène unique avec des allèles multiples.

Au regard de l'évolution, l'apparition du CMH semble contemporaine de celle des vertébrés alors que le polymorphisme serait plus récent mais très antérieur à l'apparition des espèces. On retrouve par exemple les mêmes allèles chez des espèces de souris qui ont divergé il y a plus de 3 millions d'années. Les chimpanzés et l'homme ont quant à eux conservé des points qui leur étaient déjà communs il y a cinq à sept millions d'années, avant leur divergence.

L'utilisation des phéromones en agriculture

Qu'espéraient les chercheurs au début des années soixante en essayant d'isoler, de purifier et d'identifier les phéromones dont Butenandt venait de prouver l'existence ? Il s'agissait alors en fait de trouver une alternative aux insecticides pour détruire les insectes ravageurs des cultures. Poser le problème en ces termes reste encore aujourd'hui une utopie mais néanmoins, l'utilisation des phéromones en agriculture est à présent une réalité. Les recherches entreprises plus tardivement sur le rôle des phéromones au moment de la reproduction chez les mammifères domestiques sont à l'origine de découvertes importantes aujourd'hui utilisées dans les élevages.

• Insecticides et lutte intégrée

L'immédiat après-guerre coïncide avec une relance de l'agriculture et la mise au point d'insecticides polyvalents puissants. Mais leur toxicité et surtout leur utilisation abusive ont conduit à une situation inquiétante. Inefficaces pour de nombreuses espèces devenues résistantes, ils se sont accumulés dans les sols, ont modifié la faune et en particulier ont contribué à l'apparition de ravageurs nouveaux dont les populations ne sont plus limitées par la compétition interspécifique ni par les insectes entomophages qui ont disparu.

Assez vite conscients du danger, les industriels ont cherché des insecticides plus spécifiques préservant les insectes auxiliaires (abeilles, insectes entomophages). Mais le coût des insecticides ayant considérablement augmenté, différents systèmes furent mis en place pour en rentabiliser l'emploi. Ce fut le stade de la lutte «dirigée» qui consistait à appliquer l'insecticide au meilleur moment et à la dose utile. Cela aboutit à la mise en place de stations d'avertissement agricole et à définir pour chaque culture des seuils de tolérance, par exemple 2 % de fruits attaqués pour les vergers de pommiers. Pour la vallée du Rhône par exemple, cela se traduisit par une réduction de 50 % des insecticides et acaricides utilisés dans les vergers. La lutte intégrée préconisée en 1975 par le directeur de l'INRA, E. Billioti, consistait à utiliser simultanément tous les autres moyens disponibles : champignons entomopathogènes, virus, insectes entomophages. Dans cette lutte, l'utilisation des phéromones encore tâtonnante allait se révéler un atout considérable.

Au début des années soixante, un petit nombre de phéromones avaient été identifiées chez des lépidoptères et immédiatement testées sur le terrain. Il est facile aujourd'hui d'expliquer l'échec de ces premières tentatives. Le plus souvent, le produit qualifié de phéromone n'était que le composé majoritaire du mélange phéromonal dont, à l'époque, on ne pouvait soupçonner la complexité. Dès que les techniques analytiques permirent l'identification des composés minoritaires, qui jouent un rôle déterminant chez les papillons, les piégeages devinrent beaucoup plus efficaces. Il s'agissait de pièges à glu utilisant la phéromone sexuelle comme appât, et destinés à capturer le plus grand nombre de mâles possible avant l'accouplement. Une multitude de pièges différents (forme, taille, couleur...) ont été conçus et d'innombrables expériences ont été faites pour déterminer leur nombre utile pour une surface donnée, à quelle hauteur ils devaient être fixés, sur quel support et en quelle quantité la phéromone devait être déposée, combien de temps le piège restait actif... Il fallut surtout déterminer pour chaque espèce la composition optimum du mélange phéromonal utilisé. La diffusion des constituants de la phéromone à partir de capsules dépend en effet des caractéristiques physicochimiques des différentes molécules du mélange et la composition optimum en plein champ est souvent différente de celle que l'on trouve dans la glande de la femelle vivante. Par ailleurs, même avec un grand nombre de pièges, il est impossible de capturer tous les mâles et ceux qui restent peuvent à eux seuls féconder suffisamment de femelles pour que les dégâts causés dépassent le seuil de tolérance admis. En multipliant le nombre des sources de phéromones alors que les femelles continuent d'émettre, des mâles étrangers à la parcelle, vivant en marge de la zone de piégeage, sont attirés et malgré de nombreuses captures, beaucoup de femelles sont fécondées. En dépit d'innombrables problèmes techniques, l'utilisation des phéromones de synthèse a permis le développement de l'avertissement agricole. Nous verrons que pour certaines espèces, la technique dite de la confusion permet, grâce aux phéromones, d'empêcher la reproduction et d'éradiquer certains ravageurs des cultures.

• Les phéromones et l'avertissement agricole

Employer les insecticides à bon escient suppose une bonne connaissance des densités de populations et des périodes de vol des adultes. La meilleure méthode d'appréciation est le «piégeage sexuel» des mâles. Année après année, on a pu établir une corrélation entre le nombre de mâles capturés par piège, la densité des populations et les risques d'attaque de la

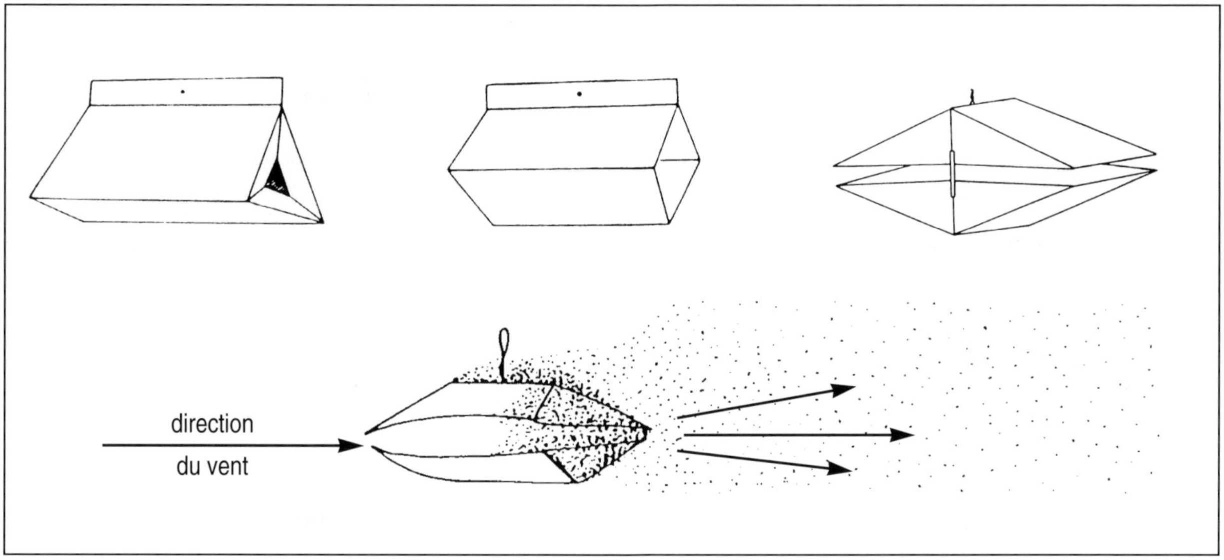

97. Pièges à phéromone utilisés pour la capture des mâles de lépidoptères ravageurs des cultures. La capsule imprégnée de phéromone est au centre du piège en carton dont les parois internes sont enduites de glu. La direction du vent joue un rôle important dans la diffusion de la phéromone autour du piège. Dessin R. Brossut.

98. Les recherches sur les phéromones peuvent également trouver des applications dans la protection de certaines espèces menacées de disparition. Ainsi, pour l'Isabelle de France (ici, un mâle de *Graellsia isabellae*), l'identification de la phéromone sexuelle des femelles, qui attire les mâles à de grandes distances, devrait permettre d'établir une cartographie complète de la répartition de l'espèce, afin de lutter plus efficacement contre le braconnage qui met sa survie en danger dans la haute vallée de la Durance. Cliché P. Zagatti.

récolte. Avant que les phéromones de synthèse soient disponibles, le piégeage des mâles se faisait avec des femelles vierges, ce qui nécessitait des élevages des espèces à surveiller. Il fallait placer chaque jour les femelles dans les pièges et ce protocole très lourd faisait que seules les stations de protection des végétaux pouvaient utiliser cette technique.

L'arrivée des phéromones de synthèse a permis de multiplier les pièges et d'avoir ainsi des données précises relatives à une attaque. Il existe actuellement des critères définissant le nombre de pièges par hectare et permettant de bonnes prévisions de traitement. Certains produits ayant une action très spécifique, la période de risque doit être définie avec précision. Par exemple, l'application du diflubenzuron qui tue les œufs du carpocapse des pommes doit coïncider avec le début de la ponte.

Charles Descoins a été le promoteur de ces recherches en France et pendant plusieurs années, c'est le Laboratoire des médiateurs chimiques qu'il dirige qui a fourni les phéromones aux stations de protection des végétaux. Les phéromones ou mélanges phéromonaux d'une quarantaine d'espèces sont commercialisés en France par Bioprox-Protex®. La phéromone est adsorbée dans un diffuseur qui consiste en une capsule de polyéthylène. La capsule est placée au centre d'un piège qui retient les mâles attirés. Actuellement, plus de 60 000 capsules sont commercialisées chaque année. Si quelques propriétaires et certaines coopératives en achètent, elles sont surtout utilisées par le service de protection des végétaux qui fait parvenir à ses abonnés un bulletin d'avertissement, culture par culture, région par région. Des services comparables existent dans tous les pays du monde utilisant les techniques modernes de l'agriculture.

• La technique de la confusion

Cette technique, qui est surtout utilisée pour lutter contre les papillons ravageurs des vergers, repose sur une idée simple : avant de se poser, la femelle émet sa phéromone en volant, laissant ainsi dans l'air une piste odorante que le mâle remonte pour parvenir jusqu'à elle. En «saturant» l'air de phéromone femelle, on supposait qu'il n'y aurait plus de piste détectable par le mâle et que celui-ci ne pourrait plus localiser la femelle. Il était bien entendu impensable de vaporiser la phéromone à grande échelle car d'une part, ce traitement très coûteux aurait dû être répété chaque jour pendant toute la durée du comportement sexuel de l'insecte, et d'autre part, on ne connaît rien sur la toxicité de telles molécules à des concentrations importantes. On s'est alors orienté vers des systèmes où la phéromone est lentement diffusée dans l'air.

Après beaucoup de tâtonnements, des chercheurs américains mirent au point la technique des *hollow fibers*. Des tubes capillaires très fins (0,3 millimètres de diamètre interne) sont remplis sous vide de phéromone de synthèse, puis sectionnés en morceaux d'un centimètre de long. Des dizaines de millions de ces tubes sont enduits de glu puis «vaporisés» sur la végétation grâce à une puissante turbine qui peut être fixée derrière un tracteur ou sous un hélicoptère. La phéromone diffuse très lentement, sa diffusion étant ralentie par la capillarité due au faible diamètre du tube. Cette méthode a donné d'excellents résultats pour plusieurs types de cultures mais a été très peu utilisée en raison de son coût et du danger d'accumulation des fibres.

Des techniques beaucoup plus simples sont actuellement utilisées. Dans les vergers, des dispenseurs ou diffuseurs de phéromones sont accrochés aux branches des arbres. La phéromone sexuelle de *Grapholita molesta*, la tordeuse orientale du pêcher, a été la première phéromone homologuée en France (BASF); il s'agit d'un mélange de 92 % de (z)-8-dodécényl acétate et de 8 % de(E)-8-dodécényl acétate.

Pour les principaux dégâts causés aux pommes et aux poires par les chenilles du carpocapse *Laspeyresia pomonella*, la phéromone de synthèse à base de (E,E)-8,10-décadiénol est largement utilisée.

Dans les vignes, les chenilles de *Lobesia botrana*, l'eudémis de la vigne, causent des dégâts importants. Ce sont des morceaux de polyéthylène de 3 centimètres sur 10 imprégnés de phéromone, l'eudémone ((E,Z)-7,9-dodécadiényl acétate), qui servent de diffuseurs. Ils sont agrafés de loin en loin sur une ficelle qui court d'un cep à l'autre.

Ces méthodes de lutte très sélectives ont eu des conséquences négatives imprévisibles. En effet, dans ces cultures existaient des ravageurs secondaires dont l'impact était faible et qui étaient tués autrefois par les insecticides classiques. Depuis l'utilisation des méthodes sélectives, leurs populations ont considérablement augmenté et ils provoquent à leur tour des dégâts.

• Piégeage

Le piégeage est le seul moyen efficace pour lutter contre certains insectes. Par exemple, en Colombie, où les palmiers à huile sont victimes de la maladie de l'anneau rouge transmise par le gros coléoptère *Rhyncophorus palmarum*, la seule façon de lutter contre cet insecte peu abondant (100 insectes par hectare) est le piégeage par la phéromone grégaire des mâles, le 6-méthyl-2-hepten-4-ol.

Le piégeage par les phéromones a aussi été utilisé contre les scolytes qui dévastent les forêts de conifères, mais ce moyen de lutte ne fait pas l'unanimité. Le piège attire effectivement les insectes vivant dans le périmètre des arbres mais également des insectes étrangers à cette zone et le résultat global est controversé.

L'utilisation des phéromones chez les mammifères

• Utilisation de signaux chimiques répulsifs en milieu naturel

Chez les mammifères sauvages, l'utilisation des phéromones, souvent expérimentale, reste très limitée mais celles-ci pourraient incontestablement être utilisées dans de nombreux domaines. Dans l'État de New York, on a utilisé le contenu des glandes anales des mâles de castor, qui lui servent à marquer son territoire, pour établir des barrages olfactifs afin de l'empêcher de coloniser des zones nouvelles et tenter ainsi d'enrayer sa propagation. N'étant plus chassés, les castors sont en effet devenus si nombreux qu'ils modifient le cours des rivières et provoquent des inondations.

On a souvent utilisé le pouvoir répulsif de certaines sécrétions en imitant celles que l'on avait observées dans la nature. Les rennes, par exemple, sont effrayés par les excréments et l'urine des loups. Pendant les jeux olympiques de Lillehammer, on a répandu de l'urine de loup sur les voies ferrées reliant les différents sites afin que les troupeaux de rennes les évitent. Les forestiers canadiens protègent l'écorce des jeunes plants contre les rongeurs en la badigeonnant avec de l'urine de glouton. Dans d'autres régions d'Amérique du Nord, on utilise les sécrétions anales de vison et/ou d'hermine pour protéger les jeunes arbres et les cultures contre les campagnols et le lièvre américain. Évelyne Vernet-Maury a montré que les rats réagissent à l'odeur des excréments de renard qui fonctionne pour eux comme une phéromone d'alarme. Des excréments de renard, elle a extrait la 2,5-dihydro-2,4,5-triméthylthiazoline qui inhibe l'alimentation chez les campagnols. Les bergers ont de tout temps utilisé des excréments de chien délayés dans de l'eau pour éloigner les moutons des sites où ils ne veulent pas qu'ils pénètrent.

Les ongulés (équins, bovins, ovins et caprins) évitent les zones où il y a des excréments de chien et ne s'alimentent pas dans les zones de pâturage où les chiens déposent leurs déjections. Que ce comportement soit inné ou non, il met ces animaux à l'abri des nombreux parasites (comme le ténia) qu'on trouve dans les excréments des canidés et pour lesquels ils sont des hôtes intermédiaires. Il semble que ces comportements d'évitement soient héréditaires. M. L. Gorman observe que les campagnols sont terrorisés par les sécrétions des glandes anales de l'hermine bien qu'il poursuive ses travaux sur des îles où l'hermine a disparu depuis plus de 5000 ans.

Cécile Arnould a étudié les réactions de répulsion des moutons, des chevreuils et des cerfs déclenchées par les excréments de chien et différents extraits. Associés à la nourriture, les extraits totaux d'excréments de chien sont très répulsifs. En pleine nature, il est possible de protéger les jeunes pousses de chêne en les badigeonnant de ces extraits. Les excréments de chien ont été analysés (106 produits identifiés) pour essayer de mettre au point un répulsif composé de produits de synthèse. L'indole, qui est le produit majoritaire et qui a une très forte odeur proche de celle des excréments naturels n'est pas répulsif. Plusieurs répulsifs sont déjà commercialisés, le BGR *(Big Game Repellent,* MGK-Minneapolis) et la formulation F' qui imite l'odeur d'excréments de lion (Imperial Chemical Industries Public Health-Angleterre).

Pour les forestiers, les chevreuils constituent un véritable fléau pour les aires de reboisement. Un jeune plant d'arbre ne coûte que trois ou quatre francs alors que sa protection contre les chevreuils en vaut une quinzaine et impose un travail fastidieux. Dans beaucoup d'autres régions, les bovins et les ovins pâturent dans des systèmes agroforestiers d'intérêt économique et dont les arbres doivent être protégés.

Ces quelques exemples illustrent l'intérêt pratique des recherches sur la communication chimique chez les mammifères sauvages.

• Les phéromones chez les mammifères domestiques

Chez les animaux domestiques, comme chez les autres mammifères, l'olfaction joue un rôle important au moment de la reproduction où des phéromones interviennent dans le comportement et la physiologie. La compréhension de ces phénomènes est importante chez ces animaux que l'on doit adapter aux contraintes de l'élevage. D'abord focalisées sur la conduite du troupeau et sur l'optimisation de la reproduction, ces recherches concernent également le bien-être animal. L'étude des phéromones de ces animaux, qui a débuté à la fin des années soixante, est activement poursuivie en France à l'INRA par l'équipe de Jean-Pierre Signoret chez le porc et le mouton.

Chez le porc, on observe qu'un verrat sexuellement excité se met à mâcher et à baver. La salive épaisse et écumeuse qui provient des glandes salivaires sous maxillaires renferme des quantités importantes de deux composés odorants : l'un a une odeur de musc, c'est le 3α-hydroxy-5α-androst-16-ène (androsténol). L'autre, en plus faible quantité, a une odeur d'urine, c'est la 5α-androst-16-ène-3-one (androsténone). Le mâle place son groin près de la tête de la femelle et mâche pour émettre sa salive et lui souffler son odeur en pleine face. Une femelle réceptive répond en s'immobilisant et en adoptant une posture caractéristique.

Les deux stéroïdes, qui peuvent être utilisés pour détecter la très courte période de fécondité des truies, sont commercialisés en bombe aérosol : on en vaporise vers le groin de la femelle qui, si elle est en œstrus, adopte la posture caractéristique. Les deux stéroïdes, qui n'ont pas d'activité hormonale, sont synthétisés dans les testicules (leur voie de biosynthèse est différente de celle de la testostérone). On les retrouve dans le plasma sanguin et ils sont stockés dans la graisse d'où ils peuvent gagner les glandes sous maxillaires ou les glandes apocrines de la peau. La très forte odeur que nous percevons n'est cependant pas uniquement due aux stéroïdes : c'est un mélange d'odeurs où intervient celle du contenu d'une grosse poche de 150 ml associée au prépuce et contenant un liquide brun foncé surtout riche en ammoniaque et en p-crésol. Ce liquide est constitué d'urine stagnante, de liquide séminal et de la sécrétion des glandes accessoires. Le contenu de cette glande joue certainement un rôle dans le comportement sexuel mais il reste à définir.

La reproduction chez les mammifères est contrôlée par tout un ensemble de facteurs neuro-endocriniens qui ont été bien étudiés chez le mouton. L'introduction d'un mâle dans un groupe de femelles non réceptives et qui n'ont pas été au contact d'un mâle depuis au moins un mois déclenche l'œstrus dans un délai de 18 à 25 jours : c'est «l'effet mâle». La «présentation» du mâle à la femelle induit un changement rapide du rythme de sécrétion de la LH (hormone lutéostimulante hypophysaire) qui se traduit par l'ovulation 48 heures plus tard. Cette ovulation n'est cependant pas accompagnée du comportement caractéristique et le développement du corps jaune est anormal; il régresse après une semaine. L'ovulation suivante intervient 18 à 25 jours après l'introduction du mâle. Le changement rapide du rythme de sécrétion de la LH dans le sang est un critère facile à utiliser pour étudier les mécanismes neurosensoriels déclenchés par la simple présence du mâle.

Chez le mouton, l'ovulation est induite par l'odeur de la toison du bélier; en fait, par une phéromone provenant de la toison. Cette phéromone est un mélange complexe qui est étudié par l'équipe de Jean-Pierre Signoret à l'INRA. Chaque fraction isolée est testée sur les brebis et c'est l'augmentation du taux de LH dans le sang qui est utilisée comme réponse au test. Le produit à tester est déposé sur un tampon de gaze qui est appliqué pendant trois heures sur le museau de la brebis grâce à un masque en tissu. A partir des extraits de toison, on a séparé une fraction neutre et une fraction acide. Le 1,2-hexadécanédiol et le 1,2-octadécanédiol sont les composés actifs de la fraction neutre mais ils doivent être associés à la fraction acide pour induire une augmentation de la LH. Le ou les composés actifs de la fraction acide sont certainement des acides gras ramifiés et oxygénés.

Chez les bovins, le problème est plus complexe, mais il existe également un «effet mâle» qui serait dû à l'urine du taureau. Chez les vaches, l'allaitement suspend l'ovulation. En général, l'insémination est réalisée 60 à 90 jours après la mise bas et la présence d'un taureau accélère la reprise de l'activité ovarienne. Dans les élevages de porcs comportant plus

99. Chez la brebis, l'ovulation est induite par l'odeur de la toison du bélier. La phéromone mâle est un mélange complexe actuellement étudié à l'INRA. Chaque fraction isolée est déposée sur un tampon de gaze qui est appliqué pendant trois heures sur le museau de la brebis grâce à un masque en tissu. Le taux de LH dans le sang est utilisé comme critère pour évaluer l'impact des molécules testées. Cliché J.-P. Signoret.

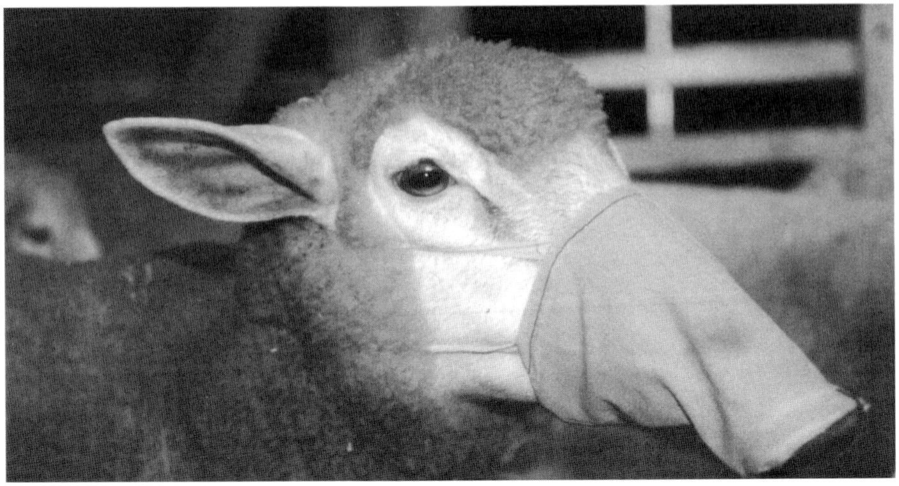

de 80 truies, la reproduction est strictement planifiée. Une truie a 2 à 3 portées par an, la gestation dure 115 jours, l'allaitement 28. L'œstrus intervient une semaine après le sevrage dont la date est déterminée pour que l'insémination puisse être faite un jour ouvrable! Les truies sont élevées en bandes à l'intérieur desquelles la synchronisation des cycles se fait naturellement. Seuls un ou deux verrats sont élevés pour déclencher l'œstrus chez des femelles échappant à la synchronisation. Ce type d'élevage doit beaucoup aux travaux cités plus haut qui ont permis de comprendre et d'expliquer les séquences du comportement reproducteur. Les études sur la biosynthèse et le métabolisme des stéroïdes constituant la phéromone mâle sont poursuivies car ce sont eux qui donnent à la viande des mâles une odeur désagréable et un aspect déplaisant à la cuisson.

En ce qui concerne les moutons, qui ont un long repos sexuel (printemps et été), il est important d'avoir des agnelages groupés; on introduit à cet effet le bélier parmi les brebis au moment choisi pour provoquer «l'effet mâle». Dans les régions où cet élevage est plus lucratif, comme la région de Roquefort, les éleveurs souhaitant une synchronisation plus précise provoquent l'ovulation par une injection d'hormones.

• Les odeurs et le bien-être animal

Chez le mouton, comme chez la plupart des mammifères, l'établissement rapide de relations entre la mère et le nouveau-né est vitale pour ce dernier qui doit téter le colostrum pour se nourrir et surtout pour acquérir la protection immunitaire dont il est dépourvu à la naissance. Il faut donc que l'agneau sache très vite reconnaître sa mère. Dès sa naissance, l'agneau voit et entend mais l'olfaction joue un rôle privilégié. En recherchant la mamelle de sa mère, l'agneau est stimulé par l'odeur des sécrétions de la glande inguinale. Bien qu'il ne l'ait jamais perçue, cette odeur le stimule et il est également capable de différencier la sécrétion maternelle de celle d'une autre mère.

Pour expliquer cette reconnaissance, on a suggéré une similitude entre l'odeur de la sécrétion et celle du liquide amniotique, ce qui sous-entend que l'embryon serait capable de percevoir et d'intégrer les caractéristiques olfactives du milieu amniotique. Les travaux de Benoist Schaal ont montré que le fœtus est sensible aux stimulations olfactives : des infusions intranasales de substances odorantes induisent une modification du rythme cardiaque que n'induit pas une solution saline.

Les récepteurs olfactifs fœtaux sont fonctionnels et un agneau âgé d'une heure sera attiré par le liquide amniotique dans un test de choix. Pour le vérifier, des brebis en gestation ont reçu une alimentation aromatisée au cumin, *Cuminum cyminum* (500 g de graines par jour pendant les 15 derniers jours de la gestation). On retrouve les produits caractéristiques du cumin dans le sang ombilical et fœtal et dans le lait de la mère. Or, on constate que le nouveau-né qui a le choix préfère le lait de mères nourries au cumin et que le temps de tétée est alors supérieur.

Ce type d'expérience permet d'envisager l'adaptation du nouveau-né aux perturbations inhérentes aux conditions de l'élevage intensif ou extensif (jeunes séparés précocement de la mère, surtout chez les races laitières) dans lesquelles des pertes importantes de nouveau-nés sont enregistrées. L'association d'odeurs attractives précocement «apprises» à un événement social stressant pourrait atténuer ses effets et faciliter les apprentissages sociaux.

Un animal stressé peut en effet communiquer son stress à ses congénères en produisant une phéromone qu'on peut qualifier de phéromone d'alarme. Caroline Vieuille-Thomas et Jean-Pierre Signoret ont mis en évidence et étudient les incidences de ce type de phéromone dans un élevage extensif de porcs. Les jeunes truies sont entraînées à utiliser un distributeur de nourriture piloté par ordinateur. Elles sont identifiées grâce à un collier émetteur qui commande également l'ouverture des portes de compartiments individuels où est distribuée la nourriture. Dès qu'un animal pénètre dans le box, il est identifié et la porte se referme derrière lui afin qu'il ne soit pas dérangé. La nourriture est distribuée à raison de 240 g/min jusqu'à ce que l'animal recule ou que la quantité programmée pour lui soit épuisée. La fermeture de la porte et la chute des aliments sur le métal sont bruyants et peuvent effrayer l'animal qui, en reculant brusquement, bloque la porte. Se trouvant piégée, la truie est saisie de panique, grogne devient rouge et urine.

On constate alors que les autres truies perçoivent l'odeur de l'urine comme un signal d'alarme et sont perturbées. Placée dans un compartiment où, la veille, les portes et le distributeur de nourriture ont été vaporisés avec l'urine d'un individu stressé, la truie évite la mangeoire et mettra plusieurs heures (jusqu'à dix heures) avant de manger. Cette phéromone dont l'activité persiste longtemps marque un endroit potentiellement dangereux.

Il est facile de comprendre l'intérêt de ce type de phéromone pour la biologie des animaux sauvages. Sa persistance chez des animaux domestiques est intéressante car elle peut avoir des applications importantes pour l'élevage. Lorsqu'un grand nombre d'animaux vivent dans un milieu clos, le stress de quelques individus peut en effet suffire à créer *via* la phéromone une atmosphère de stress généralisé. On a montré chez les souris qu'un stress chronique entretenu par la phéromone d'alarme diminue les défenses immunitaires. Cela implique que des erreurs de manipulation engendrant un stress ne vont pas seulement perturber le bien-être de quelques individus mais vont influer sur le comportement et la santé de l'ensemble du groupe.

Les phéromones humaines

L'anatomie et la physiologie ont montré que, mis à part l'extraordinaire développement de son cortex cérébral, l'homme est un mammifère somme toute assez ordinaire, mais qui répugne à se considérer comme tel quand il s'agit de son comportement. L'existence de phéromones chez l'homme a été et reste controversée mais après une série de travaux récents qui tendent à prouver leur existence et celle d'un système sensoriel spécialisé dans leur réception, le débat est plutôt de savoir si des phéromones humaines peuvent intervenir dans le comportement sans que l'individu en soit conscient, sans que ces informations soient analysées au niveau supérieur par le cortex.

Dans leur synthèse, *Microsmatic Humans revisited*, Benoist Schaal et Richard Porter ont bien montré que les odeurs jouent un rôle important chez l'homme à différents moments de sa vie.

• Les relations mère – enfant

Les relations entre la mère et le nouveau-né constituent un phénomène unique au niveau des échanges olfactifs. Les enfants allaités au sein ont des contacts répétés et durables avec la chair nue de la mère qui, penchée sur le nourrisson, respire longuement son odeur. A la naissance et dans les dix-huit premiers mois de la vie, les glandes eccrines sont beaucoup plus nombreuses que chez les adultes et, même si elles produisent moins de sueur, un nouveau-né stressé émet autant de sueur qu'un adulte anxieux. Alors que les glandes apocrines ne sont pas fonctionnelles, les glandes sébacées produisent, pendant la première semaine de la vie, autant de sébum que celles d'un jeune adulte. Après cette première semaine, la sécrétion est réduite et ne reprend qu'à la puberté. La sécrétion de ces glandes et les métabolites issus de leur dégradation par les bactéries de la peau constituent la base de l'odeur du nouveau-né, sa signature chimique. Comme la peau des enfants nés

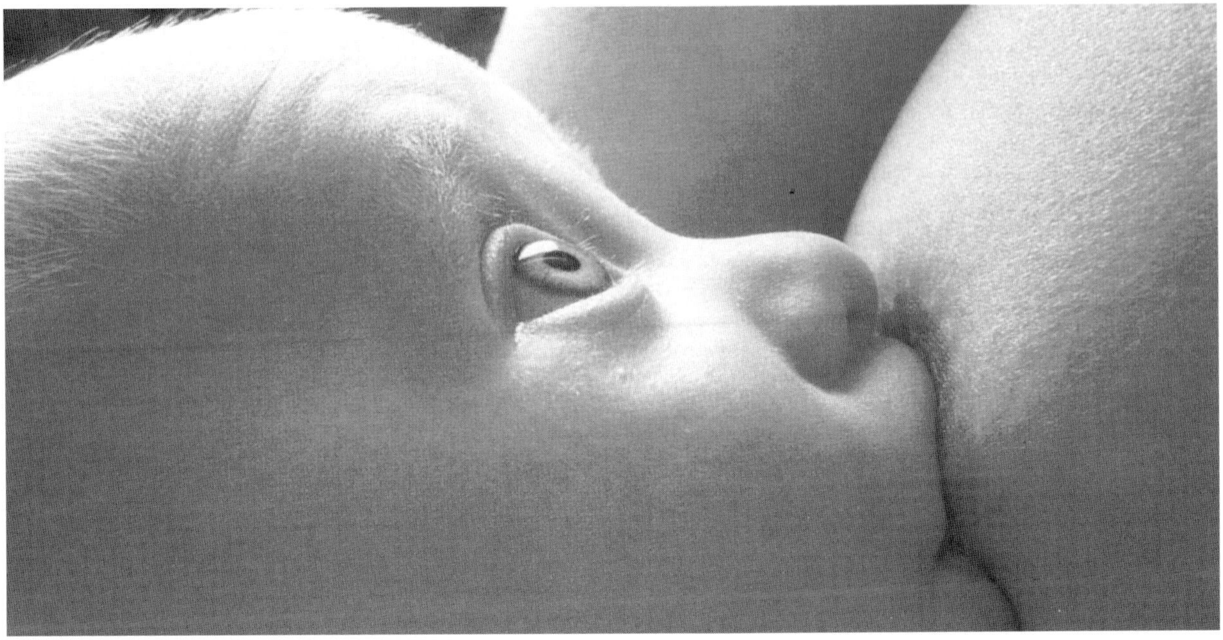

100. Les enfants allaités au sein ont des contacts répétés et durables avec la chair nue de la mère qui, penchée sur le nourrisson, respire longuement son odeur. Il existe ainsi de véritables échanges olfactifs entre la mère et le nouveau-né.
Cliché R. Meets, Fotogram-Stone.

par césarienne est stérile, on suppose que c'est au cours de l'accouchement que la flore bactérienne du vagin est transmise à la peau du bébé.

De très nombreux tests réalisés par des équipes différentes ont définitivement prouvé que la mère reconnaît l'odeur de son enfant : 90 à 100 % des mères auxquelles on présente des T-shirts portés par différents bébés reconnaissent celui de leur nourrisson. Cette reconnaissance olfactive persiste jusqu'à ce que l'enfant ait de huit à dix ans.

Au-dessus de la tête d'un nouveau né couché sur le dos, on suspend deux tampons de gaze (un à droite, un à gauche) dont l'un a été porté par la mère sur son sein, l'autre ayant été porté par une autre mère allaitant ou servant de témoin. L'enfant âgé de deux jours tourne sa tête vers le tampon porté par une mère allaitant; à six jours, il reconnaît celui porté par sa mère.

Des tests utilisant d'autres critères ont montré que le nouveau-né reconnaît olfactivement sa mère dès trois jours. Des enfants de trois à cinq ans reconnaissent également un T-shirt porté par leur mère. On a montré que pour le nouveau-né comme pour l'enfant plus âgé, c'est l'odeur axillaire qui est reconnue. Pour le moment, trop peu d'expériences ont été réalisées pour savoir si le nouveau-né peut reconnaître son père, mais par contre, nous savons que le père reconnaît bien un T-shirt porté par son enfant. Il est tentant de rapprocher ces résultats de ce que l'on observe chez les souris où on a pu montrer que l'olfaction permet la reconnaissance du génotype *via* des métabolites dérivant du complexe majeur d'histocompatibilité, CMH.

• Reconnaissance des odeurs corporelles humaines

Les tests montrent qu'en général, nous pouvons reconnaître notre propre odeur (tests de choix entre 10 T-shirts). Les femmes trouvent leur propre odeur plutôt agréable alors que les hommes jugent leur propre odeur plutôt désagréable. Des tests similaires réalisés entre époux montrent une assez bonne reconnaissance mais avec des différences culturelles importantes quant aux appréciations portées. Les femmes allemandes trouvent que l'odeur de leur mari est agréable alors que les femmes italiennes et japonaises la trouvent désagréable. Les hommes des trois groupes jugent l'odeur des T-shirts de leurs femmes plutôt agréable.

Le domaine qui a donné et donne lieu au plus grand nombre de spéculations reste celui des phéromones sexuelles. En 1970, R. P. Michael et E. B. Keverne montraient que chez les singes du genre *Rhesus*, les mâles sont sexuellement excités par les sécrétions vaginales des femelles et en particulier par les acides gras volatils que renferment ces sécrétions. On retrouve ces acides gras volatils dans les sécrétions vaginales de la femme; ils sont particulièrement abondant au milieu du cycle menstruel. L'odeur des sécrétions vaginales (extraites par des solvants à partir de tampons portés par des femmes à différents moments de leur cycle) et de différents mélanges d'acides gras volatils est toujours qualifiée de désagréable par les hommes sur lesquels des tests ont été réalisés.

Deux grands types de tests sont réalisés pour évaluer ce genre de produits : a) le participant porte un masque chirurgical imprégné du mélange à tester et on lui pose une série de questions; b) suivant les indications qu'on lui donne, le participant applique une solution sur une région de son corps, la poitrine avant de se coucher, le plus souvent la lèvre supérieure, juste au-dessous des narines, au début de la journée.

La phéromone sexuelle mâle du porc a été la première phéromone sexuelle identifiée chez les mammifères. Elle est composée d'androsténol dont l'odeur est musquée et d'androsténone, qui sent l'urine. Chez les mammifères, il s'agit là du seul cas où une phéromone de synthèse est aussi active qu'un extrait biologique. C'est peut être ce succès qui a conduit plusieurs biologistes à tester son activité sur l'homme. Des photos d'hommes et de femmes sont présentées à des sujets des deux sexes portant pour certains des masques imprégnés d'androsténol, pour d'autres des masques non imprégnés. Les femmes photographiées sont jugées plus favorablement («mieux, plutôt attirante, sexy») par les hommes et les femmes exposés à l'androsténol que par les autres. Placé sur la lèvre supérieure chaque matin pendant un mois, l'andosténol se révèle «apaisant» pour les femmes vers le milieu du cycle menstruel alors que les hommes ne font preuve d'aucun changement d'humeur. Dans des toilettes publiques, les cabines vaporisées avec de l'androsténol sont évitées par les hommes alors que ce test n'a aucune incidence chez les femmes. Si dans une salle d'attente, une chaise est vaporisée avec de l'androsténone, les hommes évitent cette chaise alors que les femmes la choisissent fréquemment.

Ces tests peuvent être assimilés à des expériences *in vitro* et une multitude d'autres expériences du même type avec d'autres substances volatiles ont conduit à des résultats tout aussi difficiles à interpréter. Dans un couple, l'odeur d'un des deux partenaires peut être excitante pour l'autre car elle est associée à l'intimité et/ou à l'acte sexuel alors que cette odeur n'aura certainement aucune signification particulière pour un étranger. Il semble en fait qu'une odeur particulière n'a de sens que dans un contexte précis. C'est par l'expérience qu'elle acquiert une signification.

• Synchronisation des cycles menstruels chez la femme, et phéromones sexuelles

Les études réalisées sur les phéromones modificatrices des mammifères ont conduit à s'interroger sur l'existence de telles phéromones chez l'espèce humaine. Les recherches se sont focalisées sur le cycle menstruel de la femme dont la durée fournit une donnée chiffrée objective. Les premiers travaux ont porté sur la synchronisation des cycles au sein de différentes communautés de femmes. Nous disposons de données sur les pensionnats de jeunes filles en Angleterre, aux États-Unis, sur les casernes en Israël et des résultats d'enquêtes réalisées sur des milliers d'étudiantes des campus américains. Abstraction faite d'un certain nombre de polémiques, on doit admettre qu'il y a une tendance à la synchronisation des cycles dans les groupes de femmes vivant ou travaillant ensemble. Au départ, certaines ont des cycles menstruels longs, d'autres des cycles courts et la date d'apparition des règles est très variable; sans atteindre une synchronisation parfaite, la durée des cycles s'uniformise et les différences dans les dates d'apparition des règles diminuent considérablement. La synchronisation est d'autant meilleure que le temps passé en commun est long alors que les liens affectifs (mère–fille, couples de lesbiennes) ont peu d'incidence. On a ensuite essayé de déterminer l'influence des messagers chimiques sur la durée et la synchronisation des cycles menstruels. Des femmes sont exposées (dépôt sur la lèvre supérieure 3 fois par semaine pendant 4 mois) aux sécrétions axillaires d'autres femmes. A la fin de ce traitement, la différence entre le début des règles chez les femmes traitées et chez celles qui ont fourni la sécrétion s'est significativement raccourcie, de 9,3 jours à 3,4 jours. Les femmes retenues pour ces tests ont des cycles considérés comme normaux, de 26 à 32 jours; les femmes déclarant des cycles anormaux ont subi des tests avec la sécrétion axillaire d'hommes pendant 14 semaines. Beaucoup de ces femmes ont retrouvé un cycle normal, en particulier celles qui n'avaient pas une vie sexuelle active pendant le test. Pour les autres, il semble que les rapports sexuels aient annulé l'effet de la sécrétion.

Les gynécologues ont observé statistiquement que chez les couples stériles, l'adoption d'un très jeune enfant est souvent suivie de la naissance d'un enfant dans les deux ou trois années suivant l'adoption. On suppose que ce sont les contacts, olfactifs en particulier, avec le très jeune enfant qui restaurent une physiologie et une fécondité normale chez la femme.

• Odeurs et reconnaissance

Les odeurs jouent un grand rôle chez le très jeune enfant alors que chez l'adulte, leur importance est plus difficile à discerner. Elles ont peut-être un rôle plus important qu'on ne le soupçonne dans les mécanismes de reconnaissance.

La mémoire olfactive à long terme semble très stable, plus que la mémoire visuelle et que la mémoire auditive. Pour les autres mammifères, on conçoit facilement l'intérêt d'une mémoire olfactive à long terme pour leur vie sociale.

Dans la vie sociale de l'homme occidental, l'olfaction a apparemment perdu presque toute signification alors que dans d'autres cultures, elle continue de jouer un rôle important. Chez les indiens Yanomamö d'Amazonie et les Kanum-Irebe de Nouvelle-Guinée, les individus qui se rencontrent frottent le corps de leur vis-à-vis avec les mains puis sentent leurs doigts. Au Soudan, au Proche et Moyen-Orient, l'invité ou l'étranger de passage est lavé puis parfumé comme si on désirait lui donner une nouvelle identité olfactive avant de l'accueillir. Les civilisations occidentales essayent au contraire de détruire les odeurs corporelles soit en les masquant par d'autres odeurs, les parfums, soit en les éliminant par le lavage. Le résultat n'est pas forcément celui qui est recherché. Les cosmétiques et les parfums se mêlent en effet aux substances déjà présentes sur la peau et l'ensemble forme un nouveau mélange odorant spécifique. Le lavage trop intensif de la peau favorise, contrairement au but recherché, la sudation et le développement de la flore bactérienne. On peut cependant constater que parmi les odeurs recherchées, on retrouve toujours les mêmes notes musquées ou florales, dans toutes les cultures, et aussi bien dans les parfums rudimentaires que dans les plus sophistiqués.

• L'organe voméronasal et les phéromones humaines

Dans les expériences décrites précédemment, il était plus ou moins implicite que les odeurs étaient perçues par le système olfactif. Or, nous avons vu que chez les mammifères, l'organe voméronasal joue un rôle important dans la perception des phéromones. Qu'en est-il chez l'homme ? Décrit en 1703 par l'anatomiste hollandais Thomas Ruysch, redécouvert par le chirurgien danois Ludwig Jacobson au XIXe siècle (chez beaucoup de mammifères, le voméronasal est appelé organe de Jacobson), il était généralement admis depuis ces travaux que l'organe voméronasal était atrophié et non fonctionnel chez l'homme adulte, ce qui témoignait surtout du fait que peu de biologistes croyaient en l'existence de phéromones humaines.

En 1991, David Berliner et deux de ses collaborateurs vont relancer le débat en publiant un article intitulé «The human skin : fragrances and pheromones». Pour Berliner, l'existence de phéromones humaines ne fait aucun doute : sans odeur et non volatiles, elles seraient produites par la peau et leur diffusion serait assurée par la desquamation. Les squames en suspension dans l'air seraient perçus par l'organe voméronasal et induiraient des modifications du comportement chez les personnes qui les inspirent.

Le travail cité plus haut s'appuie avant tout sur une étude en microscopie électronique de la peau et des processus de kératinisation qui aboutissent à la desquamation. Les phéromones seraient produites *de novo* par les kératinocytes ou proviendraient de la transformation par les kératinocytes de précurseurs

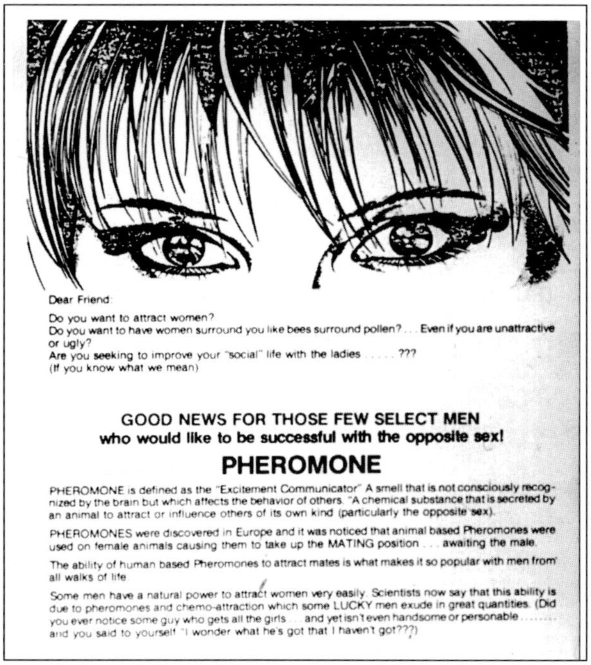

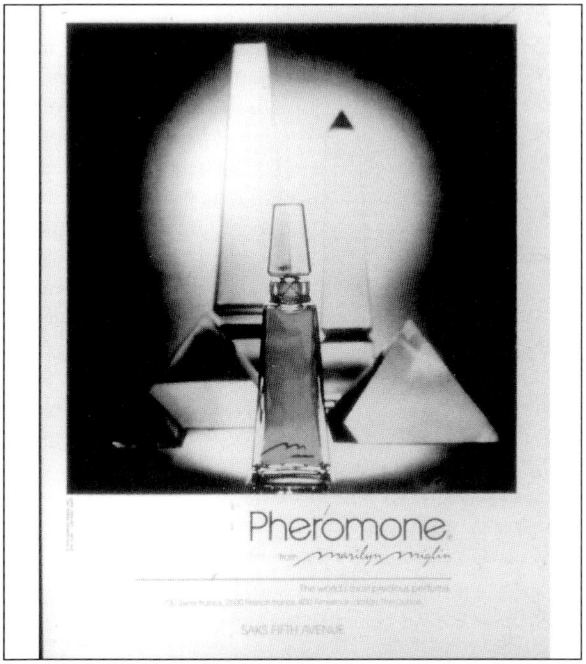

101, 102. Alors que la notion même de phéromone humaine reste discutée, certains industriels n'hésitent pas à proposer des produits aux vertus attrayantes mais douteuses.

véhiculés par le sang. La peau d'un homme de 70 kg a une surface de 1,7 m^2 et nous perdons en moyenne 1000 cellules par centimètre carré et par heure, soit environ 4 x 10^7 cellules par jour; nous sommes entourés d'un nuage invisible composé de millions de ces squames qui, selon David Berliner, transporteraient nos phéromones.

Le récit de ces travaux mérite d'être mentionné : à l'origine professeur d'anatomie spécialisé dans l'étude de la peau, Berliner aurait dès les années soixante observé que pendant qu'il étudiait les molécules de la peau et qu'il manipulait certains extraits, ses collègues habituellement tendus devenaient plus décontractés, voire chaleureux. Occupé à la création d'une entreprise de biotechnologies à Menlo Park, au cœur de Silicon Valley, ses recherches furent provisoirement abandonnées. Après avoir fait fortune en commercialisant une nouvelle présentation des cosmétiques (mise en capsules dans des microsphères à base de polymères que tous les fabricants de produits de beauté utilisent aujourd'hui), il reprit l'étude des molécules de la peau, les identifia et créa la société Erox afin de commercialiser sa découverte. En bon anatomiste et sachant que chez l'homme, l'innervation de la cavité nasale reste mal connue et que les descriptions du voméronasal ne reposaient que sur des travaux très anciens, il s'entoura d'une équipe d'anatomistes pour reprendre ces études. Au même moment, Luis Monti-Bloch et ses collaborateurs montrent, grâce à la microscopie électronique, que les cellules du voméronasal sont des neurorécepteurs fonctionnels. En utilisant les techniques électrophysiologiques classiques, ils enregistrent l'activité de ces récepteurs en présence de phéromones ou de diverses molécules odorantes et constatent qu'une des phéromones isolées induit une réponse chez les femmes mais pas chez les hommes alors que des molécules odorantes (cinéole, carvone) ne provoquent aucune réponse.

Lors de l'acquisition des électro-voméronasogrammes, des mesures de température et de conductivité de la peau sont effectuées, ainsi que des électroencéphalogrammes, qui démontrent une action directe du voméronasal sur le cerveau. Actuellement, la nature chimique (stéroïdes) des produits testés sous le nom de vomérophérines est gardée secrète. Testés en vue de leur commercialisation, ils agissent après une exposition de plusieurs heures. Chez les femmes, une certaine molécule semble avoir un effet apaisant, et inciter à plus de chaleur dans le dialogue. Une autre molécule rendrait les hommes plus confiants. En fait, nous sommes ici loin des phéromones sexuelles au sens strict du terme. Ces produits sont commercialisés sous forme de parfums et Berliner semble également envisager des applications médicales.

En 1990, George Dodd, un biologiste de l'université de Warwick en Angleterre, a isolé à partir de la sueur humaine un stéroïde baptisé «osmone», auquel il attribue un effet tranquillisant et qui est commercialisé sous la marque Relax®. Le produit se présente sous forme d'une petite boîte scellée contenant un ensemble de tubes et d'éponges diffusant l'osmone, qui se prend en inhalation. Par «osmothérapie», le groupe de Warwick propose ainsi d'aider les personnes souffrant d'anxiété, d'insomnie, de stress, désirant s'arrêter de fumer etc. Les publicités de la firme font référence à l'empreinte olfactive de la mère et proposent aux utilisateurs de réactiver cette empreinte enfouie au fond d'eux-mêmes et de retrouver les bienfaits de l'osmone maternelle. Il semble que le succès des médecines alternatives, en particulier de l'aromathérapie, soit à l'origine de la démarche de ce groupe.

L'utilisation thérapeutique d'huiles essentielles de plantes (par simple diffusion ou par massage) est en effet très populaire dans certains pays comme l'Angleterre, les États-Unis et le Japon. Par exemple, le jasmin est considéré comme stimulant, la lavande comme sédative. L'activité des huiles essentielles repose sur des dosages complexes et controversés. Dans un premier temps, George Dodd souhaitait faire de l'aromathérapie une science exacte, montrant que le choix des produits utilisés était très largement intuitif et arbitraire. Il lui est apparu que les odeurs corporelles pouvaient constituer la base d'un autotraitement du stress et de l'anxiété. Certains effets décrits par les utilisateurs de l'osmone sont proches de ce qui a été décrit pour les vomérophérines.

Conclusion

Tout au long des différents chapitres et à travers les quelques points évoqués ci-dessus, les mécanismes de reconnaissance apparaissent comme le leitmotiv qui sous-tend toutes les recherches sur la communication chimique au sens large. A très court terme, les techniques de la biologie moléculaire vont permettre d'élucider la structure et le fonctionnement des récepteurs de l'information véhiculée par les signaux chimiques. Si les travaux de synthèse publiés sur certains groupes comme les papillons donnent parfois l'impression que le travail d'identification des messagers chimiques est largement avancé, il n'en est rien. En fait, l'inventaire des phéromones n'en est, pour la plupart des groupes, qu'à son tout premier stade. C'est sur l'établissement de cet inventaire que repose, à plus long terme, l'espoir de décrypter les messages de la communication chimique du monde animal.

BIBLIOGRAPHIE

Ouvrages généraux

ALBONE E. S., 1984. *Mammalian Semiochemistry*, New York, John Wiley, 360 p.

BARBIER M., 1982. *Les Phéromones*, Paris, Masson, 140 p.

BARTH F. G., 1985. *Insects and Flowers. The biology of a partnership*, Londres, George Allen & Unwin, 297 p.

BELL W. J. et CARDÉ R. T., 1984. *Chemical Ecology of Insects*, Sunderland, Massachusetts, Sinauer Associates Publishers, 530 p.

BIRCH M., 1974. *Pheromones*, New York, Elsevier, 495 p.

BLUM M. S., 1981. *Chemical Defenses of Arthropods*, Londres, Academic Press.

DUVALL D. *et al.*, 1986. *Chemical Signals in Vertebrates*, New York et Londres, Plenum Press, 742 p.

HARBORNE J. B., 1982. *Introduction to Ecological Biochemistry,* Londres, Academic Press, 278 p.

JOLIVET P., 1986. *Les Fourmis et les Plantes*, Paris, Société nouvelle des Editions Boubée, 327 p.

KERKUT G. A. et GILBERT L. I., 1984. *Comprehensive insect physiology Biochemistry and Pharmacology, Behaviour*, vol. 9, Oxford et New York, Pergamon Press, 735 p

LEROY Y., 1987. *L'Univers odorant de l'animal*, Paris, Société nouvelle des Editions Boubée, 375 p.

MORGAN E. D. et MANDAVA N. B., 1988. *CRC Handbook of Natural Pesticides, vol. IV, Pheromones, parts A and B,* Boca Raton, Florida, CRC Press.

MÜLLER-SCHWARZE D. et MOZEL M. M., 1977. *Chemical Signals in Vertebrates,* New York et Londres, Plenum Press, 609 p.

MÜLLER-SCHWARZE D. et SILVERSTEIN R. M., 1980. *Chemical Signals. Vertebrates and aquatic Invertebrates*, New York et Londres, Plenum Press, 445 p.

PRESTWICH G. D. et BLOMQUIST G. J., 1987. *Pheromone Biochemistry*, Londres et New York, Academic Press, 565 p.

REAL L., 1983. *Pollination Biology,* Londres, Academic Press, 338 p.

RITTER F. J., 1979. *Chemical Ecology : odour communication in animals,* Elsevier/North-Holland Biomedical Press, 427 p.

Science, 1994. «Genes and behavior», 17 juin 1994, vol. 264.

SHERMAN P. W. *et al.,* 1991. *The Biology of the naked mole-rat*, Princeton University Press, 325 p.

SHOREY H. H., 1976. *Animal Communication by pheromones,* New York, Academic Press, 167 p.

SONDHEIMER E. et SIMEONE J. B., 1970. *Chemical Ecology,* Londres, Academic Press, 336 p.

SPENCER K. C., 1988. *Chemical Mediation of coevolution*, Londres, Academic Press, 609 p.

STREBLER G. 1989. *Les Médiateurs chimiques : leur incidence sur la bioécologie des animaux*, Paris, Lavoisier, 246 p.

Articles de revues

ABED D. *et al.,* 1993. «Calling behavior of female *Periplaneta americana* : behavioral analysis and identification of the pheromone source», *J. Insect. Physiol.*, vol. 9, pp. 709-720.

ADAMO S. A. et CHASE R., 1990. «The "love dart" of the snail *Helix aspersa* injects a pheromone that decreases courtship duration», *J. Experimental Zool.*, vol. 255, pp. 80-87.

ARNOULD C., 1992. «Répulsion alimentaire chez les ongulés», thèse de doctorat, université Paris XIII, 130 p.

BACCHINI A. *et al.*, 1992. «Pheromone binding proteins of the mouse *Mus musculus*», *Experientia*, vol. 48, pp. 419-421.

BAGNERES *et al.*, 1996. «Chemical usurpation of a nest by paper wasp parasites», *Science*, vol. 272, pp. 889-892.

BALDWIN I. T. et SCHULTZ J. C., 1983. «Rapid changes in tree leaf chemistry induced by damage : evidence for communication between plants», *Science*, vol. 221, pp. 277-279.

BARRETT S., 1987. «Le mimétisme chez les plantes», *Pour la Science,* n° 121.

BARRETT J. *et al.*, 1990. «Extension of reproductive supression by pheromonal cues in subordinate female marmoset monkeys, *Callithrix jacchus*», *J. Reprod. Fert.*, vol. 90, pp. 411-418.

BERLINER D. L. *et al.*, 1991. «The human skin : fragrances and pheromones», *J. Steroid Biochem. Mol. Biol.*, vol. 39, pp. 671-679.

BLUM K. et NOBLE E., 1990. «Allelic association of human dopamine D2 receptor gene in alcoholism», *J. of the Am. Med. Assoc.*, avril, pp. 2055-2060.

BÖLKER M. et KAHMANN R., 1993. «Sexual pheromones and mating responses in fungi», *The Plant Cell,* vol. 5, pp. 1461-1469.

BORDEREAU C. et HAN S. H., 1986. «Stimulatory influence of the queen and king on soldier differentation in higher termites *Nasutitermes lujae* and *Cubitermes fungifaber*», *Insectes Sociaux*, vol. 33, pp. 296-305.

BORDEREAU C. *et al.*, 1991. «(3Z,6Z,8E)-3,6,8-dodecatrien-1-ol : sex pheromone in a higher fungus-growing termite, *Pseudacanthotermes spiniger* (Isoptera, Macrotermitinae)», *J. Chem. Ecol.*, vol. 17, pp. 2177-2191.

BRADSHAW J. W. *et al.*, 1975. «Multicomponent alarm pheromones of the weaver ant», *Nature,* vol. 258, pp. 230-231.

BROOKS W. R., 1991. «Chemical recognition by hermit crabs of their symbiotic sea anemones and a predatory octopus», *Hydrobiologia*, vol. 216, pp. 291-295.

BROSSUT R. *et al.*, 1974. «Le grégarisme chez *Blaberus craniifer*; isolement et identification de la phéromone», *J. Insect Physiol.*, vol. 20, pp. 529-543.

BROSSUT R., 1983. «Allomonal secretions in cockroaches», *J. Chem. Ecol.*, vol. 9, pp. 143-158.

BROWN J. L. et EKLUND A., 1994. «Kin recognition and the major histocompatibility complex : an integrative review», *The American Naturalist,* vol. 143, pp. 435-461.

BROWN L. R. *et al.*, 1993. «Nuclear magnetic resonance solution structure of the pheromone Er-10 from the cilited protozoan *Euplotes raikovi*», *J. Mol. Biol.*, vol. 231. pp. 800-816.

BROWN R. E., 1995. «What is the role of the immune system in determining individually distinct body odours ?», *Internat. J. of Immunopharmacology*, vol. 17, pp. 665-661.

BUCK L., 1993. «Identification and analysis of a multigenc family encoding odorant receptors : implications for mechanisms underlying olfactory information processing», *Chemical Senses*, vol. 18, pp. 203-208.

BUCK L. et AXEL R., 1991. «A novel multigene family may encode odorant receptors : a molecular basis for odor recognition», *Cell*, vol. 65, pp. 175-187.

CHARARAS C., 1982. «Les insectes parasites des forêts», *La Recherche*, n° 132, pp. 440-451.

CLÉMENT J.-L., 1982. «Signaux de contact responsables de l'agression interspécifique des termites du genre Reticulitermes (Isoptères)», *C. R. Acad. Sci.*, Paris, vol. 294, pp. 635-638.

COHEN-TANNOUDJI J. *et al.*, 1994. «Ram sexual pheromone : first approach of chemical identification», *Physiology and Behavior*, vol. 56, pp. 955-961.

COWLEY J. J. et BROOKSBANK W. L., 1991. «Human exposure to putative pheromones and changes in aspects of social behaviour», *J. Steroid Biochem. Mol. Biol.*, vol.39, pp. 647-659.

CREWS D. et GARSTKA W., 1983. «La physiologie écologique d'un serpent jarretière», *Pour la Science*, n° 63.

DANTY E. *et al.,* 1994. «Honeybees have putative olfactory receptor proteins similar to those of vertebrates», Paris, *C. R. Acad. Sci.*, t. 317, pp. 1073-1079.

DAVID-HENRIET A. I. *et al.*, 1994. «Glandes exocrines mâles intervenant dans le comportement sexuel d'*Eurycotis floridana* (Dictyoptera, Polyzosteriinae)», *Bull. Soc. Entomol. France*, vol. 99, pp. 107-115.

DELL'OMO G. et ALLEVA E., 1994. «Snake odor alerts behavior, but not pain sensivity in mice», *Physiology and Behavior*, vol. 55, pp. 125-128.

DE MONTE M. et ROEDER J.-J., 1993. «Scent marking and social relationships in pine martens *(Martes martes)*», *Zool. Biology*, vol. 12, pp. 513-523.

DE WAAL F., 1995. «L'activité sexuelle pacificatrice des bonobos», *Pour la Science*, n° 211.

DORRIES K. M. *et al.*, 1995. «Olfactory sensitivity to the pheromone androstenone is sexually dimorphic in the pig», *Physiology and Behavior*, vol. 57, pp. 255-259.

DUBOST G., 1971. «Observations éthologiques sur le Muntjack *(Muntiacus muntjack)* en captivité et semi-liberté», *Z. Tierpsychol.*, vol. 28, pp. 387-427.

DULAC C. et AXEL R., 1995. «A novel family of genes encoding putative pheromone receptors in mammals», *Cell*, vol. 83, pp 195-206.

EGELAND J. A. *et al.*, 1987. «Bipolar affective disorders linked to DNA markers on chromosome

11», *Nature*, vol. 325, pp. 783-788.

EVERAERTS C., 1989. «La sécrétion frontale de *Nasutitermes* (insectes, isoptères), thèse de l'université de Dijon.

FAN W. *et al.*, 1995. «Olfactory receptor-like genes are located in the human major histocompatibility complex», *Genomics*, vol. 27, pp. 119-123.

FARINE J.-P. *et al.*, 1992. «Chemistry of pheromonal and defensive secretions in the nymphs and the adults of *Dysdercus cingulatus* Fabr. (Heteroptera, Pyrrhocoridae)», *J. Chem. Ecol.*, vol. 18, pp. 65-75.

FARINE J.-P. *et al.*, 1993. «4-hydroxy-5-methyl-3(2H)-furanone and 4-hydroxy-2,5-dimethyl-3(2H)-furanone, two components of the male sex pheromone of *Eurycotis floridana* (Walker) (Insecta, Blattidae, Polyzosteriinae)», *Biosci. Biotech. Biochem.*, vol. 57, pp. 2026-2030.

FENAUX-BENDERITTER F., 1994. «Communication chimique et dominance chez *Nauphoeta cinerea (Dictyoptera, Blaberidae)*, thèse de l'université Paris XIII.

FLANDROY L., 1996. «Des molécules venues de la mer», *Biofutur,* n° 149, pp. 24-28.

FUNK D. H., 1989. «The mating of tree crickets», *Scientific American*, août 1989, pp. 42-49.

GILLETTE R. *et al.,* 1991. «Defense mechanisms in Notaspid snails : acid humor and evasiveness», *J. Exp. Biol.*, vol. 156, pp. 335-347.

GREENSPAN R., 1995. «La génétique du comportement», *Pour la Science*, n° 212, pp. 70-78.

HOLLDOBLER B. et WILSON E., 1978. «Les fourmis tisserandes», *Pour la Science*, n° 4.

HOLLEY A. et SICARD G., 1994. «Les récepteurs olfactifs et le codage neuronal de l'odeur», *Médecine/Science*, vol. 10, pp. 1091-1098.

HOUCK L. D. et VERREL P. A., 1993. «Studies of courtship behavior in Plethodontid salamanders : a review», *Herpetologica,* vol. 49, pp. 175-184.

JACKSON C. L. et HARTWELL L. H., 1990. «Courtship in *S. cerevisiae* : both cell types choose mating partners by responding to the strongest pheromone signal», *Cell,* vol. 63, pp. 1039-1051.

JALLON J. M., 1984. «A few chemical words exchanged by Drosophila during courtship and mating», *Behavior Genet.*, vol. 14, pp. 441-478.

JANEWAY C., 1993. «La détection des intrus», *Pour la Science*, n° 193, pp. 62-70.

JOURDAN F. *et al.*, 1980. «Spatial distribution of 2-desoxyglucose uptake in the olfactory bulbs of rats stimulated with two different odours», *Brain Research*, n° 188, pp. 139-154.

KAISER D. et LOSICK R., 1993. «How and why Bacteria talk to each other», *Cell*, vol. 73, pp. 873-885.

KIKUYAMA *et al.,* 1995. «Sodefrin : a female-attracting peptide pheromone in newt cloacal glands», *Science*, vol. 267, pp. 1643-1645.

KURJAN J., 1993. «The pheromone response pathway in *Saccharomyces cerevisiae*», *Annual Review of Genetic*, vol. 27, pp. 147-179.

LANCET D., 1994. «Exclusive receptors», *Nature*, vol. 372, pp. 321-322.

LAWICK H. (VAN), 1974. *Solo: the story of an African wild dog*, Boston, Houghton Mifflin Co., 159 p.

LEFEUVE P. et BORDEREAU C., 1984. «Soldier formation regulated by a primer pheromone from soldier frontal gland in a higher termite, *Nasutitermes lujae*», *Proc. Nat. Acad. Sci.*, USA, vol. 81, pp. 7665-7668.

LI K. W. *et al.*, 1992. «Structural and functional characterization of neuropeptides involved in the control of male mating behavior of *Lymnea stagnalis*», *Peptides*, vol. 13, pp. 633-638.

LUPORINI P., 1995. «Chemical signaling in Ciliates», *Journal of Eukaryotes Microbiology,* vol. 42, pp. 208-212.

MAGNUSON R. *et al.*, 1994. «Biochemical and genetic characterization of a competence pheromone from *B. subtilis*», *Cell*, vol. 77, pp. 207-216.

MAIER I., 1993. «Gamete orientation and induction of gametogenesis by pheromones in algae and plants», *Plant, Cell and Environment,* vol. 16, pp. 891-907.

MARSH L., 1991. «Signal transduction during pheromone response in yeast», *Annu. Rev. Cell Biol.*, vol. 7, pp. 699-728.

MARRACK P. et KAPLER J., 1993. «La reconnaissance du soi», *Pour la Science*, n° 193, pp. 72-80.

MASON R. T., 1990. «Characterization, synthesis and behavioral responses to sex attractiveness pheromones of red-sided garter snakes *(Thamnophis sirtalis)*», *J. Chem. Ecol.,* vol. 16, pp. 2353-2369.

MASSON C. et BROSSUT R., 1981. «La communication chimique chez les insectes», *La Recherche*, n° 121.

MEINWALD J. et EISNER T., 1995. «The chemistry of phyletic dominance», *Proc. Nat. Acad. Sci.,* USA, vol. 92, pp. 14-18.

MONTI-BLOCH L. et GROSSER B. I., 1991. «Effect of

putative pheromones on the electrical activity of the human vomeronasal organ and olfactory epithelium», *J. Steroid Biochem. Mol. Biol.*, vol. 39, pp. 573-582.

MONTI-BLOCH L. *et al.*, 1994. «The human vomeronasal system», *Psychoneuroendocrinology,* vol. 19, pp. 673-686.

MORI K. et YOSHIHARA Y., 1995. «Molecular recognition and olfactory processing in the mammalian olfactory system», *Progress in Neurobiology*, vol. 45, pp 585-619.

MYERS C. et DALY J., 1983. «Les grenouilles vénéneuses d'Amérique tropicale», *Pour la Science,* n° 66.

MYKYTOWYCZ R., 1968. «Territorial marking by rabbits», *Scientific American*, n° 218, pp. 116-126.

NAGNAN-LE MEILLOUR P. *et al.*, 1996. «Purification and characterization of multiple forms of odorant/pheromone binding proteins in the antennae of *Mamestra brassicae* (Noctuidae)», *Insect Biochem. Mol. Biol.*, vol. 26, pp. 59-67.

NALEPA C. et BROSSUT R., 1987. «Chemical communication in the primitive cockroach *Cryptocercus punctulatus», in : Chemistry and Biology of Social Insects*, Eder J. et Rembold K. (éd.), Munich, Verlag Peperny.

NAUMANN K. *et al.*, 1991. «The production and transmission of honey bee *(Apis mellifera)* queen mandibular gland pheromone», *Behavioural Ecology and Sociobiology,* vol. 29, pp. 321-332.

NOIROT C., 1969. «Glands and secretion», *in : Biology of termites*, Krishna K. et Weesner F. M. (éd.), vol. I, pp. 89-123.

NOIROT C. et QUENNEDEY A., 1991. «Glands, gland cells, glandular units : some comments on terminology and classification», *Ann. Soc. ent. Fr.*, vol. 27, pp. 123-128.

OVER R., 1990. «Effect of pheromones from male goats on LH-secretion in anoestrous ewes», *Physiology and Behavior*, vol. 48, pp. 665-668.

PAIN J. et BARBIER M., 1963. « Structures chimiques et propriétés biologiques de quelques substances identifiées chez l'abeille», *Insectes sociaux*, vol. 10, p. 129-142.

PARMENTIER M., 1994. «Génétique moléculaire des récepteurs olfactifs», *Médecine/Science*, vol. 10, pp. 1083-1090.

PASTEELS J. M. *et al.*, 1983. «The chemical ecology of defense in Arthropods», *Ann. Rev. Entomol.*, vol. 28, pp. 263-289.

PAUL V. J. *et al.,* 1990. «Chemical defenses of the tropical Ascidian *Atapozoa sp.* and its Nudibranch predators *Nembrotha sp.», Marine Ecology Progress Series*, vol. 59, pp. 109-118.

PELOSI P., 1994. «Odorant binding proteins», *Critical Reviews in Biochemistry and Molecular Biology*, vol. 29, pp. 199-228.

PERSOONS C. J. *et al.*, 1974. «Sex pheromone of the American cockroach *Periplaneta americana.* Isolation and partial identification of two excitants», *Proc. K. Ned. Ekad. Wet.*, Amsterdam, vol. 77, pp. 201-204.

POCOCK R. L., 1915. «On the feet and glands and others external characters of the *Paradoxurine* genera», *Proc. Zool. Soc.*, Londres, pp. 387-412.

POTTS W. K. *et al.*, 1991. «Mating patterns in seminatural populations of the mice influenced by MHC genotype», *Nature*, vol. 352, pp. 619-621.

PRESTWICH G., 1983. «Les armes chimiques des termites», *Pour la Science*, n° 72.

PRETI G., 1976. «Volatile constituents of dog *(Canis familiaris)* and coyote *(Canis latrans)* anal sacs», *J. Chem. Ecol.,* vol. 2, pp. 177-186.

QUENNEDEY A., 1984. «Morphology and ultrastructure of termite defense glands», *in : Defensive mechanisms in social insects,* Hermann H. R., Prager Press, pp. 151-200.

RAMING K., 1993. «Cloning and expression of odorant receptors», *Nature,* vol. 361, pp. 353-356.

RASMUSSEN *et al.*, 1996. «Insect pheromone in Elephants», *Nature*, vol. 379, pp. 684.

ROCHAT D. *et al.*, 1993. «Ecologie chimique des charançons des palmiers, *Rhynchophorus spp.* (Coleoptera)», *Oléagineux*, vol. 48, pp. 225-236.

ROSENTHAL G., 1984. «Les adaptations d'un coléoptère à une nourriture toxique», *Pour la Science*, n° 75.

ROYET J.-P. *et al.,* 1987. «Specificity and spatial patterns of glomerular activation in the mouse olfactory bulb : computer-assisted image analysis of 2-desoxyglucose autoradiograms, *Brain Research*, n° 417, pp. 1-11.

RYAN E. P., 1996. «Pheromone : evidence in a Decapod Crustacean», *Science*, vol. 151, pp. 340-341.

SAGLIO P., 1992. «La communication chimique chez les poissons», *La Recherche*, vol. 23, pp. 1283-1293.

SCHAAL B. et PORTER R. H., 1990. «L'olfaction et le développement de l'enfant», *La Recherche*, n° 227.

SCHAAL B. et PORTER R. H., 1991. «"Microsmatic

humans" revisited : the generation and perception of chemical signals», *Advances in the Study of Behavior*, vol. 20, pp. 135-199.

SCHAAL B. *et al.*, 1991. «Chimioréception nasale *in utero* : expériences préliminaires chez le fœtus ovin», Paris, *C. R. Acad. Sci.,* t. 313, pp. 319-325.

SCHNEIDER D., 1992. «100 years of pheromone research. An essay on Lepidoptera», *Naturwissenschaften*, vol. 79, pp. 241-250.

SCHULTZ J. C. et BALDWIN I. T., 1982. «Oak leaf quality declines in response to defoliation by gypsy moth larvae», *Science*, vol. 217, pp. 149-151.

SCHWENK K., 1994. «Why snakes have forked tongues», *Science*, vol. 263, pp. 1573-1576.

SIGNORET J.-P., 1967. «Attraction de la femelle en œstrus par le mâle chez les porcins», *Rev. Comp. Animal*, vol. 4, pp. 10-22.

SIGNORET J.-P. *et al.,* 1990. «Effect of socio-sexual interactions on endocrine secretions in the domestic sheep», *Comp. Physiol.*, vol. 9, pp. 188-200.

SIRUGUE D. *et al.,* 1992. «2-methylthiazolidine and 4-ethylguaïacol, male sex pheromone components of the cockroach *Nauphoeta cinerea* (Dictyoptera, Blaberidae) : a re-investigation», *J. Chem. Ecol.*, vol. 18, pp. 2261-2267.

SNELL T. W. et MORRIS P. D., 1993. «Sexual communication in Copepods and Rotifers», *Hydrobiologica*, vol. 255/256, pp. 109-116.

SORENSEN P. W. *et al.*, 1995.«Sulfated 17,20ß-dihydroxy-4-pregne-3-one functions as a potent and specific stimulant with pheromonal actions in goldfish», *General and Comparative Endocrinology*, vol. 100, pp. 128-142.

STRATMANN K. *et al.,* 1992. «Pheromones of marine brown algae; a new branch of the eicosanoid metabolism», *Angew. Chem. Int. Ed. Engl.*, vol. 31, pp. 1246-1248.

STENSAAS L. J. *et al.*, 1991. «Ultrastucture of the human vomeronasal organ», *J. Steroid Biochem. Mol. Biol.*, vol. 39, pp. 553-560.

VERNET-MAURY E. *et al.,* 1968. «Le comportement émotif chez le rat; influence de l'odeur d'un prédateur et d'un non-prédateur», Paris, *C. R. Acad. Sc.*, t. 267, pp. 331-334.

VERNET-MAURY E. *et al.,* 1992. «Repellent effect of trimethyl thiazoline in the wild rat *Rattus norvegicus* Berkenhout», *in: Chemical Signals in Vertebrates VI,* Doty R. L. et Müller-Schwarze D. (éd.), New York, Plenum Press.

VIEUILLE-THOMAS C. et SIGNORET J.-P., 1992. «Pheromonal transmission of an aversive experience in domestic pig», *J. Chem. Ecol.*, vol. 18, pp. 1551-1557.

WELLER L. et WELLER A., 1993. «Human menstrual synchrony : a critical assessment», *Neuroscience and Behavioral Reviews,* vol. 17, pp. 427-439.

WHITTAKER R. H. et FEENY P. P., 1971. «Allelochemics : chemical interactions between species», *Science*, vol. 171, pp. 757-770.

WILSON E. O., 1963. «Pheromones», *Scientific American*, vol. 157.

WINSTON M. L. et SLESSOR K. N., 1992. «The essence of royalty : honey bee queen pheromone», *American Scientist*, vol. 80, pp. 374-384.

YAMAZAKI K., 1983. «Recognition of H-2 types in relation to the blocking of pregnancy in mice», *Science*, vol. 221. pp. 186-188.

YAMAZAKI K. *et al.*, 1988. «Familial imprinting determine H-2 selective mating preferences», *Science*, vol. 240, pp. 1331-1332.

YAMAZAKI K. *et al.*, 1994. «Discrimination of odortypes determined by the major histability complex among outbred mice», *Proc. Natl. Acad. Sci.,* USA, vol. 91, pp. 3735-3738.

ZAGATTI P. et RENOU M., 1984. «Les phéromones sexuelles des zygènes. III-Le comportement de *Zygaena filipendulae* L. (Lepidoptera, Zygaenidae)», *Ann. Soc. ent. Fr.* vol. 20, pp. 439-454.

ZEECK E. et HARDEGE J. D., 1990. «Sex pheromones in Nereids : volatile compounds of the coelomic fluid of *Nereis virens*», *Z. Naturforsch.*, vol. 45, pp. 924-925.

ZENG X. N. *et al.*, 1996. «A human axillary odorant is carried by apolipoprotein D», *Proc. Natl. Acad. Sci.*, USA, vol. 93, pp. 6626-6630.

ZENG X. N. *et al.,* 1996. «Analysis of characteristic human female axillary odors : qualitative comparison to males», *J. Chem. Ecol.*, vol. 22, pp. 237-257.

Titres parus dans la collection

Le Vieillissement. De l'homme à la cellule.
Ladislas ROBERT

Formes et mouvements de la Terre. Satellites et géodésie.
Anny CAZENAVE et Kurt FEIGL

Les Comètes. Témoins de la naissance du Système Solaire.
Jacques CROVISIER et Thérèse ENCRENAZ

Électrons et Microscopes. Vers les nanosciences.
Dirigé par Peter HAWKES

A paraître

Histoire et Géographie de l'Univers.
Alain BLANCHARD

Imprimé en France par I.M.E. - 25110 Baume-les-Dames
Dépôt légal : Décembre 1996
N° Editeur : 1712-01 - N° imprimeur : 11188